国家出版基金项目
NATIONAL PUBLICATION FOUNDATION

"十三五"国家重点出版物出版规划项目

软物质前沿科学丛书

生物膜弹性理论精要

Essentials of Elastic Theory of Biomembranes

涂展春　欧阳钟灿　著

科学出版社
龍門書局
北京

内 容 简 介

本书简要介绍了生物膜的组分与物理状态、弹性和形状的基本概念，并着重总结了生物膜的弹性理论及其最新进展. 基于 Helfrich 的自发曲率弹性模型，本书讨论了脂质泡的形状方程及其解析特解、带边脂质膜的控制方程及其特解、出芽脂质囊泡的颈端连接条件、脂质膜的应力张量和力矩张量、手性膜的弹性理论. 与其他的著作不同，在弹性问题的数学处理上，本书主要运用外微分和活动标架法，而不是惯用的张量分析方法；在素材的选取上，本书力求保留物理内涵丰富而数学处理上较为优美和简洁的内容.

本书适于对生物问题感兴趣的数学和物理专业的研究生阅读，对物理生物学研究方向的学者也有参考价值.

图书在版编目(CIP)数据

生物膜弹性理论精要 / 涂展春，欧阳钟灿著. —北京：龙门书局，2019.1
(软物质前沿科学丛书)
"十三五"国家重点出版物出版规划项目 国家出版基金项目
ISBN 978-7-5088-5523-3

I. ①生… II. ①涂… ②欧… III. ①生物膜-弹性理论 IV. ①Q73

中国版本图书馆 CIP 数据核字 (2018) 第 268733 号

责任编辑：钱 俊 崔慧娴 / 责任校对：杨聪敏
责任印制：赵 博 / 封面设计：无极书装

科学出版社 出版
北京东黄城根北街 16 号
邮政编码：100717
http://www.sciencep.com
三河市春园印刷有限公司印刷
科学出版社发行 各地新华书店经销
*
2019 年 1 月第 一 版 开本：720 × 1000 1/16
2025 年 3 月第三次印刷 印张：9 3/4
字数：178 000

定价：98.00 元

(如有印装质量问题，我社负责调换)

丛　书　序

社会文明的进步、历史的断代，通常以人类掌握的技术工具材料来刻画，如远古的石器时代、商周的青铜器时代、在冶炼青铜的基础上逐渐掌握了冶炼铁的技术之后的铁器时代，这些时代的名称反映了人类最初学会使用的主要是硬物质. 同样，20 世纪的物理学家一开始也是致力于研究硬物质，像金属、半导体以及陶瓷，掌握这些材料使大规模集成电路技术成为可能，并开创了信息时代. 进入 21 世纪，人们自然要问，什么材料代表当今时代的特征？什么是物理学最有发展前途的新研究领域？

1991 年诺贝尔物理学奖得主德热纳最先给出回答：这个领域就是其得奖演讲的题目 ——“软物质”. 以《欧洲物理杂志》B 分册的划分，它也被称为软凝聚态物质，所辖学科依次为液晶、聚合物、双亲分子、生物膜、胶体、黏胶及颗粒等.

2004 年，以 1977 年诺贝尔物理学奖得主、固体物理学家 P.W. 安德森为首的 80 余位著名物理学家曾以 “关联物质新领域” 为题召开研讨会，将凝聚态物理分为硬物质物理与软物质物理，认为软物质 (包括生物体系) 面临新的问题和挑战，需要发展新的物理学.

2005 年，*Science* 提出了 125 个世界性科学前沿问题，其中 13 个直接与软物质交叉学科有关. “自组织的发展程度” 更是被列入前 25 个最重要的世界性课题中的第 18 位，“玻璃化转变和玻璃的本质” 也被认为是最具有挑战性的基础物理问题以及当今凝聚态物理的一个重大研究前沿.

进入新世纪，软物质在国外受到高度重视，如 2015 年，爱丁堡大学软物质领域学者 Michael Cates 教授被选为剑桥大学卢卡斯讲座教授. 大家知道，这个讲座是时代研究热门领域的方向标，牛顿、霍金都任过这个最著名的卢卡斯讲座教授. 发达国家多数大学的物理系和研究机构已纷纷建立软物质物理的研究方向.

虽然在软物质研究的早期历史上，享誉世界的大科学家如爱因斯坦、朗缪尔、弗洛里等都做出过开创性贡献，荣获诺贝尔物理奖或化学奖. 但软物质物理学发展更为迅猛还是自德热纳 1991 年正式命名 “软物质” 以来，软物质物理不仅大大拓展了物理学的研究对象，还对物理学基础研究尤其是与非平衡现象 (如生命现象) 密切相关的物理学提出了重大挑战. 软物质泛指处于固体和理想流体之间的复杂的凝聚态物质，主要共同点是其基本单元之间的相互作用比较弱 (约为室温热能量级)，因而易受温度影响，熵效应显著，且易形成有序结构. 因此具有显著热波动、多个亚稳状态、介观尺度自组装结构、熵驱动的顺序无序相变、宏观的灵活性等特征. 简单地说，这些体系都体现了“小刺激，大反应”和强非线性的特性. 这些特性并非仅仅由纳观组织或原子或分子的水平结构决定，更多是由介观多级自组装结构决定. 处于这种状态的常见物质体系包括胶体、液晶、高分子及超分子、泡沫、乳液、凝胶、颗粒物质、玻璃、生物体系等. 软物质不仅广泛存在于自然界，而且由于其丰富、奇特的物理学性质，在人类的生活和生产活动中也得到广泛应用，常见的有液晶、柔性电子、塑料、橡胶、颜料、墨水、牙膏、清洁剂、护肤品、食品添加剂等. 由于其巨大的实用性以及迷人的物理性质，软物质自 19 世纪中后期进入科学家视野以来，就不断吸引着来自物理、化学、力学、生物学、材料科学、医学、数学等不同学科领域的大批研究者. 近二十年来更是快速发展成为一个高度交叉的庞大的研究方向，在基础科学和实际应用方面都有重大意义.

为推动我国软物质研究，为国民经济作出应有贡献，在国家自然科学基金委员会中国科学院学科发展战略研究合作项目“软凝聚态物理学的若干前沿问题”(2013.7~2015.6) 资助下，本丛书主编组织了我国高校与研究院所上百位分布在数学、物理、化学、生命科学、力学等领域的长期从事软物质研究的科技工作者，参与本项目的研究工作. 在充分调研的基础上，通过多次召开软物质科研论坛与研讨会，完成了一份 80 万字研究报告，全面系统地展现了软凝聚态物理学的发展历史、国内外研究现状，凝练出该交叉学科的重要研究方向，为我国科技管理部门部署软物质物理研究提供一份既翔实又前瞻的路线图.

作为战略报告的推广成果，参加本项目的部分专家在《物理学报》出版了软凝聚态物理学术专辑，共计 30 篇综述. 同时，本项目还受到科学出版社关注，双方达成了“软物质前沿科学丛书”的出版计划. 这将是国内第一套系统总结该领域理论、实验和方法的专业丛书，对从事相关领域的研究人员将起到重要参考作用. 因此，我们与科学出版社商讨了合作事项，成立了丛书编委会，并对丛书做了初步规划. 编委会邀请了 30 多位不同背景的软物质领域的国内外专家共同完成这一系列专著. 这套丛书将为读者提供软物质研究从基础到前沿的各个领域的最新进展，涵盖软物质研究的主要方面，包括理论建模、先进的探测和加工技术等.

由于我们对于软物质这一发展中的交叉科学的了解不很全面，不可能做到计划的“一劳永逸”，而且缺乏组织出版一个进行时学科的丛书的实践经验，为此，我们要特别感谢科学出版社钱俊编辑，他跟踪了我们咨询项目启动到完成的全过程，并参与本丛书的策划.

我们欢迎更多相关同行撰写著作加入本丛书，为推动软物质科学在国内的发展做出贡献.

主　编　　欧阳钟灿
执行主编　　刘向阳
2017 年 8 月

前　　言

细胞是构成生命的基本单元. 细胞膜是细胞内部与外部环境交换物质、能量和信息的屏障, 也是使细胞成为独立生命个体的根本保障. 细胞内的细胞器, 如内质网、线粒体、高尔基体等, 也是由各种形态的膜结构包裹, 从而成为细胞内相对独立的隔室. 脂质和蛋白质是构成这些膜结构的主要组分. 脂质分子呈长棒形, 具有双亲性：一头亲水, 另一头亲油 (即疏水). 当一定量的脂质分子分散在水中时, 由于疏水作用, 它们通常能够自组装成脂双层结构. 在生理条件下, 这种脂双层结构处于液晶态, 即脂质分子面内位置无长程序 (液体特征), 脂质分子面外指向几乎相同而具有长程序 (晶体特征). 在液晶态, 脂双层结构能够承受面外的弯曲变形, 而不能承受面内的静态剪切应变. 细胞膜和细胞内膜均是以脂双层膜为基本架构, 蛋白质像冰山一样镶嵌在脂质分子的海洋中, 此即著名的 Singer-Nicholson 流体镶嵌模型 (Science, 1972, 175:720). 对于细胞膜来说, 其胞浆的一侧还有许多长链蛋白质细丝构成的网状交联结构, 交联点为镶嵌在脂质膜中的蛋白质. 网状交联结构几乎不能承受面外的弯曲形变, 但是能够承受一定的面内剪切形变. 细胞膜的这种复合结构, 既能够承受面外的弯曲应变, 也能够承受面内的剪切应变.

生物膜弹性理论源于对人类正常红细胞双凹碟形状的研究. 成熟期人类正常红细胞直径约为 8μm, 最大高度为 2~3μm, 细胞膜厚度约为 5nm. 它们没有内部细胞器, 其双凹碟形状完全由膜的物理性质决定. 著名的生物力学家冯元桢试图用三明治模型 (两层板中间夹着液体) 理解双凹碟形状, 他与合作者发现, 必须假定红细胞膜的厚度在微米尺度上有显著变化才能够解释红细胞的双凹碟形状 (Fung & Tong, Biophys. J., 1968, 8: 175). 但是, Pinder 利用电子显微镜发现红细胞膜的厚度在微米尺度上几乎是均匀的 (J. Theor. Biol., 1972, 34: 407). Canham 将红细胞膜视为不可压缩的板壳, 认为在给定红细胞面积和体积情况下, 双凹碟形状使得板壳的曲率弹性能取极小值 (J. Theor. Biol., 1970, 26: 61). 实际上, 该极小自由能是简并的, 另外一种哑铃形状也对应相同的自由能, 但是在实验中没有观察到. 1973 年, Helfrich 认识到细胞膜的脂双层处于液晶态, 膜内外存在非对称的因素 (包括脂质分子的分布、离子的浓度的差异等). 他类比于液晶弹性理论, 提出了膜的自发曲率弹性模型 (Z Naturforsch C, 1973, 28: 693). 通过这个模型可以很好地理解红细胞的双凹碟形状.

Helfrich 的自发曲率弹性模型开辟了生物膜弹性理论这一新的研究方向. 在国际上, 以 Lipowsky 和 Seifert 为代表的学者在 Helfrich 的自发曲率弹性模型基础上做了大量的研究工作, 本书作者及其合作者也在生物膜泡形状的几何理论方面做出了一些成果. 这些工作极大地推进了生物膜弹性理论的发展, 1999 年出版的*Geometric Methods in the Elastic Theory of Membranes in Liquid Crystal Phases*一书对这些工作进行了系统的总结. 近年来, 生物膜泡的形状研究取得了一些重要的新进展, 包括开口脂质泡形状方程与边界条件、脂质膜的内应力、手性膜的弹性理论等. 特别是, 外微分和活动标架法等一系列新的工具被引入生物膜弹性理论的研究, 极大地推动了该方向的发展. 本书的主要目的是系统地总结生物膜的弹性理论及其最新进展. 与其他的著作不同, 在弹性问题的数学处理上, 我们主要运用外微分和活动标架法, 而不是惯用的张量分析方法. 在选取材料上, 我们力求保留物理内涵丰富而数学处理上较为优美和简洁的内容, 特别是补充了不少最新研究成果.

在内容上, 本书分为 9 章. 第 1 章, 生物膜的化学组成与物理状态, 主要介绍细胞膜的分子构成与聚集状态, 简要介绍液晶的相关理论, 刻画细胞膜的简化模型以及一些里程碑式的事件. 第 2 章, 生物膜的弹性, 主要介绍弹性的基本概念, 分析生物膜 (包括脂质双层膜、膜骨架网络、复合膜) 的形变模式, 利用量纲分析方法估算相应的弹性模量. 第 3 章, 生物膜的形状, 介绍描述生物膜形状的几何基础和物理基础, 简要回顾肥皂膜泡和红细胞形状问题的研究历史, 阐述利用对称性来构造自由能的思想. 第 4 章, 脂质泡的形状方程及其解析特解, 介绍基于活动标架法和外微分的曲面变分理论, 导出脂质泡的形状方程, 并给出相应的几类典型特解. 第 5 章, 带边脂质膜的控制方程及其特解, 处理带边界的曲面变分问题, 导出带边脂质膜的控制方程与相容条件, 分析解析特解的存在性, 提出准精确解的概念. 第 6 章, 出芽脂质囊泡的颈端连接条件, 对 Jülicher 和 Lipowsky 提出的分裂状态的脂质囊泡的颈端条件猜想进行了精细化, 并在一般情况 (无轴对称假设) 下证明了该猜想成立. 第 7 章, 脂质膜的应力张量和力矩张量, 通过变分原理和外微分方法给出了脂质膜的应力张量和力矩张量的一般表达式, 并用这些张量讨论了脂质囊泡的形状方程, 带边脂质囊泡的边界条件以及两相膜的连接条件. 第 8 章, 手性膜的弹性理论, 简要回顾手性膜研究中的 Helfrich-Prost 模型、Selinger-Schnur 模型和 Komura-Ou-Yang 模型, 着重叙述手性膜的一个简化理论. 第 9 章, 总结与展望, 主要探讨正文中没有涉及的一些问题以及未来有待解决的几个问题.

我们希望以上 9 章的内容能够使读者对生物膜的弹性理论, 特别是对形状问题的研究有较为深入的理解. 如果本书能够吸引更多的年轻人进入这一领域, 开展进一步的研究, 笔者将感到无比的荣幸.

最后, 感谢巫浩和张一恒认真阅读了本书的原稿并提出宝贵的修改意见, 也感谢国家出版基金对本书的资助.

涂展春

2018 年 3 月 5 日于北京

目　录

第 1 章　生物膜的化学组成与物理状态

本章简要介绍细胞的质膜和内膜系统, 包括其组分脂质分子的双亲性、脂质膜的液晶态、细胞膜的简化模型等.

1.1　细胞的膜结构

细胞是构成生命的基本单元. 当我们用显微镜 (包括光学和电子显微镜)“解剖”一个动物细胞时, 将会看到如图 1.1 所示的各种细胞器, 包括细胞膜、细胞骨架 (微管、微丝和中间细丝)、中心体、线粒体、高尔基体、内质网、核糖体、细胞核、溶酶体、过氧化物酶体等. 其中细胞膜和核膜是细胞的两种重要的膜结构; 细胞膜是细胞内部与外部环境交换物质、能量和信息的屏障, 也是使细胞成为独立生命个体的根本保障. 核膜包裹着细胞核, 保护细胞的遗传物质, 同时也允许细胞核内外的物质、能量和信息交流. 线粒体、高尔基体、内质网、溶酶体、过氧化物酶体均是由各种形态的膜结构包裹的细胞器, 它们是细胞内相对独立的隔室, 是细胞“工厂”的工作流程中不可缺少的“车间”.

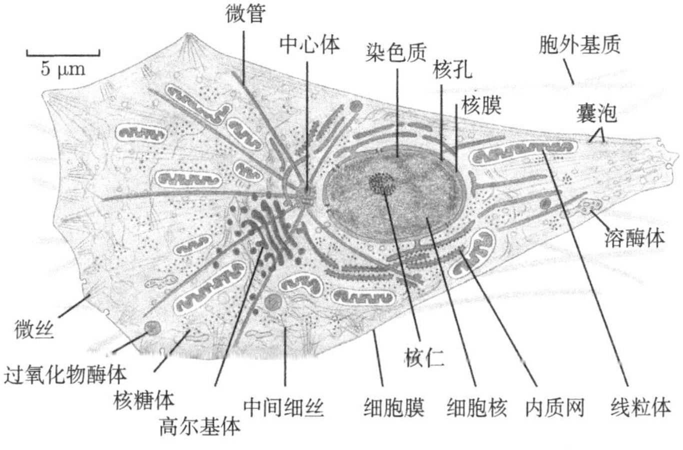

图 1.1　动物细胞的各种细胞器的示意图 [1]

从图 1.1 粗略看来, 膜结构占了非常大的比重, 由此可见生物膜 (包含细胞膜和细胞内膜结构) 对于细胞的生命过程十分重要, 可以毫不夸张地说, 没有生物膜就没有生命.

1.2　脂质分子的双亲性

从化学组分来看, 生物膜主要由脂质和蛋白质构成. 脂质分子形成的双层膜是构成生物膜这种准二维结构的母板. 脂质分子呈长棒形, 具有双亲性, 极性的头部基团是亲水的, 而非极性的尾部基团是疏水的. 生物膜中丰度最高的脂质是磷脂, 它们具有一个极性头部基团和两条非极性烃链, 其中一条包含不饱和碳碳双键, 使得该条烃链 (脂肪酸尾巴) 局部弯折, 另一条通常是饱和的. 动物细胞中的主要磷脂分子是甘油磷脂. 图 1.2 给出了甘油磷脂分子的化学结构式、原子空间堆积图及其简化示意图. 主要构成如下: 两条长链脂肪酸通过酯键结合在甘油骨架的相邻碳原子上, 第三个碳原子与磷酸基相连, 磷酸基又与胆碱相连.

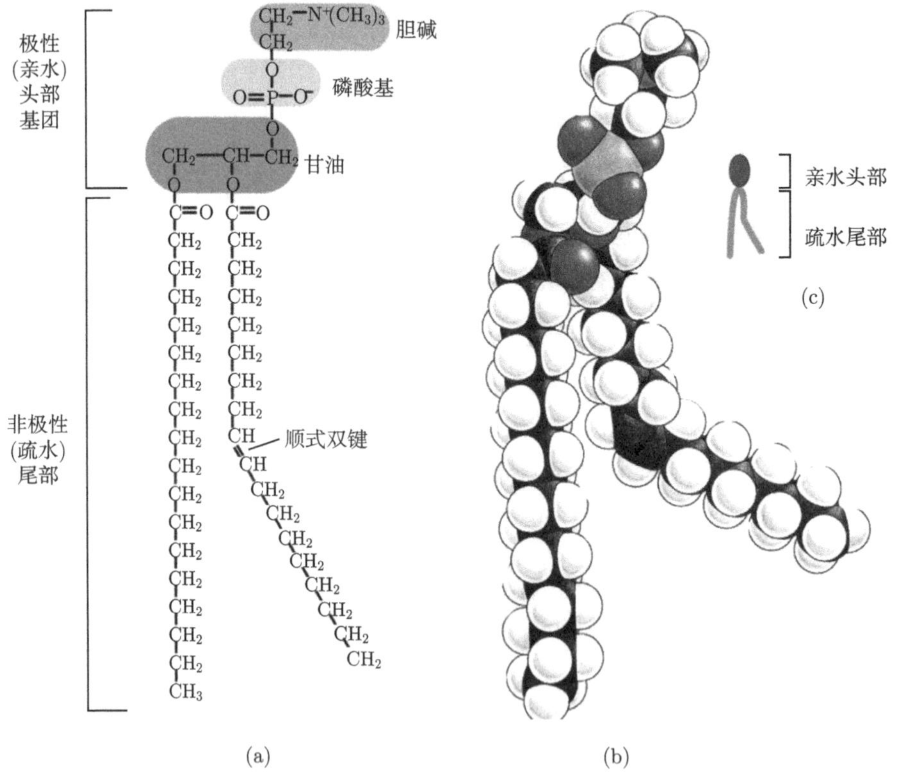

图 1.2　甘油磷脂分子结构 [1]: (a) 化学结构式; (b) 原子空间堆积图; (c) 简化示意图

鞘磷脂是另一类重要的磷脂, 如图 1.3 所示, 它的骨架是鞘氨醇而不是甘油. 鞘氨醇可视为一条长的酰基链, 一端连接两个羟基和一个氨基. 将氨基上连接一条脂肪酸尾巴, 末端羟基连接一个磷酰胆碱从而构成鞘磷脂. 磷酰胆碱和剩余的一个羟基均是极性的亲水基团. 鞘氨醇的烃链以及氨基上连接的脂肪酸尾巴是非极性 (疏水) 的.

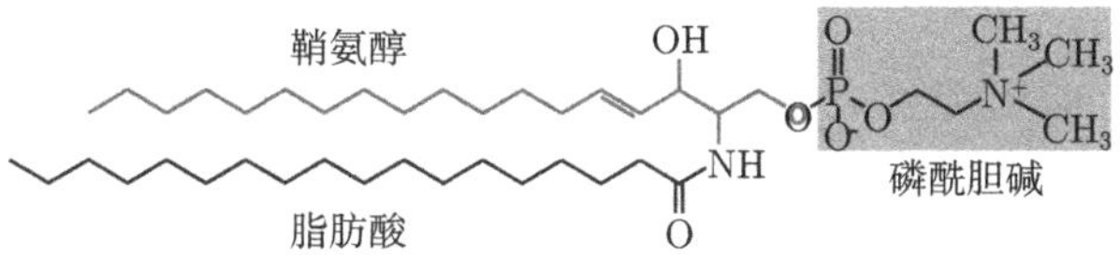

图 1.3 鞘磷脂化学结构式 [1]

除了磷脂之外, 细胞膜中还包含一种重要的脂质 —— 胆固醇. 胆固醇的显著特征是包含刚性的甾环结构, 如图 1.4(a)~(c) 所示, 环的一端与一个极性的羟基相连, 另一端连接一条较短的非极性烃链. 当胆固醇分子插入脂质双层膜中时, 由于极性头部基团很小, 其周围的磷脂分子的头部像撑开的雨伞一样遮挡着整个胆固醇分子, 如图 1.4(d) 所示. 胆固醇分子由于具有刚性的甾环结构, 能够减小周围脂质分子的流动性. 生物膜适度的流动性对细胞生命过程十分重要. 胆固醇是调节生物膜流动性的关键分子.

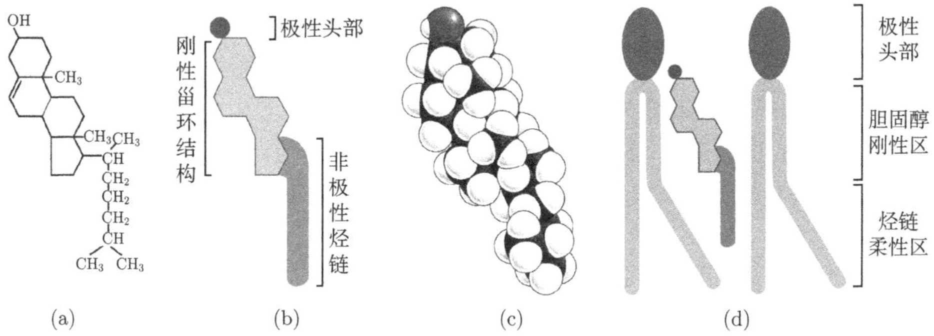

图 1.4 胆固醇分子结构及其在脂质双层膜中的作用 [1]: (a) 化学结构式; (b) 简化示意图; (c) 原子空间堆积图; (d) 胆固醇分子与磷脂分子相互作用

脂质分子之所以表现出亲疏水特征, 是生命之源 —— 水的独特性质所决定的. 如图 1.5(a) 所示, 水分子由一个氧原子和两个氢原子构成. 尽管水分子整体上呈现电中性, 但由于氧的负电性较强, 负电荷向氧原子偏离, 正电荷向氢原子偏离, 因而表现出很强的极性. 当两个水分子相互靠近时, 一个水分子的氧原子会吸引另一个水分子的氢原子, 形成一种十分重要的非共价键 —— 氢键. 当大量水分子互相靠近时, 例如在生理条件下, 相邻水分子中的氧原子形成图 1.5(b) 所示的四面体型网络. 每个氧原子和它周围 2 个水分子中的氢原子形成氢键. 该图展示的是氢键网络的静态结构, 每个水分子周围有 4 个氢键. 在液态水中, 由于热运动的原因, 这个网络中的某些氢键突然被打断, 一些氢键继而又产生, 平均来看每个水分子周围约有

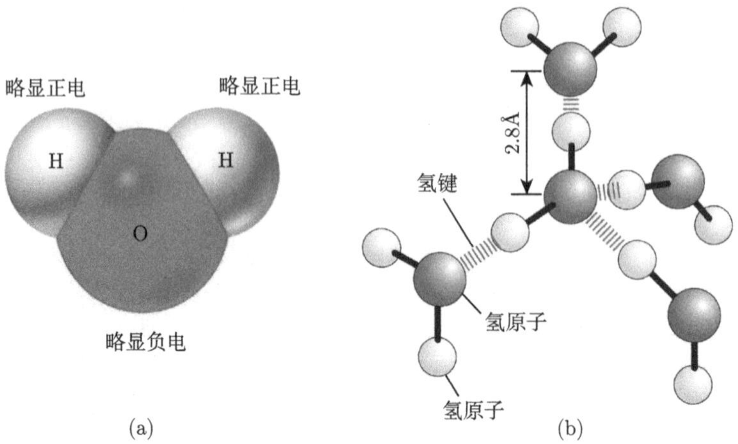

图 1.5　水分子及其形成的氢键 [2]：(a) 水分子示意图；(b) 水分子形成的氢键网络

3.5 个氢键.

当极性基团 (如羟基) 浸入水中时, 它能够参与水分子氢键网络的形成, 对氢键网络影响不大, 因而是亲水的. 但是非极性基团不能够参与水分子氢键网络的形成, 导致水分子氢键网络的熵减少, 整个体系的自由能会被抬高, 这是不利的. 因此, 非极性基团表现出疏水特性. 疏水作用的量级可以通过图 1.6 所示的粗粒化模型 [2] 加以考虑. 粗略来讲, 水分子的氢原子指向四面体的顶点有 6 种不同的方式, 这导致水分子的 6 种可能取向, 因此中心水分子的熵为 $k_B \ln 6$, 这里 k_B 是玻尔兹曼常

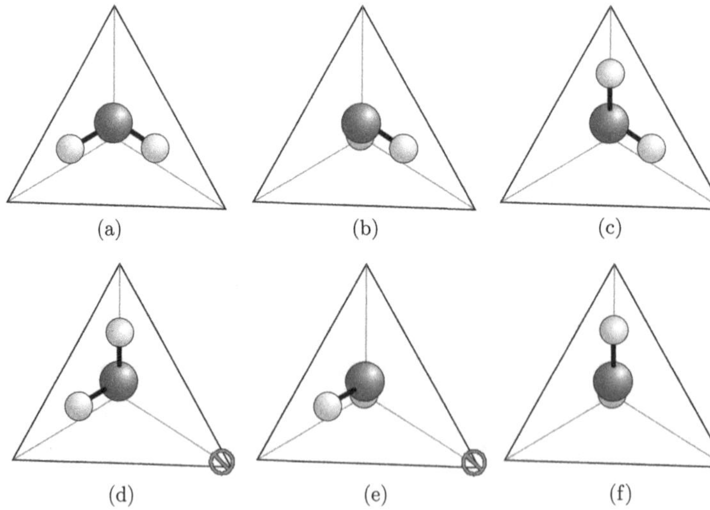

图 1.6　四面体网络中的水分子的取向. 每个图像显示了允许与邻近水分子形成氢键的水分子的不同排列. 氢键在图中没有被氢占据的顶点的方向上 [2]

量. 如果四个最近邻的水分子中有一个被非极性基团取代, 那么, 由于失去一个形成氢键的伙伴, 可能的取向变为 3 个. 例如, 假定移去图 1.6 中的右下角的水分子, 而被非极性基团取代, 那么在图示氧原子和缺失的水分子之间不能形成氢键. 结果, 图 1.6 中 (d)~(f) 三种构形被禁止了, 于是中心水分子的熵为 $k_B \ln 3$. 由此可见, 插入的非极性基团导致该中心水分子的熵减少, 即 $\Delta S = k_B \ln 3 - k_B \ln 6 = -k_B \ln 2$, 从而自由能增加了

$$\Delta G_1 = -T\Delta S = k_B T \ln 2, \tag{1.1}$$

其中, T 为水的热力学温度, 又称开氏温度.

我们将疏水基团浸入水中的自由能代价称为疏水自由能. 根据水分子尺寸, 可估算出 1nm^2 约有 10 个水分子覆盖, 因此单位面积疏水自由能为

$$\gamma_{\text{hy}} = 10\Delta G_1/(1\text{nm}^2) = 10 \ln 2 (k_B T/\text{nm}^2) \approx 7 k_B T/\text{nm}^2. \tag{1.2}$$

那么, 表面积为 A 的疏水基团浸入水中, 疏水自由能为 $\Delta G = \gamma_{\text{hy}} A$.

1.3 脂质分子形成的超结构

脂质分子具有双亲性：极性头部基团亲水, 非极性尾部疏水. 当一定量的脂质分子分散在水中时, 由于疏水作用, 它们通常能够自组装成图 1.7 所示的各种超结构. 在这些结构中, 亲水的头部互相靠在一起, 与水形成氢键网络；而疏水的尾巴被头部基团形成的结构“遮挡”着, 不与水接触. 当脂质分子很少时, 分散在水中较易形成胶束 (图 1.7(a)). 当脂质分子适量时, 可形成脂质双层膜结构 (图 1.7(b)). 带裸露边的双层膜结构生长到一定尺寸时, 倾向于形成无边界的脂质

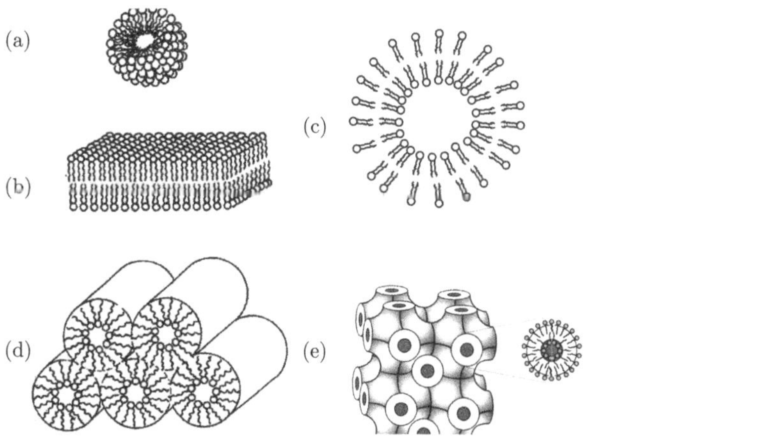

图 1.7 脂质分子形成的超结构：(a) 胶束；(b) 双层膜；(c) 囊泡；(d) 六角相；(e) 立方相

囊泡 (图 1.7(c)). 当水分子含量很少时可形成六角相 (图 1.7(d)), 其每个单元是一个脂质柱面, 柱面空心部分包裹水分子, 柱面密排成六角阵列. 在十分特殊的情况下, 脂质分子还可以形成立方相 (图 1.7(e)), 其几何形状对应于数学中的一类有周期性的极小曲面.

上面提到, 疏水作用 (即熵效应) 是脂质超分子结构组装的动力. 下面, 我们基于疏水作用, 考察分散在水中的脂质分子、脂质双层膜和脂质囊泡的能量. 为了简化计算, 将脂质分子简化成图 1.8(a) 所示的球棒结构, 圆球表示亲水头部, 长棒表示疏水尾部. 棒的直径和长度分别用 d 和 l 表示, 假定 $l \gg d$, 这样每个脂质分子疏水表面积约为 $A_0 = \pi dl$. 假定 N 个脂质分子分散在水中, 这样总的疏水表面积为 $A_N = \pi dlN$. 根据 1.2 节的讨论, N 个脂质分子分散在水中的疏水自由能为

$$\Delta G_N = \gamma_{\text{hy}} A_N = \gamma_{\text{hy}} \pi dlN. \tag{1.3}$$

现在假定这 N 个脂质分子形成图 1.8(b) 所示的双层膜的圆盘结构. 根据 $N\pi(d/2)^2 = 2\pi(D/2)^2$ (注: 这里乘以 2 是因为双层膜), 可以得到圆盘直径 $D = \sqrt{N/2}d$. 脂质圆盘裸露在外边的疏水表面积为 $A_{\text{disk}} = \pi D(2l) = \sqrt{2}\pi dlN^{1/2}$, 于是脂质圆盘的疏水自由能为

$$\Delta G_{\text{disk}} = \gamma_{\text{hy}} A_{\text{disk}} = \sqrt{2}\gamma_{\text{hy}} \pi dlN^{1/2}. \tag{1.4}$$

不难证明, 当 $N > 2$ 时, $\Delta G_{\text{disk}} < \Delta G_N$, 即脂质双层结构比脂质分子分散在水中自由能更低, 疏水作用力驱动脂质分子靠在一起形成双层膜结构而不是单独分散开来.

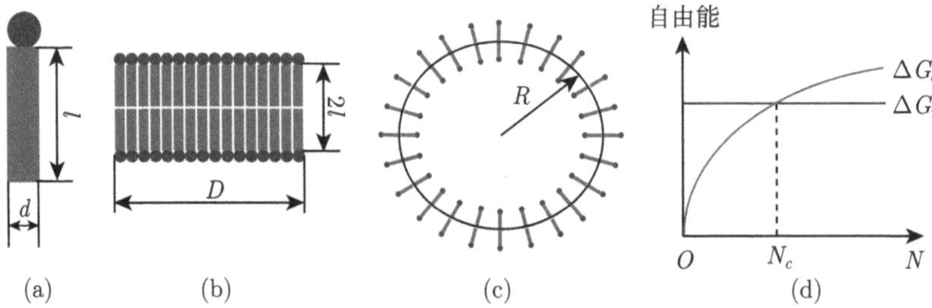

图 1.8 脂质分子形成囊泡的途径: (a) 脂质分子的简化示意图; (b) 脂质双层膜的示意图; (c) 囊泡的示意图; (d) 脂质圆盘与脂质囊泡的自由能

当存在裸露边时, 疏水自由能仍然较大, 当脂质圆盘的分子数目较多时, 还可以形成图 1.8(c) 所示的脂质囊泡. 由于囊泡没有边界, 因此极大地降低了疏水自由能, 但代价是弯曲自由能增加了. 在第 2 章, 我们将会看到, 在不考虑自发曲率时, 球形囊泡的弯曲自由能 $\Delta G_{\text{vesicle}} = 4\pi(2k_c + \bar{k})$ 与尺寸无关, 其中 k_c 与 $\bar{k}$ 是脂质

双层膜的弯曲刚度. 图 1.8(d) 给出了脂质圆盘与脂质囊泡的自由能, 容易看出, 存在一个临界脂质分子数 N_c, 当脂质分子的数目 N 大于 N_c 时, 脂质囊泡的自由能比脂质圆盘的自由能低, 因而更易形成囊泡. 通过求解方程 $\Delta G_{\rm disk} = \Delta G_{\rm vesicle}$, 我们得到临界脂质分子数为

$$N_c = 8(2k_c + \bar{k})^2/\gamma_{\rm hy}^2 d^2 l^2. \tag{1.5}$$

由于膜的弯曲刚度与 l^2 成正比 [3], 因此, 我们得到如下标度律:

$$N_c \propto (l/d)^2, \tag{1.6}$$

即临界脂质分子数与脂质分子疏水尾巴的长度的平方成正比. 由于脂质膜的面积几乎不可压缩, 我们计算出临界半径满足如下标度律:

$$R_c \propto N_c^{1/2} d \propto l, \tag{1.7}$$

即脂质囊泡的临界半径正比于脂质分子疏水尾巴的长度, 疏水尾部越长, 最小脂质囊泡的尺寸就越大.

1.4 脂质双层膜的液晶态

在生理条件下, 这种脂双层结构处于液晶态, 即脂质分子面内位置没有长程序 (液体特征), 脂质分子指向几乎相同而具有长程序 (晶体特征). 为了刻画分子的指向序, 需要引入序参量 [4]:

$$S \equiv 2\pi \int_0^\pi P_2(\cos\theta) f(\theta) \sin(\theta) \mathrm{d}\theta, \tag{1.8}$$

其中, θ 表示分子指向与膜的法线夹角; $f(\theta)$ 是给定温度下分子指向的分布函数; $P_2(\cos\theta) \equiv (3/2)\cos^2\theta - 1/2$. 对于各向同性相, $f(\theta) = 1/4\pi$, 由式 (1.8) 可知 $S = 0$. 如果所有分子完美地平行排列, $f(\theta) = \delta(\cos\theta - 1)/2\pi$, 其中 $\delta(x)$ 代表狄拉克函数, 由式 (1.8) 可知 $S = 1$. 当温度降到某个临界温度 $T_{\rm c}$ 以下时, 各向同性相转变为液晶相, 序参量由 0 变为 0.3～0.4. 当温度再降低时, 液晶相的序参量可达到 0.8 左右. 如果再降低温度, 液晶相转变为固体相.

对于脂质双层膜来说, 通常感兴趣的相为图 1.9 所示的近晶相, 在每一层内, 分子指向几乎相同. 如果平均分子指向与膜的法线方向平行, 则称为近晶相 A(简称为 Sm-A, 如图 1.9(a) 所示); 如果平均分子指向与法线方向保持一个恒定的夹角, 则称为近晶相 C (简称为 Sm-C, 如图 1.9(b) 所示), 另外, 如果脂质分子本身具有手性, 则称为近晶相 C*(简称为 Sm-C*).

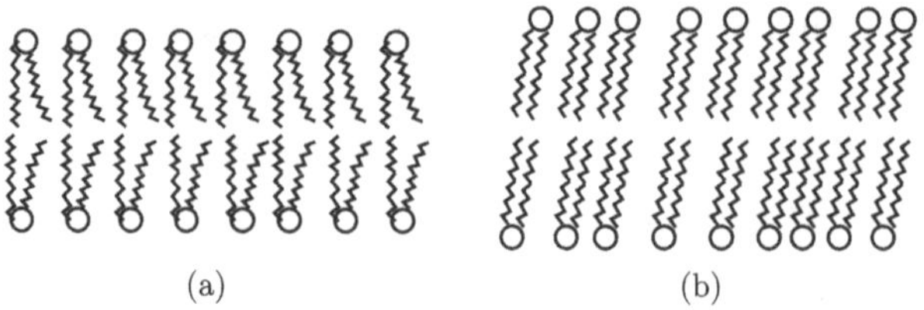

图 1.9　两种近晶相: (a) 近晶相 A; (b) 近晶相 C

在液晶态, 脂质双层膜在面内有明显的液体特征, 因此表现出很强的流动性, 不能承受面内的静态剪切应变. 但是由于脂质双层膜有一定的厚度, 在法线方向表现出一定的固体特征, 因而能够承受面外的弯曲形变. 正是由于弯曲自由能的贡献, 脂质膜泡能够表现出丰富多彩的形态 [5, 6].

1.5　细胞膜的简化模型

上文已经提到细胞膜主要组分是脂质和蛋白质. 关于这些分子如何组装成生物膜, 科学家进行了一个多世纪的研究, 图 1.10 简要给出了这些研究中的里程碑事件 [7]. 19 世纪 80 年代, Rayleigh 勋爵等研究油在水面上铺展开来对表面张力的影响. 1899 年, Overton[8] 基于对细胞膜的实验, 描绘了真核细胞胞浆与外界之间的脂质分界面. 1917 年, Langmuir[9] 设计了一个精巧的装置, 对油在水面的扩展面积进行控制, 测量了压强与分子扩展面积的关系. 1923 年, Fricke[10] 通过测量细胞膜的电容推测细胞膜厚度约为 4nm. 1925 年, 利用 Langmuir 的实验方法, Gorter 和 Grendel 从红细胞的膜上抽取脂质分子, 测量所有脂质分子扩展到水面上的面积; 他们发现该面积是红细胞表面积的 2 倍, 由此推测出红细胞膜是双层脂质膜结构 [11]. 后续的研究 [12] 表明, 尽管 Gorter 和 Grendel 的实验中存在不少错误, 但

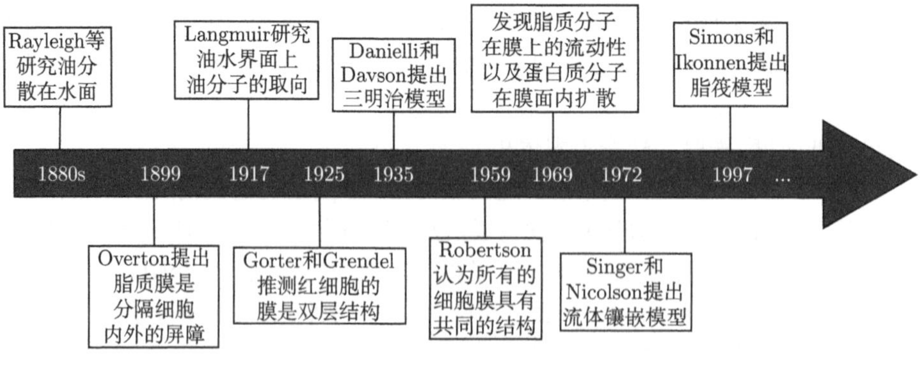

图 1.10　细胞膜的结构研究中的里程碑事件 (根据文献 [7] 绘制)

是这些错误的后果恰好相互抵消了, 以至于得出正确的结论, 即脂质双层膜是细胞膜的"母版".

细胞膜的化学组分除了脂质外, 还有各种蛋白质, 蛋白质在细胞膜上如何分布呢? 1935 年, Danielli 和 Davson 提出了细胞膜的三明治模型 [13]. 在这个模型中, 蛋白质处在脂质双层膜的内外侧, 形成两层蛋白质夹一脂质膜的三明治结构. 1959 年, Robertson 认为所有的细胞膜应该有共同的结构 [14]. 1969~1972 年, 科学家们发现脂质分子在膜的面内具有很强的流动性, 膜蛋白在膜的面内能够相对自由地扩散 [15−17]. 1972 年, Singer 和 Nicolson[18] 总结了前人的研究结果, 并结合自身的研究工作, 提出了划时代的流体镶嵌模型 (亦称为流体马赛克模型). 细胞膜以脂双层膜为基本架构, 脂质分子在面内具有流体的流动特征, 蛋白质像冰山一样镶嵌在脂质分子的海洋中执行各种功能. 20 世纪 90 年代, 人们逐渐认识到细胞膜上的脂质分子并非均匀分布的, 而是有一些独特的区域. 一些独特的脂质域富含胆固醇和鞘脂, 像竹筏一样承载着锚定在其中的跨膜蛋白在脂质海洋中运动, 这样的区域被形象地称为脂筏. 1992 年, Brown 和 Rose[19] 从实验上分离出膜中包含锚定蛋白且富含胆固醇和鞘脂的结构. 1997 年, Simons 和 Ikonnen 在前人的研究基础上, 提出了脂筏模型, 并认为脂筏是膜上的输运单元 [20]. 但是关于脂筏的存在性、大小和寿命一直有争议.

就目前来看, 流体镶嵌模型仍然是广为接受的细胞膜模型. 上文提到, 构成细胞膜的脂质双分子层处于液晶状态, 能够承载面外的弯曲形变, 但不能承载面内的剪切形变. 实际的细胞膜在胞浆的一侧还有许多长链蛋白质细丝构成的网状交联结构, 交联点为镶嵌在脂质膜中的蛋白质. 网状交联结构几乎不能承受面外的弯曲形变, 但是能够承受一定的面内剪切形变. 细胞膜的这种复合结构 (图 1.11), 既能够承受面外的弯曲应变, 也能够承受面内的剪切应变.

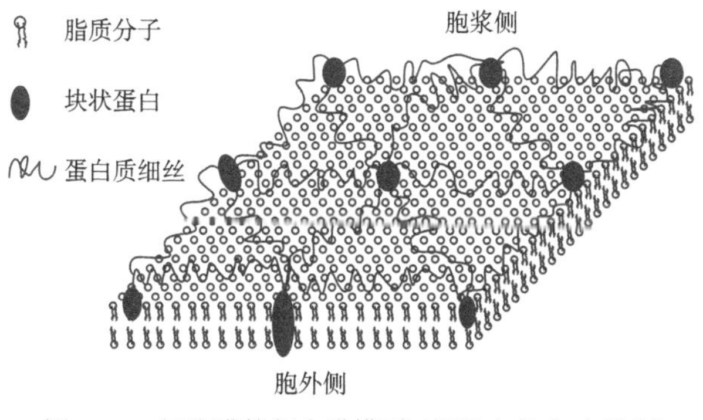

图 1.11 细胞膜的复合膜模型 (根据文献 [21] 绘制)

参 考 文 献

[1] Alberts B, Johnson A, Walter P, et al. Molecular Biology of the Cell. New York: Garland Science, 2007.

[2] Dill K, Bromberg S. Molecular Driving Forces. New York: Garland Science, 2003.

[3] Rawicz W, Olbrich K C, McIntosh T, et al. Effect of Chain Length and Unsaturation on Elasticity of Lipid Bilayers. Biophys. J., 2000, **79**: 328.

[4] de Gennes P G. The Physics of Liquid Crystals. Oxford: Clarendon, 1975.

[5] Lipowsky R. The Conformation of Membranes. Nature, 1991, **349**: 475.

[6] Seifert U. Configurations of Fluid Membranes and Vesicles. Adv. Phys., 1997, **46**: 13.

[7] Edidin M. Lipids on the Frontier: a Century of Cell-Membrane Bilayers. Nature Rev. Mol. Cell Biol., 2003, **4**: 414.

[8] Overton E. The Probable Origin and Physiological Significance of Cellular Osmotic Properties. Vierteljahrschrift der Naturforschende Gesselschaft (Zurich), 1899, **44**: 88.

[9] Langmuir I. The Constitution and Fundamental Properties of Solids and Liquids. II. Liquids. J. Amer. Chem. Soc., 1917, **39**: 1848.

[10] Fricke H. The Electric Capacity of Cell Suspensions. Phys. Rev. Series II, 1923, **21**: 708.

[11] Gorter E, Grendel F. On Bimolecular Layers of Lipids on the Chromocytes of the Blood. J. Exp. Med., 1925, **41**: 439.

[12] Deamer D W, Cornwell D G. Surface Area of Human Erythrocytes: Reinvestigation of Experiments on Plasma Membrane. Science, 1966, **153**: 1010.

[13] Danielli J F, Davson H. A Contribution to the Theory of Permeability of Thin Films. J. Cell Comp. Physiol., 1935, **5**: 495.

[14] Robertson J D. The Ultrastructure of Cell Membranes and Their Derivatives. Biochem. Soc. Symp., 1959, **16**: 3.

[15] Blasie J K, Worthington C R. Planar Liquid-Like Arrangement of Photopigment Molecules in Frog Retinal Receptor Disk Membranes. J. Mol. Biol., 1969, **39**: 417.

[16] Frye L D, Edidin M. The Rapid Intermixing of Cell Surface Antigens after Formation of Mouse—Human Heterokaryons. J. Cell Sci., 1970, **7**: 319.

[17] Cone R A. Rotational Diffusion of Rhodopsin in the Visual Receptor Membrane. Nature-New Biol., 1972, **15**: 39.

[18] Singer S J, Nicolson G L. The Fluid Mosaic Model of Cell Membranes. Science, 1972, **175**: 720.

[19] Brown D A, Rose J K. Sorting of GPI-anchored Proteins to Glycolipids-Enriched Membrane Subdomains during Transport to the Apical Cell Surface. Cell, 1992, **68**: 533.

[20] Simons K, Ikonnen E. Functional Rafts in Cell Membranes. Nature, 1997, **389**: 569.

[21] Sackmann E, Bausch A R, Vonna L. Physics of Composite Cell Membrane and Actin Based Cytoskeleton, in Physics of Bio-molecules and Cells, Edited by H. Flyvbjerg, F. Jülicher, P. Ormos and F. David. Berlin: Springer, 2002.

第 2 章　生物膜的弹性

本章介绍弹性的概念, 半定量地讨论脂质双层膜、膜骨架、细胞膜的弹性模型, 并估算各种形变模式对应的弹性模量.

2.1　自由能与弹性

热力学告诉我们, 自由能反映了系统能量倾向于减小与熵倾向于增大之间的竞争, 定量表示为

$$F = E - TS, \tag{2.1}$$

其中, F, E, T 和 S 分别表示所研究的系统的自由能、能量 (内能)、温度和熵. 竞争折中的结果是系统向自由能减小的方向演化, 最终到达自由能极小的状态, 即平衡态.

弹性是由原子构成的物质的基本属性之一. 在不受外力时, 这些物质通常处于稳定的平衡态. 当外力作用在这些物质上时, 物质偏离平衡态. 在撤除外力后, 物质有回复到平衡态的能力. 也就是说, 物质具有一定的抵抗形变的能力, 这种属性称为弹性. 分子、晶体、液晶都具有弹性. 理想液体在纯压缩时具有弹性, 但是几乎不能承受静态剪切力, 因此理想液体没有剪切弹性.

最典型的弹性体莫过于大学物理中的弹簧. 尽管弹簧概念极其简单, 但从自由能的角度来看, 所有物质的弹性在本质上与弹簧是相同的. 如图 2.1(a) 所示, 弹簧处于平衡位置 ($x = 0$) 时, 势能最低. 当弹簧偏离平衡位置时, 其势能曲线可以用二次函数描述:

$$U = \frac{1}{2}k_s x^2, \tag{2.2}$$

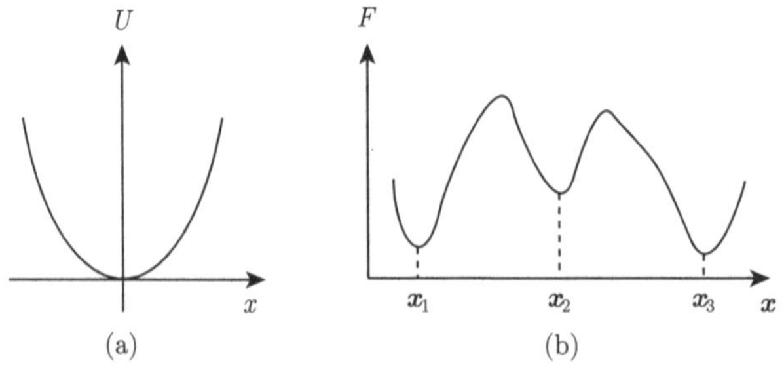

图 2.1　从自由能角度看弹性: (a) 弹簧的势能曲线; (b) 一般物质的自由能曲面示意图

其中弹性常数 $k_s > 0$ 反映弹簧抵抗形变的能力. 不难看出, 弹性常数 k_s 与势能曲线在平衡位置的二阶导数有如下简单关系:

$$k_s = \left.\frac{\mathrm{d}^2 U}{\mathrm{d}x^2}\right|_{x=0}. \tag{2.3}$$

对于由原子或分子构成的凝聚体, 我们用自由能 F 这个热力学量来刻画系统的性质, 用矢量 $\boldsymbol{x}$ 来代表凝聚体的可被改变的一组广义坐标 $(x^1, x^2, x^3, \cdots)$. 如图 2.1(b) 所示, 自由能曲面可能有多个极小值点 $(\boldsymbol{x}_1, \boldsymbol{x}_2, \boldsymbol{x}_3, \cdots)$, 即稳定平衡点. 当略微偏离某一平衡点 (记为 $\boldsymbol{x}_*$) 时, 将自由能在平衡点附近展开并保留到二阶项, 得到

$$F = F(\boldsymbol{x}_*) + \left.\frac{\partial F}{\partial x^n}\right|_{\boldsymbol{x}=\boldsymbol{x}_*}(x^n - x_*^n) + \frac{1}{2}\left.\frac{\partial^2 F}{\partial x^n \partial x^m}\right|_{\boldsymbol{x}=\boldsymbol{x}_*}(x^n - x_*^n)(x^m - x_*^m), \tag{2.4}$$

其中重复指标遵循爱因斯坦求和约定. 由于稳定平衡点满足 $\left.\frac{\partial F}{\partial x^n}\right|_{\boldsymbol{x}=\boldsymbol{x}_*} = 0$, $\left[\frac{\partial^2 F}{\partial x^n \partial x^m}\right]_{\boldsymbol{x}=\boldsymbol{x}_*}$ 是正定矩阵, 自由能增量可以写成与式 (2.2) 类似的二次型:

$$\Delta F \equiv F(\boldsymbol{x}) - F(\boldsymbol{x}_*) = \frac{1}{2}\left.\frac{\partial^2 F}{\partial x^n \partial x^m}\right|_{\boldsymbol{x}=\boldsymbol{x}_*}(x^n - x_*^n)(x^m - x_*^m), \tag{2.5}$$

只不过维度更高一些, 并且用刚度矩阵 $\left[\frac{\partial^2 F}{\partial x^n \partial x^m}\right]_{\boldsymbol{x}=\boldsymbol{x}_*}$ 替代了式 (2.3) 中的弹性常数 k_s.

2.1.1 内能弹性与熵弹性

根据式 (2.1), 当弹性体变形时, 弹性体的自由能变化来自于两部分：一部分是弹性体的内能改变, 另一部分是弹性体的熵改变 (假定温度几乎不变). 将内能改变贡献的弹性简称为内能弹性, 而将熵改变贡献的弹性简称为熵弹性. 因此，弹性体的弹性通常既有内能弹性也有熵弹性, 即二者的混合. 也有不少弹性体的弹性是内能弹性占主导地位, 或是熵弹性占主导地位.

通过化学键形成的晶体, 在室温下其弹性主要是内能弹性. 由于化学键键能在电子伏特 (eV) 的量级, 远远高于室温热运动的能量尺度 ($k_\mathrm{B}T \approx 25$ meV), 因此晶体发生小形变时仍能保持良好的有序结构, 熵几乎不变, 只是化学键的键能发生改变, 即晶体内能发生改变, 因此其弹性主要是内能弹性.

理想气体则是熵弹性的典型例子. 当温度不变时, 理想气体内能不变, 因此, 等温压缩理想气体时, 气体的状态数减小了, 从而熵减小, 自由能升高了, 这是不利的;

当外力撤除后, 气体恢复到原来的体积. 理想气体抵抗变形的能力来自于熵的改变, 因此其弹性是熵弹性.

聚合物是熵弹性的另一典型例子. 当外力拉伸聚合物链偏离平衡位置时, 构成聚合物的化学键的键能几乎不变, 因此内能几乎不变. 但聚合物的允许构形数目减少了, 因此熵减少, 自由能升高, 这是不利的; 当撤除外力后, 聚合物链恢复到原先的平衡状态. 因此, 聚合物抵抗变形的能力主要来自于熵的改变, 其弹性主要是熵弹性.

生物膜是脂质分子和蛋白质分子靠非化学键组装成的软凝聚体, 其抵抗弹性变形的能力主要来自于熵的改变, 因此其弹性也主要是熵弹性.

2.1.2 弹性模量

在本书中, 我们将弹性体抵抗形变的能力大小笼统地称为弹性模量. 例如, 对于一根满足胡克定律的弹簧来说, 其劲度系数即为弹簧的弹性模量. 式 (2.5) 中刚度矩阵 $\left[\dfrac{\partial^2 F}{\partial x^n \partial x^m}\right]_{\boldsymbol{x}=\boldsymbol{x}_*}$ 的独立系数也可以称为弹性模量, 由于对称性 (二阶导数求导顺序可以交换), $N \times N$ 阶刚度矩阵总共包含 $N(N+1)/2$ 个弹性模量. 对于线弹性固体来说, 应力与应变本构关系中的弹性常数称为弹性模量. 对于三维弹性固体, 应力和应变各有 6 个分量, 应力–应变本构关系中的弹性常数有 36 个, 根据线性响应理论中的昂萨格倒易关系 [1], 实际上只有 21 个是独立 [2]. 如果弹性体还有额外的对称性, 独立弹性模量数目减少. 特别是, 对于各向同性弹性体, 只有两个独立弹性模量 [2], 一个是体现抵抗拉伸形变的杨氏模量, 一个是体现抵抗剪切形变的剪切模量.

以下几节专门探讨生物膜的形变模式, 并利用量纲分析的思想来估算相应的弹性模量. 在这之前, 为熟悉量纲分析的思想, 我们先来估算一下通过化学键形成的晶体的弹性模量. 第一步, 量纲分析如下:

$$[\text{弹性模量}] = \frac{[\text{力}]}{[\text{面积}]} = \frac{[\text{能量}]}{[\text{长度}]^3} \tag{2.6}$$

其中, [物理量] 表示该 “物理量” 的量纲. 第二步, 寻找晶体的特征能量尺度和特征长度. 通过化学键形成的晶体, 特征键能是电子伏特 (eV), 特征键长是埃 (Å). 第三步, 利用特征能量和特征长度估算弹性模量 Y 的量级:

$$Y \simeq \frac{\text{特征能量}}{\text{特征长度}^3} = \frac{\text{eV}}{\text{Å}^3} \approx 10^2\text{GPa} \tag{2.7}$$

这个估值与材料手册 [3] 给出的实验结果符合得很好.

2.2 脂质双层膜的弹性

脂质双层膜处于液晶相, 面内具有液体特征, 因此不能承受面内剪力, 形变模式主要有如图 2.2 所示的两种: 一种是面内各向同性压缩 (或拉伸); 另一种是面外弯曲. 第一种形变模式对应的弹性模量称为面内压缩模量, 而第二种形变模式对应的弹性模量称为面外弯曲模量.

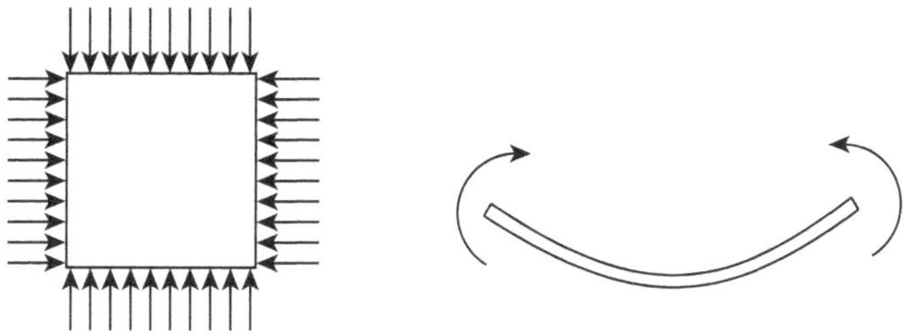

(a) (b)

图 2.2 脂质双层膜的形变模式: (a) 面内各向同性压缩 (俯视图); (b) 面外弯曲 (侧视图)

2.2.1 面内压缩模量

为了研究脂质膜的面内压缩情况, 将其等效为如图 2.3 所示的弹簧阵列模型 [4]. 我们假定弹簧具有很奇特的特征, 即在有剪切变形时会自由地发生错位, 因此不能承受剪切力. 图 2.3(a) 是从膜上取出的一部分膜片, 其尺寸为 $Na \times Na$. N 为整数, 本图描绘的是 $N = 4$ 的情况. 这里 a 是初始平衡状态下弹簧的原长. 经各向同性面内压缩后, 如图 2.3(b) 所示, 弹簧压缩量为 Δa. 若设单根弹簧的等效劲度系数为 k_s, 那么每根弹簧的势能为 $k_s(\Delta a)^2/2$. 弹簧总数为 $2N^2$(主要边上的弹簧只能算一半). 这样膜片的自由能为弹簧系统的总势能

$$\Delta F = 2N^2 k_s(\Delta a)^2/2 = N^2 k_s(\Delta a)^2. \tag{2.8}$$

另一方面, 我们计算膜的面积压缩率 $2J \equiv \Delta A/A = [N^2a^2 - N^2(a-\Delta a)^2]/N^2a^2 = 2\Delta a/a$. 这样式 (2.8) 可进一步转化为

$$\Delta F = k_s(2J)^2 A/4, \tag{2.9}$$

这里已经利用了 $A = N^2a^2$. 注意到上式是面积压缩率的二次型. 考虑一大片膜, 局部视为图 2.3 所示的膜片, 每一膜片压缩自由能满足式 (2.9). 将它们求和, 可得到整片膜的压缩自由能为

$$F_A = \int \frac{1}{2} k_A (2J)^2 \mathrm{d}A. \tag{2.10}$$

其中积分遍及整片膜, 弹性系数 $k_A \equiv k_s/2$ 称为膜的面内压缩模量.

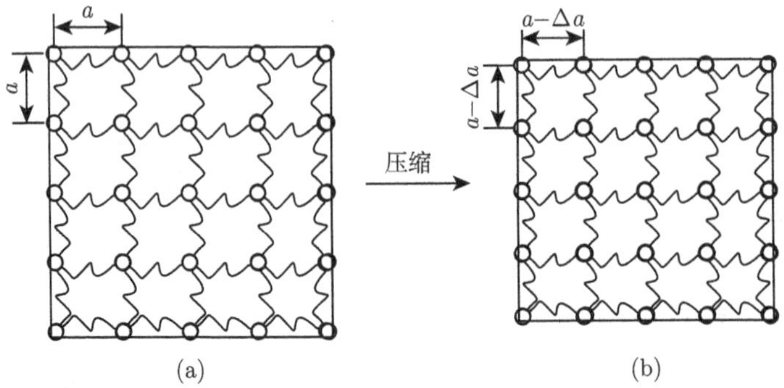

图 2.3　脂质双层膜的面内各向同性压缩模型 (俯视图): (a) 压缩前; (b) 压缩后

下面来估算面内压缩模量的数量级. 首先, 根据式 (2.10) 进行量纲分析可知

$$[k_A] = \frac{[\text{能量}]}{[\text{面积}]}. \tag{2.11}$$

下一步, 寻找特征能量和特征面积. 假定我们知道实验事实: 脂质膜的面内压缩模量受脂质分子烃链长度影响不大. 由此猜想抵抗压缩变形的能力主要来源于改变脂质头部和周围水分子形成的氢键. 氢键的特征能量约为 $2k_\mathrm{B}T$, 这里 k_B 是玻尔兹曼常量, T 表示室温. 当 $T = 300\mathrm{K}$ 时,

$$1k_\mathrm{B}T = 4 \times 10^{-21}\mathrm{J}. \tag{2.12}$$

而特征面积可取为水分子面积 (量级为 10Å^2). 最后, 我们可以估算面内压缩模量

$$k_A \simeq \frac{2 \times \text{特征能量}}{\text{特征面积}} = \frac{2 \times 2k_\mathrm{B}T}{10\text{Å}^2} \approx 0.16\mathrm{N/m}. \tag{2.13}$$

上式中分子上乘以 2 是因为双层膜两侧均与水分子作用. 上式估算的结果与 Rawicz 等 [5] 的实验测量值 0.24N/m 在数量级上是接近的.

2.2.2　面外弯曲模量

为探讨脂质双层膜面外的弯曲形变, 建立图 2.4 所示的弹簧阵列模型. 假定初始平衡构形为平面膜. 图 2.4(a) 是从膜上取出的一部分膜片单元的侧视图, 侧边长为 Na, 厚为 $t \ll Na$, 沿纵深方向宽为 La, 因此相当于有 L 组图示的重复截面. 发生弯曲后, 形成半径为 R 的圆弧构形, 如图 2.4(b) 所示. 假定中面弹簧没有拉伸, 中面圆弧半径和圆心角分别记为 R 和 $\Delta\theta$. 中面内侧弹簧压缩, 外侧拉伸. 利用简单几何关系, $Na = R\Delta\theta$, 经过简单计算, 得到内侧每根弹簧压缩量为

$\Delta a = [Na - (R - t/2)\Delta\theta]/N = at/2R$, 外侧每根弹簧的拉伸量也为 $\Delta a = at/2R$. 将弹簧势能求和, 可得到膜片单元的弯曲自由能 $\Delta F = 2NLk_s(\Delta a)^2/2 = k_s t^2 A/4R^2$, 其中 $A = NLa^2$ 代表膜片的中面面积. 那么单位面积的弯曲自由能可表示为 $\mathcal{E} \equiv \Delta F/A = k_s t^2/4R^2$, 即单位面积的弯曲自由能正比于曲率 $-1/R$ 的平方.

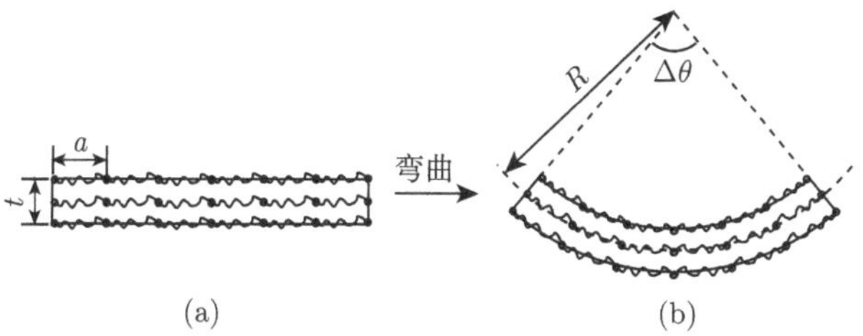

图 2.4 脂质双层膜的面外弯曲模型 (侧视图): (a) 弯曲前; (b) 弯曲后

在第 3 章中我们将看到, 完整描述膜的弯曲形变需要两个主曲率 (或者等价地, 平均曲率和高斯曲率). 假定平面构形是自由能最低的状态, 发生小的弯曲形变后, 膜的两个主曲率分别记为 c_1 和 c_2. 根据 2.1 节的思想以及上面的分析, 膜单位面积的弯曲自由能可以写成二次型

$$\mathcal{E} = \frac{1}{2}k_c(c_1^2 + c_2^2) + k'c_1c_2, \tag{2.14}$$

这里已经假定膜的面外弯曲是各向同性的, 因此 c_1^2 和 c_2^2 前方的弹性常数相同. 定义平均曲率 $H \equiv (c_1 + c_2)/2$ 与高斯曲率 $K \equiv c_1c_2$, 上式可以进一步写成

$$\mathcal{E} = \frac{1}{2}k_c(2H)^2 + \bar{k}K, \tag{2.15}$$

其中 $\bar{k} \equiv k' - k_c$. 基于此, 膜的弯曲自由能可以表示为

$$F = \int \left[\frac{1}{2}k_c(2H)^2 + \bar{k}K\right] \mathrm{d}A. \tag{2.16}$$

上式是 Canham 在 1970 年为解释红细胞的双凹碟形状时引入的弯曲自由能密度, 在生物膜理论研究中被称为 Canham 自由能 [6]. 弹性系数 k_c 称为脂质膜的弯曲模量, 而 $\bar{k}$ 称为脂质膜的高斯弯曲模量. 对于闭合曲面, $\int K\mathrm{d}A$ 是拓扑不变量, 而通常的实验很难改变脂质泡的拓扑, 因此后面一项能量不变, 这对实验测量高斯弯曲模量造成了很大的困难, 目前并没有很好的实验数据供参考 [7,8].

下面我们通过量纲分析来估算脂质膜的弯曲模量 k_c. 首先, 注意到曲率量纲是长度的倒数, 面积量纲是长度的平方. 由式 (2.16) 可知

$$[k_c] = [\text{能量}]. \tag{2.17}$$

下一步, 寻找相关的特征能量. 假定我们知道实验事实: 脂质膜的弯曲模量受脂质分子烃链长度影响较大. 由此猜想抵抗弯曲形变的能力主要来源于相邻脂质分子的烃链上的碳原子之间的范德瓦耳斯相互作用. 一对原子之间范德瓦耳斯相互作用的特征能量约为 $1k_{\rm B}T$. 考虑由 16 个碳原子构成脂质分子的烃链, 以及脂质膜的双层特征, 我们可以估算弯曲模量

$$k_c \simeq 2 \times 16 \times \text{特征能量} = 32k_{\rm B}T. \tag{2.18}$$

这一估算结果与 Mutz 等 [9] 的实验测量值 $25k_{\rm B}T$ 在数量级上是接近的.

需要指出的是, 我们讨论弯曲时, 基本上还是沿着固体膜的思路来考虑的, 自然平衡时的构形是平直的. 实际上脂质双层膜处于液晶态, 由于膜的两叶脂质分子分布或化学成分有差别, 自然平衡时的构形不是平直的, 即存在自发曲率. Helfrich 在 1973 年将弯曲的脂质双层膜类比为弯曲的液晶盒 [7], 指出脂质双层膜的自由能可表示为

$$F_H = \int \left[\frac{1}{2}k_c(2H + c_0)^2 + \bar{k}K\right] \mathrm{d}A, \tag{2.19}$$

其中参数 c_0 称为自发曲率, 而这个自由能在生物膜弹性理论研究中被称为自发曲率弹性能. 关于如何从液晶弹性模型导出上述 Helfrich 自发曲率弹性能的详细过程请参考专著 [10]. 第 3 章我们将通过对称性来导出 Helfrich 自发曲率弹性能. 本书介绍的生物膜弹性理论主要建立在 Helfrich 自发曲率弹性能基础之上.

2.3　膜骨架网络的弹性

在第 1 章中我们提到, 细胞膜在胞浆的一侧还有许多长链蛋白质细丝构成的网状交联结构, 交联点为镶嵌在脂质膜中的蛋白质. 网状交联结构几乎不能承受面外的弯曲形变, 但是能够承受一定的面内剪切形变与压缩 (或拉伸) 形变.

2.3.1　二维应变分析

弹性体的剪切和压缩 (拉伸) 形变可以通过应变来表示. 考虑图 2.5(a) 所示的 $a \times a$ 的正方形小单元发生小变形. 当在 x 方向拉伸单元时, 单元变为如图 2.5(b) 所示的矩形, 单元水平方向边长由 a 变为 $a + \Delta a$, 这里 $\Delta a \ll a$. 定义 x 方向应变为

$$\varepsilon_{11} = \lim_{a\to 0} \frac{\Delta a}{a}. \tag{2.20}$$

同理可以根据图 2.5(c) 来定义 y 方向的应变 ε_{22}. 另外, 当单元受到剪切时, 正方形单元变为图 2.5(d) 所示的菱形, 这里为了扣除刚体转动效应, 将菱形的一边与 x

方向重合, 那么平行于 y 的侧棱转过的小角度 $\gamma \ll 1$ 称为工程剪应变. 在实际应用时, 我们常常定义剪切应变为工程应变的一半, 记为

$$\varepsilon_{12} = \varepsilon_{21} = \gamma/2. \tag{2.21}$$

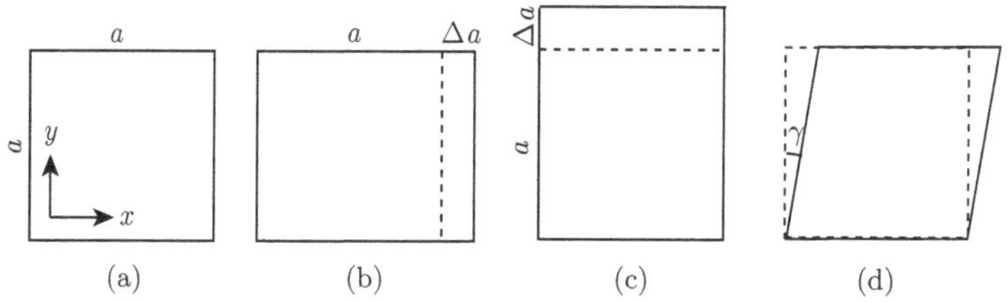

图 2.5 正方形单元的变形: (a) 变形前; (b) x 方向拉伸; (c) y 方向拉伸; (d) 剪切变形

如果记 x 和 y 方向单位矢量 (基矢) 分别为 $\boldsymbol{e}_1$ 和 $\boldsymbol{e}_2$, 定义应变张量

$$\boldsymbol{\varepsilon} \equiv \varepsilon_{ij}\boldsymbol{e}_i\boldsymbol{e}_j. \tag{2.22}$$

这里重复指标表示爱因斯坦求和, 即上式实际上表示 $\boldsymbol{\varepsilon} = \varepsilon_{11}\boldsymbol{e}_1\boldsymbol{e}_1 + \varepsilon_{12}\boldsymbol{e}_1\boldsymbol{e}_2 + \varepsilon_{21}\boldsymbol{e}_2\boldsymbol{e}_1 + \varepsilon_{22}\boldsymbol{e}_2\boldsymbol{e}_2$. 两个矢量放在一起表示并矢, 并矢不满足交换律, 例如 $\boldsymbol{e}_1\boldsymbol{e}_2 \neq \boldsymbol{e}_2\boldsymbol{e}_1$, 二者是相互独立的两个并矢. 本书只用到极少一点张量知识, 读者只要知道张量是坐标旋转下的不变量, 当张量与矢量做乘法运算 (包含点乘和叉乘) 时采用就近原则即可. 例如, $\boldsymbol{e}_1\boldsymbol{e}_2 \cdot \boldsymbol{e}_1 = 0$, 这是因为 $\boldsymbol{e}_2 \cdot \boldsymbol{e}_1 = 0$; $\boldsymbol{e}_1 \cdot \boldsymbol{e}_1\boldsymbol{e}_2 = \boldsymbol{e}_2$, 这是因为 $\boldsymbol{e}_1 \cdot \boldsymbol{e}_1 = 1$, 依次类推.

我们将矩阵

$$\begin{pmatrix} \varepsilon_{11} & \varepsilon_{12} \\ \varepsilon_{21} & \varepsilon_{22} \end{pmatrix} \tag{2.23}$$

称为应变张量 $\boldsymbol{\varepsilon}$ 在基矢 $\{\boldsymbol{e}_1, \boldsymbol{e}_2\}$ 下的矩阵表示. 注意, 在坐标旋转下, 张量本身不变, 但张量的矩阵表示是会改变的. 假定 xoy 绕 z 轴旋转 θ 角变为 $x'oy'$, 相应的基矢记为 $\boldsymbol{e}'_1$ 和 $\boldsymbol{e}'_2$. 基矢之间满足变换关系

$$\begin{pmatrix} \boldsymbol{e}'_1 \\ \boldsymbol{e}'_2 \end{pmatrix} = \begin{pmatrix} \cos\theta & \sin\theta \\ -\sin\theta & \cos\theta \end{pmatrix} \begin{pmatrix} \boldsymbol{e}_1 \\ \boldsymbol{e}_2 \end{pmatrix}. \tag{2.24}$$

根据张量的坐标旋转不变性, 即 $\boldsymbol{\varepsilon} = \varepsilon_{ij}\boldsymbol{e}_i\boldsymbol{e}_j = \varepsilon_{ij}\boldsymbol{e}'_i\boldsymbol{e}'_j$, 结合式 (2.24), 可以计算出应变张量 $\boldsymbol{\varepsilon}$ 在基矢 $\{\boldsymbol{e}'_1, \boldsymbol{e}'_2\}$ 下的矩阵表示的矩阵元按下述规律变化:

$$\begin{aligned} \varepsilon'_{11} &= \varepsilon_{11}\cos^2\theta + 2\varepsilon_{12}\cos\theta\sin\theta + \varepsilon_{22}\sin^2\theta, \\ \varepsilon'_{12} &= \varepsilon'_{21} = (\varepsilon_{22} - \varepsilon_{11})\cos\theta\sin\theta + \varepsilon_{12}(\cos^2\theta - \sin^2\theta), \\ \varepsilon'_{22} &= \varepsilon_{11}\sin^2\theta - 2\varepsilon_{12}\cos\theta\sin\theta + \varepsilon_{22}\cos^2\theta. \end{aligned} \tag{2.25}$$

应变张量在不同基矢下的矩阵表示的矩阵元尽管非常不同, 但是我们通过简单计算不难证明张量表示矩阵的迹和行列式是两个不变量, 即 $\varepsilon_{11}+\varepsilon_{22}=\varepsilon'_{11}+\varepsilon'_{22}$ 和 $\varepsilon_{11}\varepsilon_{22}-\varepsilon_{12}^2=\varepsilon'_{11}\varepsilon'_{22}-(\varepsilon'_{12})^2$. 因此, 可以形式化地将应变张量的不变量记为

$$2J\equiv \mathrm{tr}(\boldsymbol{\varepsilon}) \quad 和 \quad Q\equiv \det(\boldsymbol{\varepsilon}). \tag{2.26}$$

2.3.2 膜骨架简化模型

根据第 1 章图 1.11, 我们将膜骨架简化为如图 2.6 所示的六角弹簧阵列模型. 假定每根弹簧劲度系数为 k_s, 原长为 a. 注意每个三角形有三个顶点, 所以每个顶点拥有单个三角形面积 1/3 的份额. 考察 O 点, 它周围有 6 个三角形, 所以 O 点实际占有 2 个三角形面积, 即 $\Delta A=\sqrt{3}a^2/2$.

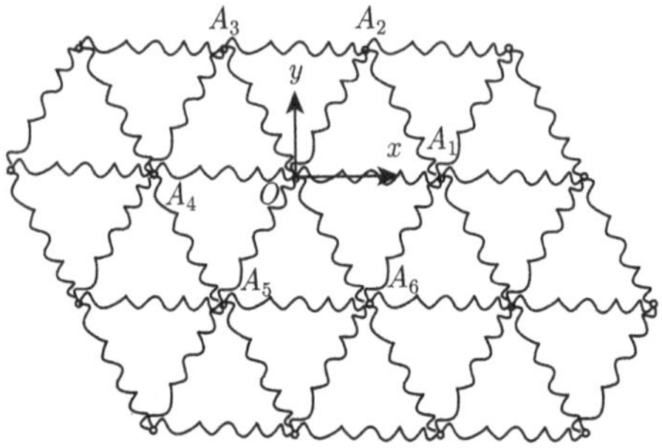

图 2.6　膜骨架的六角弹簧阵列模型. OA_1–OA_6 表示与 O 点相连接的 6 根弹簧

假定网络发生面内变形, 弹簧之间完好连接无错位, 每根弹簧的位移与应变场是仿射的 [11], 即弹簧完全嵌入某个假想的变形体中, 在不计及刚体平移和转动 (它们对弹性能无贡献), 与 O 连接的某根弹簧首末端矢量 $\boldsymbol{l}_i$ 在变形后变为

$$\boldsymbol{l}'_i=(1+\boldsymbol{\varepsilon})\cdot\boldsymbol{l}_i=[(1+\varepsilon_{11})l_{i1}+\varepsilon_{12}l_{i2}]\boldsymbol{e}_1+[\varepsilon_{12}l_{i1}+(1+\varepsilon_{22})l_{i2}]\boldsymbol{e}_2, \tag{2.27}$$

其中 l_{i1} 和 l_{i2} 表示矢量 $\boldsymbol{l}_i$ 在 x 和 y 方向上的分量. 经简单计算可得到弹簧伸长量

$$\Delta l_i\equiv|\boldsymbol{l}'_i|-|\boldsymbol{l}_i|=\left[\left|(1+\boldsymbol{\varepsilon})\cdot\hat{\boldsymbol{l}}_i\right|-1\right]|\boldsymbol{l}_i|=(\varepsilon_{11}\hat{l}_{i1}^2+2\varepsilon_{12}\hat{l}_{i1}\hat{l}_{i2}+\varepsilon_{22}\hat{l}_{i2}^2)|\boldsymbol{l}_i|. \tag{2.28}$$

这里 $\hat{\boldsymbol{l}}_i\equiv\boldsymbol{l}_i/|\boldsymbol{l}_i|$ 表示矢量 $\boldsymbol{l}_i$ 方向的单位矢量, 而 $\hat{l}_{i1}$ 和 $\hat{l}_{i2}$ 表示单位矢量 $\hat{\boldsymbol{l}}_i$ 在 x 和 y 方向上的分量.

如果记 $\boldsymbol{l}_i$ 与 x 夹角为 ϕ_i, 那么 $\hat{l}_{i1}=\cos\phi_i$ 和 $\hat{l}_{i2}=\sin\phi_i$. 与 O 点相连接的有 6 根弹簧, 对应 $\phi_i=(i-1)\pi/3$. 每根弹簧原长 $|\boldsymbol{l}_i|=a$. 每根弹簧与两个点相连, 所以计算弹性能时, 为了避免重复计算, 每根弹簧只能算一半的能量. 即变形后 O 点

占有的弹性能为

$$\frac{1}{2}\sum_{i=1}^{6}\frac{k_s}{2}(\Delta l_i)^2=\frac{k_s a^2}{4}\sum_{i=1}^{6}(\varepsilon_{11}\cos^2\phi_i+2\varepsilon_{12}\cos\phi_i\sin\phi_i+\varepsilon_{22}\sin^2\phi_i)^2$$
$$=\frac{3k_s a^2}{16}\left[3(\varepsilon_{11}+\varepsilon_{22})^2-4(\varepsilon_{11}\varepsilon_{22}-\varepsilon_{12}^2)\right].$$

前面已经提到, O 点占据的面积为 $\Delta A=\sqrt{3}a^2/2$. 考虑到式 (2.26), 我们得到单位面积的自由能为

$$\mathcal{E}_s=\frac{k_d}{2}(2J)^2-k_S Q, \tag{2.29}$$

其中 $k_d=3\sqrt{3}k_s/4$, $k_S=\sqrt{3}k_s/2$. 当考虑的细胞尺度比构成膜骨架的弹簧尺度大许多时, 膜骨架的弹性自由能可以表示为如下连续化的形式:

$$F_{\rm msk}=\int\left[\frac{k_d}{2}(2J)^2-k_S Q\right]{\rm d}A. \tag{2.30}$$

上述公式与二维各向同性材料面内形变的自由能表达式是一致的, 这是因为具有六角对称的点阵的面内弹性行为实际上与二维各向同性材料是一致的 [2].

2.3.3 面内压缩模量与剪切模量

我们将公式 (2.29) 中的 k_d 和 k_S 分别称为膜骨架网络的面内压缩 (或拉伸) 模量和剪切模量, 它们与等效弹簧的劲度系数 k_s 是同阶的. 需要注意的是, 这里定义的剪切模量 k_S 是常用剪切模量的 2 倍. 下面我们估算面内压缩模量与剪切模量的数量级. 第一步, 经由量纲分析, 有

$$[k_d]=[k_S]=[k_s]=\frac{[力]}{[长度]}=\frac{[能量]}{[长度]^2}. \tag{2.31}$$

第二步, 寻找特征能量和特征长度. 假定我们考虑红细胞的膜骨架, 它由血影蛋白细丝组成. 单根血影蛋白细丝可视为长链聚合物来处理, 其驻留长度 $\xi\sim 4{\rm nm}$[12], 血影蛋白细丝典型长度 $L\sim 200{\rm nm}$[13]. 聚合物的弹性属于熵弹性, 能量尺度为热运动能量 $k_{\rm B}T$. 日常经验告诉我们, 弹簧劲度系数与长度成反比, 出于这种考虑, 我们用 $L\xi$ 来构造 [长度]^2 量纲. 因此我们有

$$k_d\simeq k_S\simeq[k_s]\simeq\frac{特征能量}{特征长度^2}=\frac{k_{\rm B}T}{200{\rm nm}\times 4{\rm nm}}\approx 5\mu{\rm N/m}. \tag{2.32}$$

这个估算值与 Lenormand 等 [13] 的实验结果 4.8μN/m 在量级上是吻合的.

2.4　复合膜的弹性

第 1 章末尾已经简要介绍了细胞膜的复合膜模型. 在该模型中, 细胞膜被视为脂质双层膜与膜骨架网络形成的复合结构. 这种结构既能够承受面外弯曲形变, 也能够承受面内的剪切形变. 很自然地, 根据这一特性以及本章前几节的分析, 对于既有弯曲形变又有面内应变的细胞膜, 其自由能可以写为两种效应之和, 即

$$\begin{aligned}F_{\rm cm} &= F_A + F_{\rm H} + F_{\rm msk}\\ &= \int\left[\frac{1}{2}k_c(2H+c_0)^2+\bar{k}K\right]{\rm d}A+\int\left[\frac{k_d+k_A}{2}(2J)^2-k_SQ\right]{\rm d}A\\ &\approx \int\left[\frac{1}{2}k_c(2H+c_0)^2+\bar{k}K\right]{\rm d}A+\int\left[\frac{k_{\rm A}}{2}(2J)^2-k_SQ\right]{\rm d}A.\end{aligned} \tag{2.33}$$

在上式第三行中我们丢弃了 k_d, 这是因为上两节的讨论表明 $k_d \ll k_A$.

参 考 文 献

[1] Onsager L. Reciprocal Relations in Irreversible Processes. Phys. Rev., 1931, **37**: 405.

[2] Nye J F. Physical Properties of Crystals. Oxford: Clarendon Press, 1985.

[3] Levinstein M, Rumyantsev S, Shur M. Handbook Series on Semiconductor Parameters. London: World Scientific, 1996.

[4] Phillips R, Kondev J, Theriot J, et al. Physical Biology of the Cell, 2nd edition. New York: Garland Science, 2012.

[5] Rawicz W, Olbrich K C, McIntosh T, et al. Effect of Chain Length and Unsaturation on Elasticity of Lipid Bilayers. Biophys. J., 2000, **79**: 328.

[6] Canham P B. The minimum Energy of Bending as a Possible Explanation of the Biconcave Shape of the Human Red Blood Cell. J. Theor. Biol., 1970, **26**: 61.

[7] Helfrich W. Elastic Properties of Lipid Bilayers—Theory and Possible Experiments. Z. Naturforsch. C, 1973, **28**: 693.

[8] Tu Z C, Ou-Yang Z C. Recent Theoretical Advances in Elasticity of Membranes Following Helfrich's Spontaneous Curvature Model. Adv. Colloid Interface Sci., 2014, **208**: 66.

[9] Mutz M, Helfrich W. Bending Rigidities of some Biological Model Membranes as Obtained from the Fourier Analysis of Contour Sections. J. Phys. France, 1990, **51**: 991.

[10] Ou-Yang Z C, Liu J X, Xie Y Z. Geometric Methods in the Elastic Theory of Membranes in Liquid Crystal Phases. Singapore: World Scientific, 1999.

[11] 武际可, 王敏中, 王炜. 弹性力学引论. 北京: 北京大学出版社, 1981.

[12] Svoboda K, Schmidt C F, Branton D, et al. Conformation and Elasticity of the Isolated Red Blood Cell Membrane Skeleton. Biophys. J., 1992, **63**: 784.

[13] Lenormand G, Hénon S, Richert A, et al. Direct Measurement of the Area Expansion and Shear Moduli of the Human Red Blood Cell Membrane Skeleton. Biophys. J., 2001, **81**: 43.

第 3 章　生物膜的形状

本章主要介绍形状问题的数学描述, 特别是基于外微分表述的活动标架法; 阐述如何通过对称性来构造自由能泛函.

3.1　形状的数学描述

生物膜的厚度远远小于其横向尺度, 因此在数学上可以视为曲面来处理, 我们假定曲面足够光滑. 为了描述曲面的局部弯曲性质, 需要介绍一些古典微分几何的知识.

3.1.1　空间曲线

对于空间曲线, 我们可以采用曲率和挠率来描述局部性质. 如图 3.1(a) 所示, 在曲线上依次取无限接近的相邻四个点 1, 2, 3, 4. 由于三点确定一个圆 O, 由 1, 2, 3 确定的圆 O 称为曲线在点 2 的密切圆, 该圆所在的平面称为密切平面, 圆的半径 r 的倒数定义为曲线在点 2 的曲率, 记为

$$\kappa(2) \equiv 1/r. \tag{3.1}$$

同样有, 曲线在 3 点的密切圆 O', 曲线在该点曲率为 $\kappa(3) = 1/r'$.

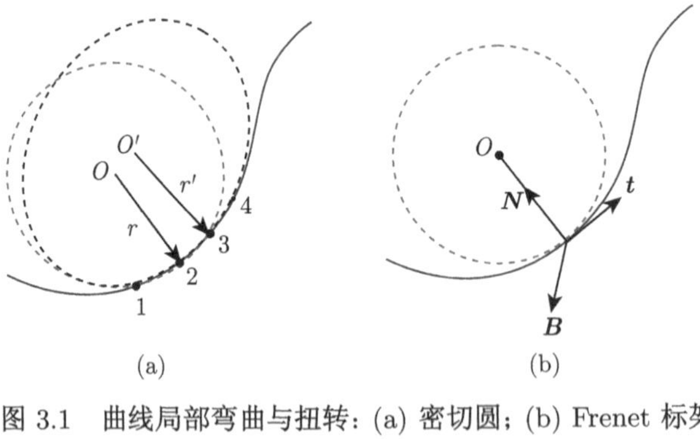

图 3.1　曲线局部弯曲与扭转: (a) 密切圆; (b) Frenet 标架

如果曲线不是平面曲线, 那么过点 2 的密切圆 O 与过点 3 的密切圆 O' 是不共面的, 两个圆平面的夹角记为 θ_{23}, 可以定义几何量

$$|\tau(2)| \equiv \theta_{23}/\,\widehat{23} \tag{3.2}$$

来表征曲线局部偏离平面的程度. 这里 $\widehat{23}$ 表示点 2 与点 3 之间的弧长. 当点 2 与点 3 无限接近时, θ_{23} 和 $\widehat{23}$ 是无穷小量. 几何量 $\tau(2)$ 称为曲线在点 2 的挠率.

对于任意光滑曲线, 可在曲线上取一点作为弧长的起点, 以曲线弧长为参数, 将曲线上的点的位置矢量表示为 $\boldsymbol{Y}=\boldsymbol{Y}(s)$. 定义曲线的 (单位) 切矢量为

$$\boldsymbol{t}\equiv\frac{\mathrm{d}\boldsymbol{Y}}{\mathrm{d}s}=\lim_{\Delta s\to 0}\frac{\boldsymbol{Y}(s+\Delta s)-\boldsymbol{Y}(s)}{\Delta s}. \tag{3.3}$$

不难证明曲线任意点密切圆均与该点切矢量相切. 如图 3.1(b) 所示, 将指向密切圆圆心方向的单位矢量 $\boldsymbol{N}$ 定义为该点的法矢量. 定义副法矢量 $\boldsymbol{B}=\boldsymbol{t}\times\boldsymbol{N}$. 将矢量组 $\{\boldsymbol{t},\boldsymbol{N},\boldsymbol{B}\}$ 称为 Frenet 标架 [1]. 曲线上不同的点有不同的 Frenet 标架. 标架对弧长的微商满足著名的 Frenet 公式 [1]:

$$\begin{pmatrix}\mathrm{d}\boldsymbol{t}/\mathrm{d}s\\ \mathrm{d}\boldsymbol{N}/\mathrm{d}s\\ \mathrm{d}\boldsymbol{B}/\mathrm{d}s\end{pmatrix}=\begin{pmatrix}0 & \kappa(s) & 0\\ -\kappa(s) & 0 & \tau(s)\\ 0 & -\tau(s) & 0\end{pmatrix}\begin{pmatrix}\boldsymbol{t}\\ \boldsymbol{N}\\ \boldsymbol{B}\end{pmatrix}. \tag{3.4}$$

注意到中间的矩阵是 3×3 的反对称矩阵, 矩阵元只跟曲线的曲率和挠率有关. 另外, 由于法矢量总指向曲线凹的一侧, 由上述 Frenet 公式可知曲率 $\kappa(s)$ 总是非负的.

通常, 只要知道曲线的参数方程 $\boldsymbol{Y}=\boldsymbol{Y}(s)$, 我们就可以根据公式 (3.3) 和 Frenet 公式 (3.4) 来计算曲线的曲率和挠率, 以及相应的切矢量、法矢量和副法矢量. 另外, 如果知道曲率和挠率与弧长的函数关系, 就可以唯一确定空间曲线的形状, 在空间上可以差一个刚体运动位置, 此即曲线基本定理 [1]. 两个显然的结论是: 曲率恒为零的曲线是直线; 挠率为零当且仅当曲线是平面曲线.

图 3.2 给出了一些特殊的曲线. 第一个是半径为 R 的平面圆周, 其法矢量总指向圆心, 不难算出其曲率和挠率分别为 $\kappa=1/R$ 和 $\tau=0$. 反过来, 曲率是非零常数的平面闭合曲线, 如果其法矢量是连续的, 则必为圆周. 但是, 如果去掉了法矢量连续的要求, 尽管局部是圆弧, 但是整体上可以不是一个圆周, 例如图 3.2(b) 所示的由相同半径的圆弧构成的曲线. 图 3.2(c) 给出了螺旋线, 其半径为 R, 螺距为 h. 利用 Frenet 公式可求出其曲率和挠率分别为

$$\kappa=\frac{R}{R^2+(h/2\pi)^2},\quad \tau=-\frac{h/2\pi}{R^2+(h/2\pi)^2}. \tag{3.5}$$

因此, 螺旋线的曲率和挠率均为非零常数; 反之, 根据曲线基本定理, 曲率和挠率均为非零常数的曲线是螺旋线. 此外, 螺旋线的法矢量总指向中心轴. 最后指出一点, 曲率是非零常数的空间曲线是存在的, 图 3.3 给出了经由软件 Mathematica 画出的满足 $\kappa=1$, $\tau=\sin s$ 的空间曲线.

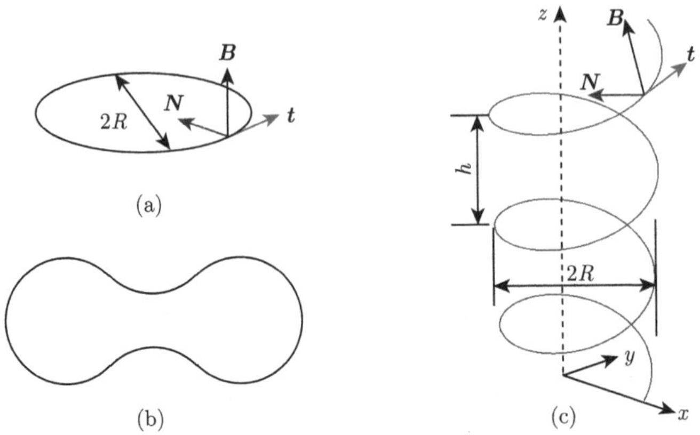

图 3.2　一些特殊曲线：(a) 平面圆周；(b) 非完整圆周的常曲率平面曲线；(c) 螺旋线

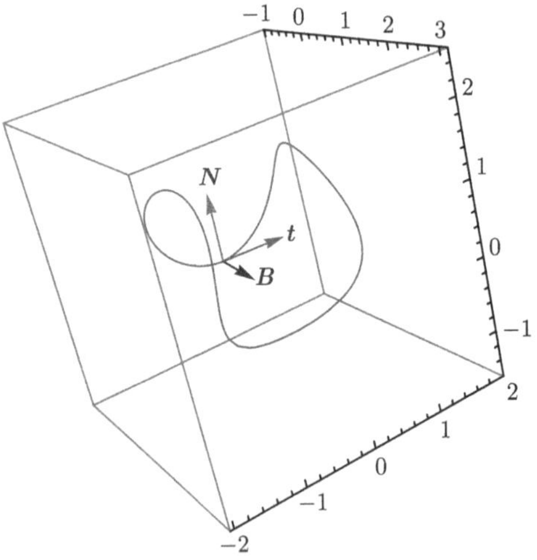

图 3.3　常曲率的空间曲线的例子：$\kappa = 1$, $\tau = \sin s$

3.1.2　曲面论：外微分与活动标架法

对于光滑曲面上的任意点 P, 我们总可以在其附近任取两点, 使得这两点与 P 点不共线, 于是三点确定一个平面. 当这两点无限接近于 P 时, 这个平面与曲面的 P 点相切, 称为曲面过 P 点的切平面. 过 P 点与切平面垂直的单位矢量称为曲面在 P 点的法矢量. 曲面不同点有不同的法矢量.

考虑欧氏空间 $\mathbb{E}^3$ 中的二维曲面 M. 如图 3.4 所示, 曲面上的 P 点可以用位置矢量 $\boldsymbol{r}$ 来表示. 通常假定曲面局部是可参数化的, 即 $\boldsymbol{r}$ 可以写成参数 u_1 和 u_2 的函数, 即 $\boldsymbol{r} = \boldsymbol{Y}(u_1, u_2)$. 在曲面上任意一点 $\boldsymbol{r}$, 可以构造三个右手正交的单位矢量 $\boldsymbol{e}_1$, $\boldsymbol{e}_2$ 和 $\boldsymbol{e}_3$, 使得 $\boldsymbol{e}_1$ 和 $\boldsymbol{e}_2$ 在该点的切平面内, 而 $\boldsymbol{e}_3$ 为曲面在该点的法矢量. 将

三联矢量组 $\{\boldsymbol{e}_1, \boldsymbol{e}_2, \boldsymbol{e}_3\}$ 称为 $\boldsymbol{r}$ 点的标架. 曲面不同的点标架也不同, 因此将集合 $\{\boldsymbol{r}; \boldsymbol{e}_1, \boldsymbol{e}_2, \boldsymbol{e}_3\}$ 称为活动标架.

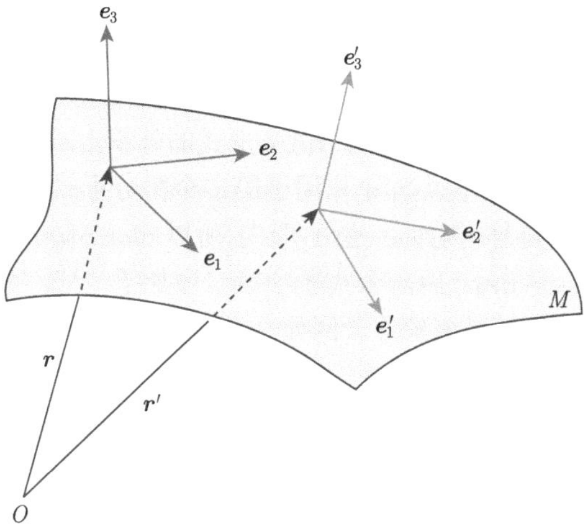

图 3.4 曲面的活动标架

假定参数 u_1 和 u_2 发生很小的改变, 变为 $u_1 + \Delta u_1$ 和 $u_2 + \Delta u_2$, 曲面上的点由原先的点 $\boldsymbol{r}$ 变为 $\boldsymbol{r}' = \boldsymbol{Y}(u_1 + \Delta u_1, u_2 + \Delta u_2)$. 考察 $\boldsymbol{r}' - \boldsymbol{r}$. 可以想象, 当 Δu_1 和 Δu_2 趋于零时, 矢量 $\boldsymbol{r}' - \boldsymbol{r}$ 在点 $\boldsymbol{r}$ 的切平面内, 因此总可以用切平面内的基矢 $\{\boldsymbol{e}_1, \boldsymbol{e}_2\}$ 来表示, 形式化地记为

$$\mathrm{d}\boldsymbol{r} \equiv \lim_{\Delta u_1 \to 0} \lim_{\Delta u_2 \to 0} (\boldsymbol{r}' - \boldsymbol{r}) = \omega_1 \boldsymbol{e}_1 + \omega_2 \boldsymbol{e}_2, \tag{3.6}$$

这里 ω_1 和 ω_2 是 $\mathrm{d}u_1$ 与 $\mathrm{d}u_2$ 的线性组合, 组合系数依赖于参数 u_1 和 u_2, 因此是一次微分形式 (简称为 1-形式). ω_1 和 ω_2 是曲面的基本 1-形式, 任意其他 1-形式均可用 ω_1 和 ω_2 线性表示. 关于微分形式的概念可参考附录 A, 或者文献 [2]. 需要注意, 普通函数和矢量可以视为 0-形式.

仔细观察公式 (3.6) 可知, ω_1 和 ω_2 表示线元 $\mathrm{d}s = |\mathrm{d}\boldsymbol{r}|$ 在 $\boldsymbol{e}_1$ 和 $\boldsymbol{e}_2$ 上的投影大小, 因此 ω_1 与 ω_2 乘积的大小表示曲面的面积元, 可以利用微分形式的外积来定义有向面积元 [2]:

$$\mathrm{d}A \equiv \omega_1 \wedge \omega_2. \tag{3.7}$$

注意外积 "$\wedge$" 对于 1- 形式具有反对称性, $\omega_2 \wedge \omega_1 = -\omega_1 \wedge \omega_2$, 即二者表示的面积元大小是相同的, 但是面积元的定向是相反的.

此外, 点 $\boldsymbol{r}$ 处的标架 $\{\boldsymbol{e}_1, \boldsymbol{e}_2, \boldsymbol{e}_3\}$ 与点 $\boldsymbol{r}'$ 处的标架 $\{\boldsymbol{e}_1', \boldsymbol{e}_2', \boldsymbol{e}_3'\}$ 也是不同的. 同理, 可以定义标架的微分:

$$\mathrm{d}\boldsymbol{e}_i \equiv \lim_{\Delta u_1 \to 0} \lim_{\Delta u_2 \to 0} (\boldsymbol{e}_i' - \boldsymbol{e}_i) = \omega_{ij} \boldsymbol{e}_j \quad (i = 1, 2, 3), \tag{3.8}$$

这里 ω_{ij} $(i,j=1,2,3)$ 也是 $\mathrm{d}u_1$ 与 $\mathrm{d}u_2$ 的线性组合, 组合系数依赖于参数 u_1 和 u_2, 因此也是 1-形式. 由于标架是正交归一的, $\boldsymbol{e}_j\cdot\boldsymbol{e}_i=\delta_{ji}$, 由此不难证明 ω_{ij} 关于下标是反对称的, 即 $\omega_{ij}=-\omega_{ji}$.

下面引入外微分算子 d, 它是一个线性算子, 它对 0-形式的作用与普通求微分相同, 对 k-形式作用后使 k-形式变为 $(k+1)$-形式. 任意微分形式被其作用两次后归零, 记为 $\mathrm{dd}=0$. 还有一点, 当其作用在两个微分形式的外积上时, 算法与我们计算两个普通函数乘积几乎相同, 只不过当 d 作用于第二个微分形式时, 如果第一个微分形式是奇数次时, 要改变符号. 例如 ω_1 是 1-形式, 所以 $\mathrm{d}(\omega_1\wedge\omega_2)=\mathrm{d}\omega_1\wedge\omega_2-\omega_1\wedge\mathrm{d}\omega_2$, $\mathrm{d}(\omega_1\boldsymbol{e}_1)=\mathrm{d}\omega_1\boldsymbol{e}_1-\omega_1\wedge\mathrm{d}\boldsymbol{e}_1$. 后一个式子中第二项加了 "$\wedge$", 是因为 $\boldsymbol{e}_1$ 是 0-形式, 它与任何形式的外积符号被省略了, 例如, $\omega_1\boldsymbol{e}_1$ 实际上是 $\omega_1\wedge\boldsymbol{e}_1$ 的简写, 因此 $\mathrm{d}(\omega_1\boldsymbol{e}_1)=\mathrm{d}\omega_1\boldsymbol{e}_1-\omega_1\wedge\mathrm{d}\boldsymbol{e}_1$.

下面用 d 对式 (3.6) 再作用一次, 左边等于 0, 右边等于 $\mathrm{d}(\omega_1\boldsymbol{e}_1)+\mathrm{d}(\omega_2\boldsymbol{e}_2)=\mathrm{d}\omega_1\boldsymbol{e}_1-\omega_1\wedge\mathrm{d}\boldsymbol{e}_1+\mathrm{d}\omega_2\boldsymbol{e}_2-\omega_2\wedge\mathrm{d}\boldsymbol{e}_2$. 利用式 (3.8) 将 $\mathrm{d}\boldsymbol{e}_1$ 和 $\mathrm{d}\boldsymbol{e}_2$ 表达式代入, 经整理可得 $(\mathrm{d}\omega_1-\omega_2\wedge\omega_{21})\boldsymbol{e}_1+(\mathrm{d}\omega_2-\omega_1\wedge\omega_{12})\boldsymbol{e}_1-(\omega_1\wedge\omega_{13}+\omega_2\wedge\omega_{23})\boldsymbol{e}_3$, 这个式子的结果必须是 0, 因此可得

$$\begin{cases}\mathrm{d}\omega_1=\omega_{12}\wedge\omega_2\\ \mathrm{d}\omega_2=\omega_{21}\wedge\omega_1\end{cases}\tag{3.9}$$

以及

$$\omega_1\wedge\omega_{13}+\omega_2\wedge\omega_{23}=0.\tag{3.10}$$

注意, 推导上述方程 (3.9) 时已经利用了 $\omega_{12}=-\omega_{21}$(ω_{ij} 关于下标反对称) 和 $\omega_2\wedge\omega_{21}=-\omega_{21}\wedge\omega_2$ (外积的反对称性) 等性质.

由于 ω_{13} 和 ω_{23} 是 1-形式, 它可以用曲面的基本 1-形式 ω_1 和 ω_2 线性表示出来, 即 $\omega_{13}=a\omega_1+b\omega_2$, $\omega_{23}=b'\omega_1+c\omega_2$. 由式 (3.10) 可得 $b'=b$, 因此我们有

$$\begin{pmatrix}\omega_{13}\\ \omega_{23}\end{pmatrix}=\begin{pmatrix}a & b\\ b & c\end{pmatrix}\begin{pmatrix}\omega_1\\ \omega_2\end{pmatrix}.\tag{3.11}$$

由于 $\boldsymbol{e}_3$ 代表法矢量, 如果是平面, 法矢量不会改变, 所以 $\mathrm{d}\boldsymbol{e}_3=0$; 而偏离平面, 则 $\mathrm{d}\boldsymbol{e}_3$ 不为零. 因此, $\mathrm{d}\boldsymbol{e}_3$ 体现了曲面的弯曲性质. 根据式 (3.8), $\mathrm{d}\boldsymbol{e}_3=\omega_{3j}\boldsymbol{e}_j=\omega_{31}\boldsymbol{e}_1+\omega_{32}\boldsymbol{e}_2=-\omega_{13}\boldsymbol{e}_1-\omega_{23}\boldsymbol{e}_2$. 于是可以进一步说 ω_{13} 与 ω_{23} 体现了曲面的弯曲性质. 更确切地说是公式 (3.11) 中的矩阵 $\begin{pmatrix}a & b\\ b & c\end{pmatrix}$ 体现了曲面的弯曲性质, 我们将这个矩阵称为曲面的曲率矩阵, 而将其对应的张量

$$\mathcal{C}=a\boldsymbol{e}_1\boldsymbol{e}_1+b\boldsymbol{e}_1\boldsymbol{e}_2+b\boldsymbol{e}_2\boldsymbol{e}_1+c\boldsymbol{e}_2\boldsymbol{e}_2\tag{3.12}$$

称为曲面的曲率张量. 当标架绕 $\boldsymbol{e}_3$ 转动时, 曲率张量的迹和行列式是两个不变量, 我们将

$$H = \mathrm{tr}(\mathcal{C})/2 = (a+c)/2, \tag{3.13}$$

$$K = \det(\mathcal{C}) = ac - b^2 \tag{3.14}$$

分别称为曲面的 (局部) 平均曲率和高斯曲率.

现在用外微分算子对公式 (3.8) 再作用一次, 有

$$\begin{aligned} 0 &= \mathrm{d}(\omega_{ij}\boldsymbol{e}_j) = \mathrm{d}\omega_{ij}\boldsymbol{e}_j - \omega_{ij}\wedge \mathrm{d}\boldsymbol{e}_j = \mathrm{d}\omega_{ij}\boldsymbol{e}_j - \omega_{ik}\wedge \mathrm{d}\boldsymbol{e}_k \\ &= \mathrm{d}\omega_{ij}\boldsymbol{e}_j - \omega_{ik}\wedge(\omega_{kj}\boldsymbol{e}_j) = (\mathrm{d}\omega_{ij} - \omega_{ik}\wedge\omega_{kj})\boldsymbol{e}_j, \end{aligned}$$

由此可得

$$\mathrm{d}\omega_{ij} = \omega_{ik}\wedge\omega_{kj} \quad (i,j=1,2,3). \tag{3.15}$$

式 (3.9)、式 (3.11) 和式 (3.15) 称为曲面的结构方程.

此外, 利用式 (3.15) 计算 $\mathrm{d}\omega_{21}$ 并考虑式 (3.11) 和式 (3.14), 可以导出高斯绝妙定理

$$K\mathrm{d}A = \mathrm{d}\omega_{21}. \tag{3.16}$$

它是后面要谈到的高斯–波涅 (Gauss-Bonnet) 公式的基础. 在曲面论中, ω_{21} 决定了曲面的联络. 将 ω_{21} 形式化地表示为 $\omega_{21} = S_1\omega_1 + S_2\omega_2$, 其对应的矢量 $\boldsymbol{S} \equiv S_1\boldsymbol{e}_1 + S_2\boldsymbol{e}_2$ 被称为自旋联络 [3]. 结合式 (3.6), 不难证明自旋联络满足

$$\boldsymbol{S}\cdot \mathrm{d}\boldsymbol{r} = \omega_{21}. \tag{3.17}$$

3.1.3 曲面上的曲线

考察曲面上过 P 点的曲线 C. 如图 3.5 所示, 作曲面过 P 点的切平面和法矢量 $\boldsymbol{n}$. 将曲线 C 在 P 点的切矢量和法矢量分别记为 $\boldsymbol{t}$ 和 $\boldsymbol{N}$. 现在将曲线 C 分别投影到切平面和 (由 $\boldsymbol{t}$ 与 $\boldsymbol{n}$ 张成的) 法平面上, 分别得到投影曲线 C' 和 C''. 显然曲线 C' 和 C'' 的切向量均为 $\boldsymbol{t}$; 在切平面内取单位矢量 $\boldsymbol{N}'$, 使得 $\boldsymbol{t}\times\boldsymbol{N}' = \boldsymbol{n}$. C' 的法矢量在切平面内, 与 $\boldsymbol{N}'$ 同向或反向; C'' 的法矢量在法平面上, 与曲面法矢量 $\boldsymbol{n}$ 同向或反向. 定义曲线 C 的法曲率和测地曲率分别为

$$\kappa_n = \kappa\boldsymbol{N}\cdot\boldsymbol{n}, \quad \kappa_g = \kappa\boldsymbol{N}\cdot\boldsymbol{N}', \tag{3.18}$$

其中 κ 是第 3.1.1 节中讲述的曲线在 P 点的曲率. 从直观上来看, 在不考虑符号的情况下, 法曲率可理解为曲线 C 在法平面上的投影曲线 C'' 在 P 点的曲率, 测地曲率可理解为曲线 C 在切平面上的投影曲线 C' 在 P 点的曲率.

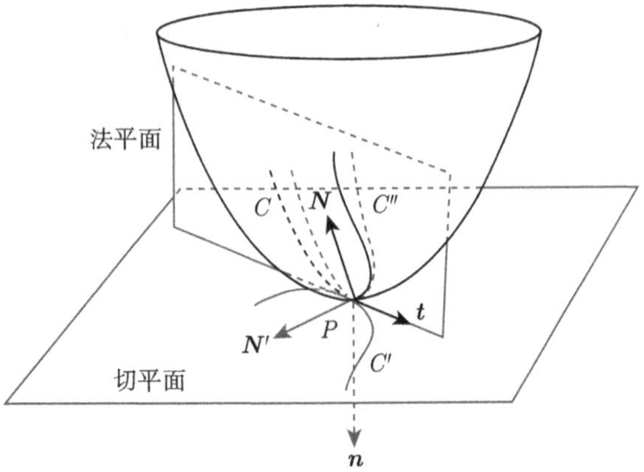

图 3.5　曲面上的曲线

由于矢量 $\boldsymbol{n}$, $\boldsymbol{N}$ 和 $\boldsymbol{N}'$ 共面, 且 $\boldsymbol{n}$ 与 $\boldsymbol{N}'$ 正交, 式 (3.18) 实际上是 $\kappa\boldsymbol{N}$ 在基矢 $\{\boldsymbol{n},\boldsymbol{N}'\}$ 上的正交分解, 即 $\kappa\boldsymbol{N}=\kappa_n\boldsymbol{n}+\kappa_g\boldsymbol{N}'$, 由此可得到

$$\kappa^2=\kappa_n^2+\kappa_g^2. \tag{3.19}$$

另外, 定义曲线的测地挠率 [1] 为

$$\tau_g=-\boldsymbol{N}'\cdot \mathrm{d}\boldsymbol{n}/\mathrm{d}s. \tag{3.20}$$

下面寻找法曲率、测地曲率和测地挠率与第 3.1.2 节的曲率张量以及联络之间的关系.

取 P 点的标架 $\{\boldsymbol{e}_1,\boldsymbol{e}_2,\boldsymbol{e}_3\}$(图上未画出), 使得 $\boldsymbol{e}_3=\boldsymbol{n}$, 而 $\boldsymbol{e}_1$ 和 $\boldsymbol{e}_2$ 在该点的切平面内. 假定 $\boldsymbol{t}$ 与 $\boldsymbol{e}_1$ 之间夹角为 ϕ, 于是

$$\begin{cases}\boldsymbol{t}=\boldsymbol{e}_1\cos\phi+\boldsymbol{e}_2\sin\phi,\\ \boldsymbol{N}'=-\boldsymbol{e}_1\sin\phi+\boldsymbol{e}_2\cos\phi.\end{cases}$$

利用式 (3.8) 不难证明

$$\mathrm{d}\boldsymbol{t}=(\mathrm{d}\phi+\omega_{12})\boldsymbol{N}'+\boldsymbol{e}_3(\omega_{13}\cos\phi+\omega_{23}\sin\phi).$$

Frenet 公式 (3.4) 告诉我们 $\kappa\boldsymbol{N}=\mathrm{d}\boldsymbol{t}/\mathrm{d}s$, 这里 κ 和 s 分别为曲线的曲率和弧长. 因此, 曲线的法曲率和测地曲率 [参见公式 (3.18)] 分别可表示为

$$\kappa_n=\kappa\boldsymbol{N}\cdot\boldsymbol{n}=(\mathrm{d}\boldsymbol{t}/\mathrm{d}s)\cdot\boldsymbol{e}_3=(\omega_{13}\cos\phi+\omega_{23}\sin\phi)/\mathrm{d}s, \tag{3.21}$$

$$\kappa_g=\kappa\boldsymbol{N}\cdot\boldsymbol{N}'=(\mathrm{d}\boldsymbol{t}/\mathrm{d}s)\cdot\boldsymbol{N}'=(\mathrm{d}\phi+\omega_{12})/\mathrm{d}s. \tag{3.22}$$

当在曲面上选择线元沿着切矢量 $\boldsymbol{t}$ 方向时，一方面利用式 (3.6), $\boldsymbol{t} = \mathrm{d}\boldsymbol{r}/\mathrm{d}s = (\omega_1/\mathrm{d}s)\boldsymbol{e}_1 + (\omega_2/\mathrm{d}s)\boldsymbol{e}_2$, 另一方面，由于 $\boldsymbol{t} = \boldsymbol{e}_1\cos\phi + \boldsymbol{e}_2\sin\phi$, 于是沿着 $\boldsymbol{t}$ 方向的线元满足 $\omega_1 = \mathrm{d}s\cos\phi$ 和 $\omega_2 = \mathrm{d}s\sin\phi$, 利用 (3.11) 和 (3.17) 两式, 将法曲率 (3.21) 式和测地曲率 (3.22) 式进一步变为

$$\kappa_n = a\cos^2\phi + 2b\cos\phi\sin\phi + c\sin^2\phi = \boldsymbol{t}\cdot\mathcal{C}\cdot\boldsymbol{t}, \tag{3.23}$$

$$\kappa_g = \mathrm{d}\phi/\mathrm{d}s - (S_1\cos\phi + S_2\sin\phi) = \mathrm{d}\phi/\mathrm{d}s - \boldsymbol{S}\cdot\boldsymbol{t}. \tag{3.24}$$

再来看测地挠率. 利用式 (3.8) 计算 $\mathrm{d}\boldsymbol{e}_3$, 并利用 (3.11) 和 (3.20) 两式可得到

$$\tau_g = b(\cos^2\phi - \sin^2\phi) + (c-a)\cos\phi\sin\phi = \boldsymbol{N}'\cdot\mathcal{C}\cdot\boldsymbol{t}. \tag{3.25}$$

3.1.4 曲率张量、平均曲率和高斯曲率的几何意义

下面来考察曲率张量的表示矩阵的几何含义. 接着 3.1.3 节的讨论, 假定有一线元的切线方向 $\boldsymbol{t}$ 与标架的 $\boldsymbol{e}_1$ 重合, 于是 $\phi = 0$, 利用公式 (3.23) 和 (3.25) 计算得该线元的法曲率和测地挠率分别为 $\kappa_n = a$ 和 $\tau_g = b$. 因此, 曲率矩阵中的 a 和 b 是切线沿标架的基矢 $\boldsymbol{e}_1$ 的曲线元的法曲率和测地挠率. 再看另一曲线元, 假定其切线方向 $\boldsymbol{t}$ 与标架的 $\boldsymbol{e}_2$ 重合, 于是 $\phi = \pi/2$, 利用公式 (3.23) 和 (3.25) 计算得该线元的法曲率和测地挠率分别为 $\kappa_n = c$ 和 $\tau_g = -b$. 因此, 曲率矩阵中的 c 是切线沿标架的基矢 $\boldsymbol{e}_2$ 的曲线元的法曲率; 当然 $-b$ 恰好也是切线沿标架的基矢 $\boldsymbol{e}_2$ 的曲线元的测地挠率.

如图 3.6 所示, 过 P 点和法矢量 $\boldsymbol{n}$ 作两个互相正交的法平面, 它们在曲面上的截线分别记为 C_1 和 C_2. 记 P 点的标架为 $\{\boldsymbol{e}_1, \boldsymbol{e}_2, \boldsymbol{e}_3\}$(图上未画出). 设 C_1 和 C_2 在 P 点的切矢量与 $\boldsymbol{e}_1$ 夹角分别为 ϕ 和 $\phi + \pi/2$, 根据式 (3.23) 计算曲线 C_1 和 C_2 在 P 点的法曲率分别为 $\kappa_{n1} = a\cos^2\phi + 2b\cos\phi\sin\phi + c\sin^2\phi$ 和 $\kappa_{n2} = a\sin^2\phi - 2b\sin\phi\cos\phi + c\cos^2\phi$, 结合平均曲率的定义 (3.13), 不难看出,

$$\kappa_{n1} + \kappa_{n2} = a + c = 2H. \tag{3.26}$$

也就是说, 曲面在 P 点的平均曲率恰好是曲面上过该点的任意两正交曲线的法曲率之和.

同样, 利用式 (3.25) 可以计算出曲线 C_1 和 C_2 在 P 点的测地挠率分别为 $\tau_{g1} = b(\cos^2\phi - \sin^2\phi) + (c-a)\cos\phi\sin\phi$ 和 $\tau_{g2} = b(\sin^2\phi - \cos^2\phi) - (c-a)\sin\phi\cos\phi = -\tau_{g1}$. 结合高斯曲率的定义式 (3.14), 经简单计算, 不难发现

$$\kappa_{n1}\kappa_{n2} + \tau_{g1}\tau_{g2} = ac - b^2 = K. \tag{3.27}$$

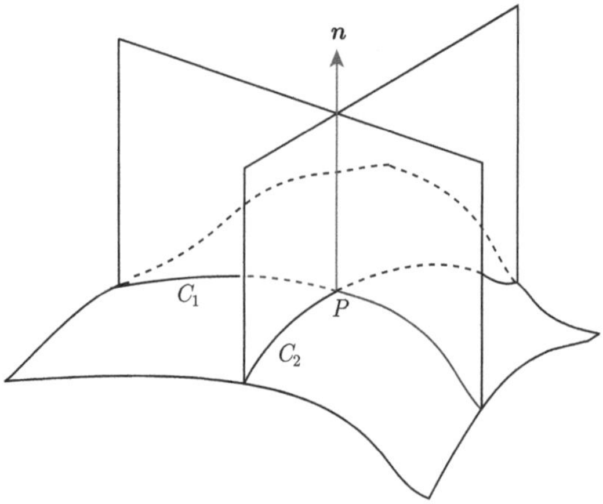

图 3.6　两正交的法平面在曲面上的截线

也就是说, 曲面在 P 点的高斯曲率恰好是曲面上过该点的任意两正交曲线的法曲率乘积与测地挠率乘积之和. 公式 (3.26) 和 (3.27) 还表明, 如果只考虑曲面上单独一条过 P 点的曲线, 则该曲线在 P 点的法曲率 κ_n 和测地挠率 τ_g 以及该点的平均曲率 H 和高斯曲率 K 满足如下方程:

$$\kappa_n(2H-\kappa_n)-\tau_g^2=K. \tag{3.28}$$

目前测地曲率与平均曲率或高斯曲率似乎没有联系上. 实际上, 测地曲率与高斯曲率有很深刻的联系. 利用斯托克斯定理 (A.1), 由式 (3.16) 和式 (3.22) 可得到著名的高斯–波涅公式, 即曲面上的光滑闭曲线 C 的测地曲率与其内部曲面 M 的高斯曲率满足:

$$\int_M K\mathrm{d}A+\int_C k_g\mathrm{d}s=2\pi\chi(M), \tag{3.29}$$

其中 $\chi(M)$ 是曲面 M 的拓扑示性数. 对于带边的简单开曲面 $\chi(M)=1$. 对于闭曲面, 式 (3.29) 转化为

$$\int_M K\mathrm{d}A=2\pi\chi(M). \tag{3.30}$$

闭合球面和闭合环面 (面包圈)$\chi(M)$ 分别为 2 和 0. 只要曲面的拓扑保持不变, 积分 $\int_M K\mathrm{d}A$ 就不变, 这是第 2.2.2 节谈到脂质膜高斯弯曲模量难以准确测量的根本原因.

3.2　平衡构形与自由能泛函

在第 2 章, 我们从自由能的角度探讨了物质的弹性, 特别是生物膜的弹性. 我们已经提到平衡态自由能极小. 同样的思想可以用来理解膜的平衡构形. 曲面可以用函数 $\boldsymbol{r} = \boldsymbol{Y}(u_1, u_2)$ 来表示, 这里的映射 $\boldsymbol{Y}$ 将二维平面上的区域 D (即定义域) 中的点 (u_1, u_2) 映射到欧氏空间中, 图像为二维曲面. 在给定定义域的情况下, 对于不同的映射 $\boldsymbol{Y}$, 将给出不同形状的曲面, 我们将这些所有容许的映射构成的集合称为构形空间. 或者粗略地说, 构形空间包含不同形状的曲面. 现在假定, 对于构形空间中的每个映射 (对应于一个具有某种形状的曲面), 根据某种规则赋予一个能量 (自由能). 这从数学上来看, 其实是将构形空间 (其元素是映射, 或者简单说是函数) 映射到实数上集, 因此我们说自由能是一个泛函.

图 3.7(a) 给出了定义在构形空间中的自由能泛函的示意图. 构形空间的实际维数本身是非常高的, 其形貌图原则上十分复杂. 为了便于理解, 这里我们假想地把构形空间画成了一维的, 并假定自由能泛函在构形空间中是连续的. 图中有一些驻值点 (极大值点、极小值点或鞍点), 例如图 3.7(b) 中标注了柱面、环面和球面的点, 对应于平衡构形, 特别是其中极小值点对应的构形是稳定的.

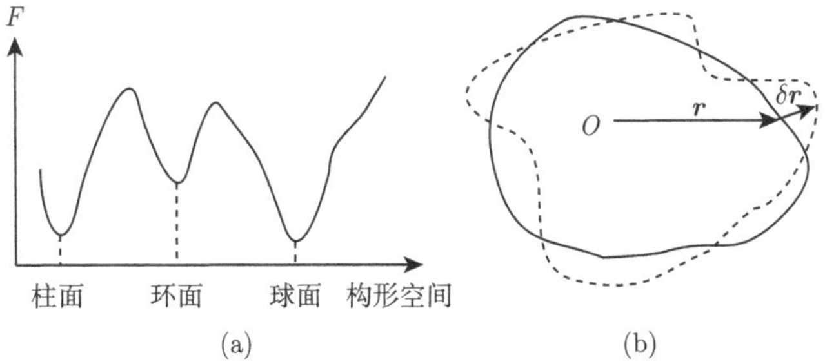

图 3.7 平衡形状与自由能以及曲面形变: (a) 定义在构形空间中的自由能泛函; (b) 曲面发生小形变之前与之后的示意图

回顾在经典力学中的质点, 平衡位置对应于势能函数的驻值点. 如果只考虑一个自由度的问题, 驻值点对应于势能函数一阶导数 (或一阶微分) 为零的点. 如果该点的二阶导数 (或二阶微分) 大于零, 则为稳定平衡点, 小于零则为不稳定平衡点. 这种概念可以被移植来讨论泛函极值问题, 所不同的是, 要引入泛函变分概念. 如图 3.7(b) 所示, 我们用函数 $\boldsymbol{r} = \boldsymbol{Y}(u_1, u_2)$ 来表示曲面 M, 对于给定的 (u_1, u_2), 让映射关系 $\boldsymbol{Y}$ 改变一点点, 曲面 M 发生微小形变而变为 M', 曲面上原先的点 $\boldsymbol{r}$ 发生的位移 $\delta\boldsymbol{r}$ 称为曲面的变分. 对于原先的曲面, 根据前面的陈述, 可以根据某种规则计算出其自由能, 将其记为 $F(M)$. 曲面发生形变后, 根据同样的规则计算新曲面 M' 的自由能, 记为 $F(M')$. 由于曲面的变分 $\delta\boldsymbol{r}$ 很小, 新曲面 M' 和原曲面 M 差别较小, 因此 $F(M') - F(M)$ 的表达式中会包含与 $\delta\boldsymbol{r}$ 的同阶项 (即一阶项)、二阶项以及更高阶项相关的信息. 将 $F(M') - F(M)$ 的表达式中与 $\delta\boldsymbol{r}$ 的一阶项相关的部分称为自由能泛函的一阶变分, 简记为 δF. 而将 $F(M') - F(M)$ 的表达式中

与 $\delta \boldsymbol{r}$ 的二阶项相关的部分称为自由能泛函的二阶变分, 简记为 $\delta^2 F$. 在实际操作中应用较多的是一阶变分 δF, 然后将 δ 视为线性变分算子, 对一阶变分 δF (它本身是泛函) 再做一次变分得到二阶变分, 即 $\delta^2 F = \delta(\delta F)$. 在这个意义上看, 变分算子 δ 与微积分中的普通微分算子计算规则非常像. 仿照微积分中分析函数极小值的方法, 可以证明平衡构形对应于 $\delta F = 0$ 的构形, 而满足 $\delta^2 F > 0$ 的平衡构形是稳定的. 关于如何计算自由能泛函的变分将在第 4 章具体展开讨论.

3.2.1　肥皂膜泡的形状

每个人童年都有过吹肥皂泡的经历, 五彩缤纷的肥皂泡实际上是由表面活性剂和水分子及盐离子组成的一层薄膜 [4]. 如图 3.8(a) 所示, 表面活性剂的烃链尾巴朝向空气的一侧, 水分子和盐离子被夹在中间, 使得这一体系比纯水的表面张力小很多, 肥皂泡能被吹出而不破裂与此密切相关.

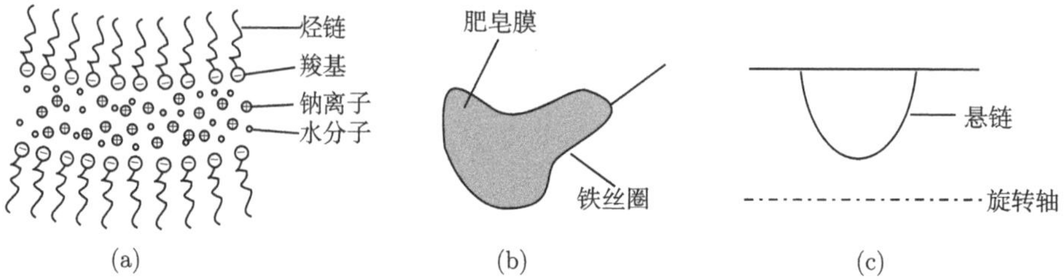

图 3.8　肥皂膜: (a) 分子构成示意图; (b) 铁丝圈上的肥皂膜; (c) 悬链面的生成方案

早在 1800 年代, Plateau 研究了一个空间铁丝圈 (图 3.8(b)) 从肥皂水中捞过后附着在铁丝圈上的肥皂膜的形状 [5]. 这一问题被称为 Plateau 问题. Plateau 认为平衡形状使得给定边界下的肥皂膜的表面积极小, 或者等价地, 表面自由能

$$F_{sm} = \lambda \int \mathrm{d}A \tag{3.31}$$

达到极小. 这里 λ 是肥皂膜的表面张力, $\int \mathrm{d}A$ 表示膜的表面积. 数学家发现极小曲面, 即平均曲率 $H = 0$ 的曲面满足这一要求. 关于极小曲面的研究是数学中经久不衰的课题 [6]. 平面是最简单的极小曲面, 其次是轴对称的悬链面. 如图 3.8(c) 所示, 在一水平线上系一条不可伸长的匀质悬链, 在重力作用下形成悬链线, 在悬链线下方取一条水平线作为旋转轴, 将悬链线绕该轴旋转一圈得到的轴对称曲面称为悬链面. 通过微分几何做简单的计算, 可以证明悬链面确实满足 $H = 0$.

对于肥皂泡, 如果将其内外压强差记为 $p = p_{\text{out}} - p_{\text{in}}$, 杨 [7] 和拉普拉斯 [8] 认为, 肥皂泡的平衡形状使得自由能

$$F_{sb} = \lambda \int \mathrm{d}A + p \int \mathrm{d}V \tag{3.32}$$

取极小值, 其中 $\int \mathrm{d}V$ 为肥皂泡包围的体积. 如果将 p 理解成拉格朗日乘子, 那么上述自由能实际上等价于求给定体积时表面积取极小. 不难证明, 这种曲面满足杨–拉普拉斯方程

$$H = p/2\lambda. \tag{3.33}$$

这种曲面即数学中的常平均曲率曲面. 对于半径为 R 的球面, $H = -1/R$, 因此上式要求 $R = -2\lambda/p$. 肥皂泡内压比外压大, 所以 $p < 0$, 因此 $R = -2\lambda/p$ 是存在的. 由此可见, 要吹出相同半径的泡, 表面张力越大, 内压就要越大. 水的表面张力较大, 因此吹出一定半径的水泡, 内压就比较大, 水泡表面的应力就很容易超过阈值而破裂, 这是很难吹出像样的水泡的本质原因.

数学家 Alexandrov 在 20 世纪 50 年代证明了如下定理 [9]: 三维欧式空间中自身不相交的闭合常平均曲率曲面一定是球面. 这是我们日常生活中看到的单个肥皂泡均是球形的内在原因.

对于两个肥皂泡靠在一起的情况, 如果仍旧采用自由能 (3.32), 可以证明其极小值对应的构形中, 每个泡不相连的部分以及中间共有的部分仍旧分别满足杨–拉普拉斯方程 (3.33), 只不过两个泡的内外压差以及中间共有的膜的压差可以互不相同. 可以证明如图 3.9 所示的三个球冠构成的构形满足要求. 由于每个肥皂膜的表面张力是一样的, 根据交线上的力平衡可知交线位置球冠之间的夹角为 120°. 这个构形被称为标准双肥皂泡. 2002 年, Hutchings 等 [10] 证明了双肥皂泡定理, 即在给定体积时, 面积最小的曲面是标准双肥皂泡.

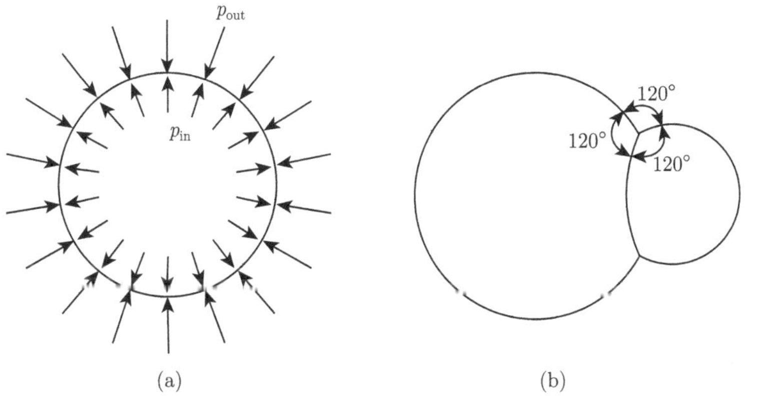

图 3.9 肥皂泡: (a) 单个肥皂泡的内外压; (b) 标准双肥皂泡

3.2.2 红细胞的形状问题

在本书序言中我们提到, 生物膜的弹性理论起源于科学家们对人类正常红细胞

双凹碟形状的研究. 著名的生物力学家冯元桢试图用三明治模型 (两层板中间夹着液体) 理解双凹碟形状, 他与合作者发现, 必须假定红细胞膜的厚度在微米尺度上有显著变化才能够解释红细胞的双凹碟形状 [11]. 但是, Pinder 利用电子显微镜发现红细胞膜的厚度在微米尺度上几乎是均匀的 [12]. Murphy 认为红细胞的双凹碟形状是由胆固醇在细胞周边分布较多而中轴附近分布较少引起的 [13], Seeman 等的实验结果表明胆固醇在红细胞膜上基本上是均匀分布的 [14]. 1970 年, Canham 将红细胞膜视为不可压缩的板壳, 认为给定红细胞面积和体积时, 双凹碟形状使得板壳的曲率弹性能为

$$F_{\text{Canham}} = \frac{k_c}{2}\int (2H)^2 \mathrm{d}A \tag{3.34}$$

取极小值 [15]. 其中 k_c 是膜的弯曲刚度, H 是平均曲率, 积分遍及膜的表面. 他的确发现双凹碟的形状能够使给定红细胞面积和体积时上述自由能极小. 实际上, 自由能表达式 (3.34) 早在 1812 年就被泊松用来研究弹性固体板壳 [16], 所不同的是弹性板壳通常面内是可延展的. 在数学中, 使得自由能 (3.34) 极小的曲面被称为 Willmore 曲面. 由于自由能 (3.34) 具有共形不变性, Willmore 证明拓扑上与球面同胚的曲面中使得自由能 (3.34) 取最小值的一定是球面或其共形变换面. 他进一步猜测, 与环面同胚的曲面中使得自由能 (3.34) 取最小值的一定是生成半径比为 $\sqrt{2}$ 的克利福德 (Clifford) 环面及其共形变换面 [17]. Willmore 猜想经过诸多数学家努力 [18−20], 最终在 2014 年被 Marques 和 Neves[21] 证明成立.

Canham 向解决红细胞的形状问题迈进了重要的一步. 不过他的解答并不完美, 随后 Deuling 和 Helfich 发现自由能 (3.34) 极小值对应的形状是简并的, 另外一种哑铃形状也对应相同的自由能, 但是在实验中从来没有观察到 [22]. 1973 年, Helfrich 认识到细胞膜的脂双层处于液晶态, 膜内外存在非对称的因素 (包括脂质分子的分布、离子的浓度的差异等). 他类比于液晶弹性理论, 提出膜的自发曲率弹性模型 [23]. 即红细胞的形状使得给定表面积和体积下, 弹性自由能

$$F_H = \int \left[\frac{k_c}{2}(2H + c_0)^2 + \bar{k}K\right] \mathrm{d}A \tag{3.35}$$

取极小值. 其中参数 c_0 称为自发曲率, k_c 称为膜的弯曲模量, 而 $\bar{k}$ 称为膜的高斯弯曲模量, H 和 K 分别是膜的平均曲率和高斯曲率. 通过这个模型可以很好地理解红细胞的双凹碟形状 [24, 25].

3.3　自由能泛函的构造

3.2 节讲述了平衡构形与自由能泛函的关系, 也展示了肥皂膜、红细胞膜中的自由能泛函的形式. 在第 2 章中我们讲述了从微观的角度导出自由能的思想. 本节

我们将阐述如何从对称性的角度导出自由能泛函.

3.3.1 生物膜的局部对称性决定自由能泛函

我们考虑第 1 章图 1.11 所示细胞膜的复合膜模型. 在该模型中, 细胞膜被视为脂质双层膜与膜骨架网络形成的复合结构. 膜骨架位于胞浆的一侧, 是由长链蛋白质细丝构成的网状交联结构, 交联点为镶嵌在脂质膜中的蛋白质. 在红细胞膜上, 膜骨架基本上呈六角对称结构. 脂质膜的液晶相特征决定了其局部是二维各向同性的; 而膜骨架的六角对称性决定了其力学特征也是二维各向同性的 [26]. 也就是说, 假想我们能站到生物膜的某一点上, 身体沿该点的法线, 当我们在原地转动身体, 观看四周的膜, 原则上无法区分一个方向和另外一个方向的力学性质有何差别. 换句话说, 如果我们写生物膜的局部自由能密度, 它必然是绕法线的坐标旋转下的不变量的函数.

假定生物膜既有弯曲, 也有面内应变. 根据式 (2.26), 面内应变有两个不变量, 即应变张量的迹 $2J$ 和行列式 Q. 根据 (3.13) 和 (3.14) 两式, 表征弯曲的曲率张量也有两个不变量, 即曲率张量的迹 $2H$(平均曲率的 2 倍) 和行列式 K(高斯曲率). 因此, 局部自由能密度 (即单位面积的自由能) 可以表示为

$$\mathcal{E} = \mathcal{E}(2H, K, 2J, Q), \tag{3.36}$$

注意这里 H, K, J 和 Q 均是曲面上点的坐标的函数. 相应的自由能泛函可表示为曲面积分

$$F = \int \mathcal{E}(2H, K, 2J, Q)\mathrm{d}A. \tag{3.37}$$

公式 (3.37) 给出了生物膜研究中的自由能泛函的一般形式, 对于弯曲程度和形变程度不大的生物膜, 假定函数 (3.36) 是解析的, 因此可以对其做泰勒展开, 保留到二阶项有

$$\mathcal{E} = \mathcal{E}_0 + \mathcal{E}_1(2H) + \mathcal{E}_2(2J) + \frac{k_c}{2}(2H)^2 + \bar{k}K + \frac{k_A}{2}(2J)^2 - k_S Q + k_{cA}HJ, \tag{3.38}$$

注意 K 本身是曲率的二阶项, 而 Q 本身是应变的二阶项, 因此上式包含了直到曲率和应变二阶项的所有可能. $\mathcal{E}_0$, $\mathcal{E}_1$, $\mathcal{E}_2$, k_c, $\bar{k}$, k_A, k_S, k_{cA} 可视为弹性常数.

如果假定自由能只与应变的大小有关, 即拉伸应变和压缩应变效果是一样的, 那么 J 的一阶项不出现在式 (3.38) 中, 即 $\mathcal{E}_2 = 0$, $k_{cA} = 0$. 令 $c_0 \equiv \mathcal{E}_1/k_c$ 和 $\lambda_0 \equiv \mathcal{E}_0 - \mathcal{E}_1^2/2k_c$, 式 (3.38) 可以进一步化为

$$\mathcal{E} = \lambda_0 + \left[\frac{1}{2}k_c(2H + c_0)^2 + \bar{k}K\right] + \left[\frac{k_A}{2}(2J)^2 - k_S Q\right]. \tag{3.39}$$

相应的自由能可表示为

$$F=\lambda_0\int \mathrm{d}A+\int\left[\frac{1}{2}k_c(2H+c_0)^2+\bar{k}K\right]\mathrm{d}A+\int\left[\frac{k_A}{2}(2J)^2-k_SQ\right]\mathrm{d}A. \tag{3.40}$$

上式中的第一项可以称为膜的表面张力能, 例如在肥皂膜中, 我们就只考虑了这一项, 而假定其他项是不重要的; 第二项是膜的曲率弹性能, 这里给出的是 Helfrich 形式 (3.35), 即包含了自发曲率 c_0, 这一项主要来自于细胞膜的脂质双分子层抵抗弯曲的贡献; 第三项是膜的面内应变能, 其中各向同性应变项 $k_A(2J)^2/2$ 主要来自于脂质双分子层抵抗各向同性拉伸 (或压缩) 的贡献, 这是因为膜骨架的面内压缩模量远远小于脂质双分子层的面内压缩模量; 而剪切应变项 k_SQ 主要来自于膜骨架抵抗剪切应变的贡献. 在第 2 章我们对 k_c、k_A 和 k_S 的量级均有估算.

3.3.2　脂质双层膜的自由能泛函

脂质双层膜处于液晶相, 不能承受剪切应变, 因此 $k_S=0$, 那么式 (3.40) 变为

$$F_{\mathrm{LB}}=\lambda_0\int \mathrm{d}A+\int\left[\frac{1}{2}k_c(2H+c_0)^2+\bar{k}K\right]\mathrm{d}A+\int\frac{k_A}{2}(2J)^2\mathrm{d}A. \tag{3.41}$$

在第 9 章, 我们将会看到, 当 $k_S=0$ 时, 上式最后一项 $\int[k_A(2J)^2/2]\mathrm{d}A$ 的一阶变分的效果相当于贡献一部分表面张力 $k_A(2J)$, 而二阶变分对膜泡的稳定性无影响, 所以我们可以等效地把脂质双层膜的自由能泛函写为

$$F_{\mathrm{LB}}=\lambda\int \mathrm{d}A+\int\left[\frac{1}{2}k_c(2H+c_0)^2+\bar{k}K\right]\mathrm{d}A. \tag{3.42}$$

其中 $\lambda\equiv\lambda_0+k_A(2J)$ 可理解为膜的实际表面张力, 它等于零应变时膜的表面张力 λ_0 与应变导致的表面张力 $k_A(2J)$ 之和.

还可以从另外一个角度来理解上述自由能. 脂质双层膜的面内压缩模量很大, 因此生物膜形状发生改变时, 其表面积几乎不发生改变, 式 (3.42) 相当于在给定膜的面积时对膜的弯曲自由能求极小值, 此时 λ 可以视为限制面积不变的拉格朗日乘子, 当然该乘子的物理意义就是膜的实际表面张力. 由于 $\lambda\equiv\lambda_0+k_A(2J)$, 因此实际表面张力与膜的应力状态是有关的, 数值并不是固定的, 甚至在 $J<0$ 的情形下, 实际表面张力可以取负值.

在第 4、5 章中, 我们将集中讨论脂质泡与带边脂质膜的形状问题, 自由能 (3.42) 将是我们研究的出发点. 所不同的是, 对于脂质泡, 由于脂质双层膜几乎是不通透的, 其内部包围的体积也几乎不变. 为了体现体积不变的约束, 我们需要在自由能 (3.42) 中加上渗透压的贡献. 对于带边脂质膜, 由于裸露边界在能量上是不利的, 因此我们需要在自由能 (3.42) 中加上线张力项.

参 考 文 献

[1] 梅向明, 黄敬之. 微分几何. 北京: 高等教育出版社, 1981.

[2] 陈省身, 陈维桓. 微分几何讲义. 北京: 北京大学出版社, 2001.

[3] Nelson D R, Peliti L. Fluctuations in Membranes with Crystalline and Hexatic Order. J. Phys. France, 1987, **48**: 1085.

[4] 欧阳钟灿, 刘寄星. 从肥皂泡到液晶生物膜. 长沙：湖南教育出版社, 1994.

[5] Plateau J. Statique Expérimentale et Théorique des Liquides Soumis aux Seules Forces Moléculaires. Paris: Gauthier-Villars, 1873.

[6] Nitsche J C C. Lecture on Minimal Surfaces. Cambridge: Cambridge Univ. Press, 1989.

[7] Young T. An Essay on the Cohesion of Fluids. Philos. Trans. R. Soc. London, 1805, **95**: 65.

[8] Laplace P S. Traité de Mécanique Céleste. Paris: Gauthier-Villars, 1839.

[9] Alexandrov A D. Uniqueness Theorems for Surfaces in the Large. Amer. Math. Soc. Transl., 1962, **21**: 341.

[10] Hutchings M, Morgan F, Ritoré M, et al. Proof of the Double Bubble Conjecture. Ann. Math., 2002, **155**: 459.

[11] Fung Y C, Tong P. Theory of the Sphering of Red Blood Cells, Biophys. J., 1968, **8**: 175.

[12] Pinder D N. Shape of Human Red-Cells. J. Theor. Biol., 1972, **34**: 407.

[13] Murphy J R. Erythrocyte Metabolism. VI. Cell Shape and the Location of Cholesterol in the Erythrocyte Membrane. J. Lab. Clin. Med., 1965, **65**: 756 (1965).

[14] Seeman P, Cheng D, Lies G H. Structure of Membrane Holes in Osmotic and Saponin Hemolysis. J. Cell Biol., 1973, **56**: 519.

[15] Canham P B. The minimum Energy of Bending as a Possible Explanation of the Biconcave Shape of the Human Red Blood Cell. J. Theor. Biol., 1970, **26**: 61.

[16] Poisson S D. Traité de Mécanique. Paris: Bachelier, 1833.

[17] Willmore T J. Note on embedded surfaces. An. Şti. Univ. “Al. I. Cuza” Iaşi Secţ. I a Mat., 1965, **11B**: 493.

[18] Li P, Yau S T. A New Conformal Invariant and its Applications to the Willmore Conjecture and the First Eigenvalue of Compact Surfaces. Invent. Math., 1982, **69**: 269.

[19] Bryant R L. A Duality Theorem for Willmore Surfaces. J. Differential Geom., 1984, **20**: 23.

[20] Simon L. Existence of Surfaces Minimizing the Willmore Functional. Comm. Anal. Geom., 1993, **1**: 281.

[21] Marques F C, Neves A. Min-Max Theory and the Willmore Conjecture. Ann. Math.,

2014, **179**: 683.

[22] Helfrich W, Deuling H J. Some Theoretical Shapes of Red Blood Cells. J. Phys. Colloques, 1975, **36**: 327.

[23] Helfrich W. Elastic Properties of Lipid Bilayers—Theory and Possible Experiments. Z. Naturforsch., 1973, C **28**: 693.

[24] Deuling H J, Helfrich W. Red Blood Cell Shapes as Explained on the Basis of Curvature Elasticity. Biophys. J., 1976, **16**: 861.

[25] Naito H, Okuda M, Ou-Yang Z. Counterexample to some Shape Equations for Axisymmetric Vesicles. Phys. Rev. E, 1993, **48**: 2304.

[26] Nye J F. Physical Properties of Crystals. Oxford: Clarendon Press, 1985.

第 4 章　脂质泡的形状方程及其解析特解

本章介绍基于外微分和活动标架法的曲面变分理论, 对 Helfrich 自发曲率弹性能做变分导出闭合脂质泡的形状方程, 并讨论该方程的一些典型的解析特解, 包括球面、克利福德环面和双凹碟面等. 另外, 对于轴对称情形, 我们给出了闭合脂质泡的形状方程的首次积分以及某些准精确解 (曲面满足形状方程, 边界在无穷远点).

4.1　曲面变分理论

传统的曲面变分是基于度规来做的, 这里我们基于外微分和活动标架法来处理曲面变分问题. 在第 3 章, 我们看到, 曲面可以用其上的点的位置矢量 $\boldsymbol{r}$ 来表示, 在 $\boldsymbol{r}$ 点可以构造三个右手正交的单位矢量 $\boldsymbol{e}_1$, $\boldsymbol{e}_2$ 和 $\boldsymbol{e}_3$, 使得 $\boldsymbol{e}_1$ 和 $\boldsymbol{e}_2$ 在该点的切平面内, 而 $\boldsymbol{e}_3$ 为曲面在该点的法矢量. 将三联矢量组 $\{\boldsymbol{e}_1, \boldsymbol{e}_2, \boldsymbol{e}_3\}$ 称为 $\boldsymbol{r}$ 点的标架. 曲面不同的点标架也不同, 因此将集合 $\{\boldsymbol{r}; \boldsymbol{e}_1, \boldsymbol{e}_2, \boldsymbol{e}_3\}$ 称为活动标架.

4.1.1　标架变分

曲面上的某点用矢量 $\boldsymbol{r}$ 来表示, 当曲面发生无穷小形变, 每一点会有一个无穷小位移, 我们将 $\boldsymbol{r}$ 的无穷小位移记为矢量

$$\delta \boldsymbol{r} \equiv \boldsymbol{\Omega} = \Omega_i \boldsymbol{e}_i. \tag{4.1}$$

注意, 重复指标遵循爱因斯坦求和规则. 由于曲面发生变化, 曲面相关的几何量均会随之改变, 将 δ 视为变分算子作用在相应的几何量上表示由曲面变化而导致的几何量的改变. 从这一点来看, 变分算子 δ 的作用规则与普通的微分计算规则相同.

特别是, 由于曲面发生变化, 点 $\boldsymbol{r}$ 处的标架也会发生变化, 如图 4.1 所示, 将标架的无穷小改变称为标架变分 [1, 2], 即

$$\delta \boldsymbol{e}_i \equiv \lim_{\delta \boldsymbol{r} \to 0} (\boldsymbol{e}'_i - \boldsymbol{e}_i) = \Omega_{ij} \boldsymbol{e}_j \quad (i = 1, 2, 3). \tag{4.2}$$

由于标架是正交归一的, 利用 $\delta(\boldsymbol{e}_i \cdot \boldsymbol{e}_j) = \delta \boldsymbol{e}_i \cdot \boldsymbol{e}_j + \boldsymbol{e}_i \cdot \delta \boldsymbol{e}_j = 0$ 和式 (4.2) 可导出 $\Omega_{ij} = -\Omega_{ji}$ $(i, j = 1, 2, 3)$, 即关于下标反对称. 因此 Ω_{ij} $(i, j = 1, 2, 3)$ 中只有三个

是独立的. 引入无穷小角位移矢量

$$\boldsymbol{\Theta} \equiv \Theta_1 \boldsymbol{e}_1 + \Theta_2 \boldsymbol{e}_2 + \Theta_3 \boldsymbol{e}_3 = \Omega_{23} \boldsymbol{e}_1 + \Omega_{31} \boldsymbol{e}_2 + \Omega_{12} \boldsymbol{e}_3, \tag{4.3}$$

可以将式 (4.2) 转化为

$$\delta \boldsymbol{e}_i = \boldsymbol{\Theta} \times \boldsymbol{e}_i. \tag{4.4}$$

从这个意义上看, Ω_{23}, Ω_{31} 和 Ω_{12} 分别代表标架的无穷小转动在三个基矢上的投影.

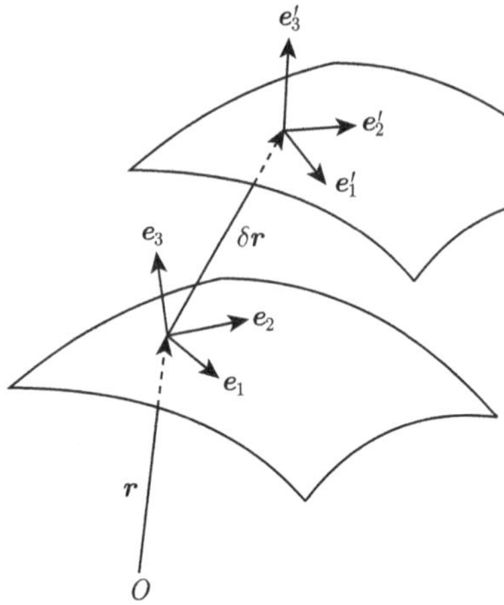

图 4.1　曲面及标架变分. $\delta \boldsymbol{r}$ 应为无穷小量, 这里未按比例画图

变分算子 δ 是线性算子, 因而与第 3 章介绍的外微分算子是可交换的 [3], 即

$$\delta \mathrm{d} = \mathrm{d} \delta. \tag{4.5}$$

将上述交换关系应用于 $\boldsymbol{r}$ 和 $\boldsymbol{e}_j$, 即 $\delta \mathrm{d}\boldsymbol{r} = \mathrm{d}\delta \boldsymbol{r}$, $\delta \mathrm{d}\boldsymbol{e}_j = \mathrm{d}\delta \boldsymbol{e}_j$, 考虑到式 (3.6)、式 (3.8)、式 (4.1) 和式 (4.2), 我们可以导出 [2, 4, 5]:

$$\delta\omega_1 + \omega_2 \Omega_{21} = \mathrm{d}\boldsymbol{\Omega} \cdot \boldsymbol{e}_1 = \mathrm{d}\Omega_1 + \Omega_2 \omega_{21} + \Omega_3 \omega_{31}, \tag{4.6}$$

$$\delta\omega_2 + \omega_1 \Omega_{12} = \mathrm{d}\boldsymbol{\Omega} \cdot \boldsymbol{e}_2 = \mathrm{d}\Omega_2 + \Omega_1 \omega_{12} + \Omega_3 \omega_{32}, \tag{4.7}$$

$$\Omega_{13}\omega_1 + \Omega_{23}\omega_2 = \mathrm{d}\boldsymbol{\Omega} \cdot \boldsymbol{e}_3 = \mathrm{d}\Omega_3 + \Omega_1 \omega_{13} + \Omega_2 \omega_{23}, \tag{4.8}$$

$$\delta\omega_{ij} = \mathrm{d}\Omega_{ij} + \Omega_{il}\omega_{lj} - \omega_{il}\Omega_{lj}. \tag{4.9}$$

上述四个方程是基于活动标架法的曲面变分理论的核心方程, 其他几何量的变分均可由这四个方程得到.

下面将给出上述四个方程的具体推导过程. 将外微分算子作用于式 (4.1), 得到

$$\begin{aligned}\mathrm{d}\delta \boldsymbol{r} = \mathrm{d}\boldsymbol{\Omega} &= \mathrm{d}\left(\Omega_1 \boldsymbol{e}_1 + \Omega_2 \boldsymbol{e}_2 + \Omega_3 \boldsymbol{e}_3\right) \\ &= \mathrm{d}\Omega_1 \boldsymbol{e}_1 + \Omega_1 \mathrm{d}\boldsymbol{e}_1 + \mathrm{d}\Omega_2 \boldsymbol{e}_2 + \Omega_2 \mathrm{d}\boldsymbol{e}_2 + \mathrm{d}\Omega_3 \boldsymbol{e}_3 + \Omega_3 \mathrm{d}\boldsymbol{e}_3. \end{aligned} \tag{4.10}$$

利用式 (3.8) 可得 $\mathrm{d}\boldsymbol{e}_1 = \omega_{12}\boldsymbol{e}_2 + \omega_{13}\boldsymbol{e}_3$, $\mathrm{d}\boldsymbol{e}_2 = \omega_{21}\boldsymbol{e}_1 + \omega_{23}\boldsymbol{e}_3$ 和 $\mathrm{d}\boldsymbol{e}_3 = \omega_{31}\boldsymbol{e}_1 + \omega_{32}\boldsymbol{e}_2$, 将它们代入式 (4.10), 得到

$$\begin{aligned}\mathrm{d}\delta \boldsymbol{r} = \mathrm{d}\boldsymbol{\Omega} = &\left(\mathrm{d}\Omega_1 + \Omega_2\omega_{21} + \Omega_3\omega_{31}\right)\boldsymbol{e}_1 + \left(\Omega_1\omega_{12} + \mathrm{d}\Omega_2 + \Omega_3\omega_{32}\right)\boldsymbol{e}_2 \\ &+ \left(\Omega_1\omega_{13} + \Omega_2\omega_{23} + \mathrm{d}\Omega_3\right)\boldsymbol{e}_3. \end{aligned} \tag{4.11}$$

另外, 将变分算子作用于式 (3.6), 有

$$\delta \mathrm{d}\boldsymbol{r} = \delta\left(\omega_1 \boldsymbol{e}_1 + \omega_2 \boldsymbol{e}_2\right) = \delta\omega_1 \boldsymbol{e}_1 + \omega_1 \delta \boldsymbol{e}_1 + \delta\omega_2 \boldsymbol{e}_2 + \omega_2 \delta \boldsymbol{e}_2. \tag{4.12}$$

利用式 (4.2) 得到 $\delta \boldsymbol{e}_1 = \Omega_{12}\boldsymbol{e}_2 + \Omega_{13}\boldsymbol{e}_3$ 和 $\delta \boldsymbol{e}_2 = \Omega_{21}\boldsymbol{e}_1 + \Omega_{23}\boldsymbol{e}_3$, 将它们代入式 (4.12), 我们有

$$\delta \mathrm{d}\boldsymbol{r} = \left(\delta\omega_1 + \omega_2\Omega_{21}\right)\boldsymbol{e}_1 + \left(\delta\omega_2 + \omega_1\Omega_{12}\right)\boldsymbol{e}_2 + \left(\omega_1\Omega_{13} + \omega_2\Omega_{23}\right)\boldsymbol{e}_3. \tag{4.13}$$

考虑到 $\delta \mathrm{d}\boldsymbol{r} = \mathrm{d}\delta \boldsymbol{r}$, 比较 (4.11) 和 (4.13) 两式, 我们就可以得到上述式 (4.6)、式 (4.7) 和式 (4.8).

同样的思路, 将外微分算子作用于式 (4.2), 我们有

$$\mathrm{d}\delta \boldsymbol{e}_i = \mathrm{d}\left(\Omega_{ij}\boldsymbol{e}_j\right) = \mathrm{d}\Omega_{ij}\boldsymbol{e}_j + \Omega_{ij}\mathrm{d}\boldsymbol{e}_j. \tag{4.14}$$

将式 (3.8) 代入式 (4.14), 并注意哑标 (相同的下标) 可以随便换成别的字母不改变求和结果, 我们有

$$\mathrm{d}\delta \boldsymbol{e}_i = \mathrm{d}\Omega_{ij}\boldsymbol{e}_j + \Omega_{ij}\omega_{jk}\boldsymbol{e}_k = \mathrm{d}\Omega_{ij}\boldsymbol{e}_j + \Omega_{il}\omega_{lj}\boldsymbol{e}_j = \left(\mathrm{d}\Omega_{ij} + \Omega_{il}\omega_{lj}\right)\boldsymbol{e}_j. \tag{4.15}$$

另外, 将变分算子作用于式 (3.8), 我们有

$$\delta \mathrm{d}\boldsymbol{e}_i = \delta\left(\omega_{ij}\boldsymbol{e}_j\right) = \delta\omega_{ij}\boldsymbol{e}_j + \omega_{ij}\delta \boldsymbol{e}_j. \tag{4.16}$$

将式 (4.2) 代入式 (4.16), 并注意哑标可以随便换成别的字母不改变求和结果, 我们有

$$\delta \mathrm{d}\boldsymbol{e}_i = \delta\omega_{ij}\boldsymbol{e}_j + \omega_{ij}\Omega_{jk}\boldsymbol{e}_k = \delta\omega_{ij}\boldsymbol{e}_j + \omega_{il}\Omega_{lj}\boldsymbol{e}_j = \left(\delta\omega_{ij} + \omega_{il}\Omega_{lj}\right)\boldsymbol{e}_j. \tag{4.17}$$

考虑到 $\delta \mathrm{d}\boldsymbol{e}_i = \mathrm{d}\delta \boldsymbol{e}_i$, 将 (4.15) 和 (4.17) 两式进行比较, 我们得到式 (4.9).

4.1.2 霍奇星算子

引入霍奇星算子的目的是定义曲面上的拉普拉斯算子. 霍奇星算子的严格定义可参考文献 [6], 对于二维曲面来说, 我们只要知道它使得第 3 章介绍的基本的 1-形式之间互相转换即可. 霍奇星算子 ($*$) 满足

$$*\omega_1 = \omega_2 \quad \text{和} \quad *\,\omega_2 = -\omega_1. \tag{4.18}$$

显然, 如果定义在曲面上的函数 f 的微分可表示为 $\mathrm{d}f = f_1\omega_1 + f_2\omega_2$, 那么我们有 $*\mathrm{d}f = *(f_1\omega_1 + f_2\omega_2) = f_1 * \omega_1 + f_2 * \omega_2 = f_1\omega_2 - f_2\omega_1$. 如果站在以 ω_1 和 ω_2 为基的平面上看, 如图 4.2 所示, 霍奇星算子的作用相当于使 1-形式 $f_1\omega_1 + f_2\omega_2$ 旋转了 90° 得到 1-形式 $-f_2\omega_1 + f_1\omega_2$. 注意, 尽管这里只针对标量函数 f 进行讨论, 实际上这些结论可以直接移植到矢量场上. 例如, 可以将霍奇星算子作用到式 (3.6) 上得到

$$*\mathrm{d}\boldsymbol{r} = \omega_2\boldsymbol{e}_1 - \omega_1\boldsymbol{e}_2. \tag{4.19}$$

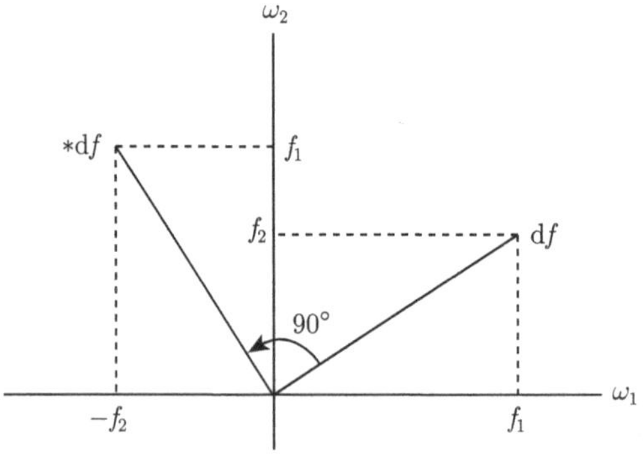

图 4.2 霍奇星算子的几何意义: 将 $\mathrm{d}f = f_1\omega_1 + f_2\omega_2$ 旋转 90° 得到 $-f_2\omega_1 + f_1\omega_2$

考虑到高斯映射[3]将曲面映射到单位球上, 这个映射将 1-形式 ω_1 和 ω_2 分别映射为 ω_{13} 和 ω_{23}. 这启发我们定义广义霍奇星算子 ($\tilde{*}$), 它满足 [2]:

$$\tilde{*}\omega_{13} = \omega_{23} \quad \text{和} \quad \tilde{*}\omega_{23} = -\omega_{13}. \tag{4.20}$$

对于定义在曲面上的标量函数 f(对于矢量场同样适用), 我们定义广义微分算子 $\tilde{\mathrm{d}}$, 满足 [2]:

$$\tilde{\mathrm{d}}f = f_1\omega_{13} + f_2\omega_{23} \quad \text{如果} \quad \mathrm{d}f = f_1\omega_1 + f_2\omega_2. \tag{4.21}$$

利用式 (4.20), 可知 $\tilde{*}\tilde{\mathrm{d}}f = f_1\omega_{23} - f_2\omega_{13}$. 此外, 将霍奇星算子 $*$ 作用在 $\tilde{\mathrm{d}}f$ 上也是有意义的, 只要利用式 (3.11) 就可将 $\tilde{\mathrm{d}}f$ 进一步表示为 $\tilde{\mathrm{d}}f = f_1(a\omega_1 + b\omega_2) + f_2(b\omega_1 + c\omega_2) = (af_1 + bf_2)\omega_1 + (bf_1 + cf_2)\omega_2$, 然后利用式 (4.18) 可以得到 $*\tilde{\mathrm{d}}f =$

$(af_1+bf_2)\omega_2-(bf_1+cf_2)\omega_1$. 容易证明 $\tilde{*}\tilde{\mathrm{d}}f=2H*\mathrm{d}f-*\tilde{\mathrm{d}}f$, 其中 $H=(a+c)/2$ 为平均曲率.

下面定义曲面上的梯度算子. 曲面上的 (第一类) 梯度算子 ∇ 作用在任意函数 f 上, 满足

$$\nabla f\cdot\mathrm{d}\boldsymbol{r}=\mathrm{d}f. \tag{4.22}$$

显然, $\mathrm{d}f$ 是 1-形式, 总能用 ω_1 和 ω_1 线性表示, 假定表示为 $\mathrm{d}f=f_1\omega_1+f_2\omega_2$, 那么由于 $\mathrm{d}\boldsymbol{r}$ 满足式 (3.6), 可以导出

$$\nabla f=f_1\boldsymbol{e}_1+f_2\boldsymbol{e}_2, \tag{4.23}$$

用度规张量表示的具体表达式参考附录 B.

曲面上的 (第二类) 梯度算子 $\tilde{\nabla}$ 作用在任意函数 f 上, 满足

$$\tilde{\nabla}f\cdot*\mathrm{d}\boldsymbol{r}=\tilde{*}\tilde{\mathrm{d}}f. \tag{4.24}$$

相应的矢量表示为

$$\tilde{\nabla}f=(cf_1-bf_2)\boldsymbol{e}_1+(af_2-bf_1)\boldsymbol{e}_2. \tag{4.25}$$

用度规张量表示的具体表达式参考附录 B.

曲面上的 (第三类) 梯度算子 $\bar{\nabla}$ 作用在任意函数 f 上, 满足

$$\bar{\nabla}f\cdot\mathrm{d}\boldsymbol{r}=\tilde{\mathrm{d}}f. \tag{4.26}$$

相应的矢量表示为

$$\bar{\nabla}f=(af_1+bf_2)\boldsymbol{e}_1+(bf_1+cf_2)\boldsymbol{e}_2. \tag{4.27}$$

用度规张量表示的具体表达式参考附录 B. 显然, 三类梯度算子不是独立的, 它们满足

$$\tilde{\nabla}+\bar{\nabla}=2H\nabla. \tag{4.28}$$

对于定义在曲面上的矢量场 $\boldsymbol{u}$, 可定义其散度 $(\nabla\cdot\boldsymbol{u})$ 和旋度 $(\nabla\times\boldsymbol{u})$ 分别满足 [7]:

$$(\nabla\cdot\boldsymbol{u})\,\mathrm{d}A=\mathrm{d}(*\boldsymbol{u}\cdot\mathrm{d}\boldsymbol{r}) \tag{4.29}$$

和

$$(\nabla\times\boldsymbol{u})\,\mathrm{d}A=\mathrm{d}(\boldsymbol{u}\cdot\mathrm{d}\boldsymbol{r}). \tag{4.30}$$

其中 $\mathrm{d}A$ 为面积元 (式 (3.7)). 注意式 (4.29) 中的霍奇星算子是作用在 $\boldsymbol{u}\cdot\mathrm{d}\boldsymbol{r}$ 整体上的, $*\boldsymbol{u}\cdot\mathrm{d}\boldsymbol{r}$ 应视为是 $*(\boldsymbol{u}\cdot\mathrm{d}\boldsymbol{r})$ 省略了括号, 当然, 其效果与 $\boldsymbol{u}\cdot*\mathrm{d}\boldsymbol{r}$ 等价. 另外需

要注意的是，旋度尽管用叉乘表示，但是这里给出的是标量而不是矢量，这一点与三维旋度不同.

现在，分别令 $\boldsymbol{u}=\nabla f$, $\boldsymbol{u}=\tilde{\nabla} f$ 和 $\boldsymbol{u}=\bar{\nabla} f$, 代入式 (4.29), 并注意 (4.22)、(4.24) 和 (4.26) 三式，我们可以定义第一类、第二类和第三类拉普拉斯算子分别满足 [1, 2, 4, 5]：

$$(\nabla^2 f)\,\mathrm{d}A=\mathrm{d}*\mathrm{d}f, \tag{4.31}$$

$$(\nabla\cdot\tilde{\nabla} f)\,\mathrm{d}A=\mathrm{d}\tilde{*}\tilde{\mathrm{d}}f, \tag{4.32}$$

$$(\nabla\cdot\bar{\nabla} f)\,\mathrm{d}A=\mathrm{d}*\tilde{\mathrm{d}}f, \tag{4.33}$$

其中 $\mathrm{d}A$ 为面积元 (式 (3.7)). 由于三类梯度算子是不独立的，所以这三类拉普拉斯算子也是不独立的. 它们的具体表达式参见附录 B. 第二类拉普拉斯算子 $\nabla\cdot\tilde{\nabla}$ 以不同的形式出现在早期的研究工作 [8, 9] 中. 本书作者首次从外微分的角度给出了相应的定义 [2]. 我国学者殷雅俊等 [10−13] 对第二类梯度算子的几何和力学应用也进行了较深入的讨论.

上面定义第一类梯度算子和拉普拉斯算子对于矢量场的作用效果满足相似的性质，即

$$(\nabla\boldsymbol{u})\cdot\mathrm{d}\boldsymbol{r}=\mathrm{d}\boldsymbol{u},\quad(\nabla^2\boldsymbol{u})\,\mathrm{d}A=\mathrm{d}*\mathrm{d}\boldsymbol{u}. \tag{4.34}$$

我们还可以仿照上面的思路，定义矢量场 $\boldsymbol{u}$ 的第二类散度 $(\tilde{\nabla}\cdot\boldsymbol{u})$ 和第三类散度 $(\bar{\nabla}\cdot\boldsymbol{u})$ 如下 [5]：

$$(\tilde{\nabla}\cdot\boldsymbol{u})\,\mathrm{d}A=\mathrm{d}(\tilde{*}\boldsymbol{u}\cdot\tilde{\mathrm{d}}\boldsymbol{r})\quad\text{和}\quad(\bar{\nabla}\cdot\boldsymbol{u})\,\mathrm{d}A=\mathrm{d}(*\boldsymbol{u}\cdot\tilde{\mathrm{d}}\boldsymbol{r}). \tag{4.35}$$

如果令 $\boldsymbol{u}=\tilde{\nabla} f$ 或 $\boldsymbol{u}=\bar{\nabla} f$, 或有诸如 $\tilde{\nabla}^2\equiv\tilde{\nabla}\cdot\tilde{\nabla}$、$\tilde{\nabla}\cdot\bar{\nabla}$、$\bar{\nabla}^2\equiv\bar{\nabla}\cdot\bar{\nabla}$ 等更多类型的拉普拉斯算子，对这些算子的数学性质的研究目前仍然较少.

在后面的一些计算过程中，还会用到如下公式：

$$(\boldsymbol{u}\cdot\nabla f)\,\mathrm{d}A=\boldsymbol{u}\cdot\mathrm{d}\boldsymbol{r}\wedge*\mathrm{d}f=\mathrm{d}f\wedge*\boldsymbol{u}\cdot\mathrm{d}\boldsymbol{r}=(\nabla f\cdot\boldsymbol{u})\,\mathrm{d}A, \tag{4.36}$$

$$(\boldsymbol{u}\cdot\bar{\nabla} f)\,\mathrm{d}A=\boldsymbol{u}\cdot\mathrm{d}\boldsymbol{r}\wedge*\tilde{\mathrm{d}}f=\tilde{\mathrm{d}}f\wedge*\boldsymbol{u}\cdot\mathrm{d}\boldsymbol{r}=(\bar{\nabla} f\cdot\boldsymbol{u})\,\mathrm{d}A, \tag{4.37}$$

$$(\boldsymbol{u}\cdot\tilde{\nabla} f)\,\mathrm{d}A=\boldsymbol{u}\cdot\mathrm{d}\boldsymbol{r}\wedge\tilde{*}\tilde{\mathrm{d}}f=\mathrm{d}f\wedge\tilde{*}\boldsymbol{u}\cdot\tilde{\mathrm{d}}\boldsymbol{r}, \tag{4.38}$$

$$\mathrm{d}h\wedge*\mathrm{d}f=\mathrm{d}f\wedge*\mathrm{d}h,\ \mathrm{d}h\wedge*\tilde{\mathrm{d}}f=\mathrm{d}f\wedge*\tilde{\mathrm{d}}h,\ \mathrm{d}h\wedge\tilde{*}\tilde{\mathrm{d}}f=\mathrm{d}f\wedge\tilde{*}\tilde{\mathrm{d}}h, \tag{4.39}$$

$$(\nabla\boldsymbol{u}:\nabla\boldsymbol{v})\,\mathrm{d}A=\mathrm{d}\boldsymbol{u}\dot{\wedge}*\mathrm{d}\boldsymbol{v}. \tag{4.40}$$

最后一式中的 $\dot{\wedge}$ 表示其左右两边的矢量进行点乘，同时将微分形式做外积. 符号 : 表示张量的双重内积. 这些公式的证明并不复杂，在此略去.

4.1.3 斯托克斯定理与格林恒等式

在附录 A 中我们给出了一般形式的斯托克斯定理. 这里我们只研究二维曲面, 斯托克斯定理可以表述得更具体, 即定义在曲面上的 1-形式 ω 与 2-形式 $\mathrm{d}\omega$ 满足:

$$\oint_{\partial\mathfrak{D}} \omega = \int_{\mathfrak{D}} \mathrm{d}\omega. \tag{4.41}$$

其中, $\mathcal{D}$ 表示二维曲面上的带边区域, $\partial\mathfrak{D}$ 表示区域 $\mathcal{D}$ 的边界曲线, $\oint_{\partial\mathfrak{D}}$ 表示在边界曲线 $\partial\mathfrak{D}$ 上做积分, $\int_{\mathfrak{D}}$ 表示在区域 $\mathcal{D}$ 上做积分.

利用斯托克斯定理和分部积分法不难证明如下 (广义) 格林恒等式 [2, 4, 5, 14]:

(i) 对于定义在曲面上的光滑标量函数 f 和 h,

$$\int_{\mathfrak{D}} (f\mathrm{d}{*}\mathrm{d}h - h\mathrm{d}{*}\mathrm{d}f) = \oint_{\partial\mathfrak{D}} (f{*}\mathrm{d}h - h{*}\mathrm{d}f), \tag{4.42}$$

$$\int_{\mathfrak{D}} (f\mathrm{d}\tilde{*}\tilde{\mathrm{d}}h - h\mathrm{d}\tilde{*}\tilde{\mathrm{d}}f) = \oint_{\partial\mathfrak{D}} (f\tilde{*}\tilde{\mathrm{d}}h - h\tilde{*}\tilde{\mathrm{d}}f), \tag{4.43}$$

$$\int_{\mathfrak{D}} (f\mathrm{d}{*}\tilde{\mathrm{d}}h - h\mathrm{d}{*}\tilde{\mathrm{d}}f) = \oint_{\partial\mathfrak{D}} (f{*}\tilde{\mathrm{d}}h - h{*}\tilde{\mathrm{d}}f). \tag{4.44}$$

(ii) 对于定义在曲面上的光滑矢量场 $\boldsymbol{u}$ 和 $\boldsymbol{v}$,

$$\int_{\mathfrak{D}} (\boldsymbol{u}\cdot\mathrm{d}{*}\mathrm{d}\boldsymbol{v} - \boldsymbol{v}\cdot\mathrm{d}{*}\mathrm{d}\boldsymbol{u}) = \oint_{\partial\mathfrak{D}} (\boldsymbol{u}\cdot{*}\mathrm{d}\boldsymbol{v} - \boldsymbol{v}\cdot{*}\mathrm{d}\boldsymbol{u}), \tag{4.45}$$

$$\int_{\mathfrak{D}} (\boldsymbol{u}\cdot\mathrm{d}\tilde{*}\tilde{\mathrm{d}}\boldsymbol{v} - \boldsymbol{v}\cdot\mathrm{d}\tilde{*}\tilde{\mathrm{d}}\boldsymbol{u}) = \oint_{\partial\mathfrak{D}} (\boldsymbol{u}\cdot\tilde{*}\tilde{\mathrm{d}}\boldsymbol{v} - \boldsymbol{v}\cdot\tilde{*}\tilde{\mathrm{d}}\boldsymbol{u}), \tag{4.46}$$

$$\int_{\mathfrak{D}} (\boldsymbol{u}\cdot\mathrm{d}{*}\tilde{\mathrm{d}}\boldsymbol{v} - \boldsymbol{v}\cdot\mathrm{d}{*}\tilde{\mathrm{d}}\boldsymbol{u}) = \oint_{\partial\mathfrak{D}} (\boldsymbol{u}\cdot{*}\tilde{\mathrm{d}}\boldsymbol{v} - \boldsymbol{v}\cdot{*}\tilde{\mathrm{d}}\boldsymbol{u}). \tag{4.47}$$

注意, 其实只有恒等式 (4.42) 是传统意义的格林恒等式, 其他恒等式形式与其相似, 故称为广义格林恒等式.

特别是, 如果区域 $\mathcal{D}$ 本身是封闭曲面, 无边界, 上面公式 (4.42)~(4.44) 中的右端项为零. 则相应地, 我们有

$$\int_{\mathfrak{D}} f\mathrm{d}{*}\mathrm{d}h = \int_{\mathfrak{D}} h\mathrm{d}{*}\mathrm{d}f, \quad \text{或等价地}, \quad \int_{\mathfrak{D}} f\nabla^2 h\mathrm{d}A = \int_{\mathfrak{D}} h\nabla^2 f\mathrm{d}A, \tag{4.48}$$

$$\int_{\mathfrak{D}} f\mathrm{d}\tilde{*}\tilde{\mathrm{d}}h = \int_{\mathfrak{D}} h\mathrm{d}\tilde{*}\tilde{\mathrm{d}}f, \quad \text{或等价地}, \quad \int_{\mathfrak{D}} f\nabla\cdot\tilde{\nabla}h\mathrm{d}A = \int_{\mathfrak{D}} h\nabla\cdot\tilde{\nabla}f\mathrm{d}A, \tag{4.49}$$

$$\int_{\mathfrak{D}} f\mathrm{d}{*}\tilde{\mathrm{d}}h = \int_{\mathfrak{D}} h\mathrm{d}{*}\tilde{\mathrm{d}}f, \quad \text{或等价地}, \quad \int_{\mathfrak{D}} f\nabla\cdot\bar{\nabla}h\mathrm{d}A = \int_{\mathfrak{D}} h\nabla\cdot\bar{\nabla}f\mathrm{d}A. \tag{4.50}$$

对于矢量场可以写出类似结果, 在此不再赘述. 在处理曲面上变分问题时, 本章主要会用到 (4.48) 和 (4.49) 两式, 第 5 章将用到 (4.42) 和 (4.43) 两式.

4.2 闭合脂质泡的自由能及其变分

第 3 章最后一节的讨论告知我们, 对于闭合脂质泡, 其自由能可以写为

$$F = \lambda \int \mathrm{d}A + \int \left[\frac{1}{2}k_c(2H + c_0)^2\right] \mathrm{d}A + p \int \mathrm{d}V. \tag{4.51}$$

第一项是表面张力的贡献, 主要是限制脂质膜表面积几乎不变; 第二项是 Helfrich 自发曲率弹性能; 第三项表示对脂质泡所围的体积分, 其目的是限制闭合泡体积近似为常量, p 可理解为脂质泡的渗透压 (外压减内压). 相较于式 (3.42), 这里略掉了积分 $\int K\mathrm{d}A$, 是因为考虑到高斯–波涅公式 (3.30), 这一项在变分中不改变.

本节先作一般性讨论, 处理自由能

$$F = \int G(2H, K)\mathrm{d}A + p \int \mathrm{d}V \tag{4.52}$$

的变分问题. 对应于式 (4.51), 上式中 $G = (k_c/2)(2H + c_0)^2 + \lambda$.

4.2.1 曲面基本几何量的变分

为了计算自由能 (4.52) 的变分, 需要分别计算面积元 $\mathrm{d}A$, 平均曲率 H 和高斯曲率 K 的变分. 利用曲面变分理论的核心方程 (4.6)~(4.9), 我们可以得到如下方程 [2, 4, 5, 15]:

$$\delta \mathrm{d}A = (\nabla \cdot \boldsymbol{\Omega} - 2H\Omega_3)\mathrm{d}A, \tag{4.53}$$

$$\delta(2H) = [\nabla^2 + (4H^2 - 2K)]\Omega_3 + \nabla(2H) \cdot \boldsymbol{\Omega}, \tag{4.54}$$

$$\delta K = \nabla \cdot \tilde{\nabla}\Omega_3 + 2KH\Omega_3 + \nabla K \cdot \boldsymbol{\Omega}. \tag{4.55}$$

下面将给出具体证明. 首先, 根据式 (4.1) 可以写出 $\boldsymbol{\Omega} \cdot \mathrm{d}\boldsymbol{r} = \Omega_1\omega_1 + \Omega_2\omega_2$, 将霍奇星算子作用在它上面得到

$$*\boldsymbol{\Omega} \cdot \mathrm{d}\boldsymbol{r} = \Omega_1\omega_2 - \Omega_2\omega_1. \tag{4.56}$$

根据散度的定义 (4.29) 以及上式可得

$$\begin{aligned}(\nabla \cdot \boldsymbol{\Omega})\mathrm{d}A = \mathrm{d}(*\boldsymbol{\Omega} \cdot \mathrm{d}\boldsymbol{r}) &= \mathrm{d}\left(\Omega_1\omega_2 - \Omega_2\omega_1\right) \\ &= \mathrm{d}\Omega_1 \wedge \omega_2 + \Omega_1\mathrm{d}\omega_2 - \mathrm{d}\Omega_2 \wedge \omega_1 - \Omega_2\mathrm{d}\omega_1.\end{aligned} \tag{4.57}$$

此外, 利用结构方程 (3.11) 以及平均曲率定义 (3.13) 可得

$$\omega_{13} \wedge \omega_2 + \omega_1 \wedge \omega_{23} = (a + c)\omega_1 \wedge \omega_2 = 2H\mathrm{d}A. \tag{4.58}$$

利用 (4.6) 和 (4.7) 两式, 可计算面积元的变分

$$
\begin{aligned}
\delta \mathrm{d}A = &\delta(\omega_1 \wedge \omega_2) = \delta\omega_1 \wedge \omega_2 + \omega_1 \wedge \delta\omega_2 \\
= &(\mathrm{d}\Omega_1 - \omega_{12}\Omega_2 - \omega_{13}\Omega_3 - \omega_2\Omega_{21}) \wedge \omega_2 \\
&+\omega_1 \wedge (\mathrm{d}\Omega_2 - \omega_{21}\Omega_1 - \omega_{23}\Omega_3 - \omega_1\Omega_{12}) \\
= &\mathrm{d}\Omega_1 \wedge \omega_2 + \Omega_1\mathrm{d}\omega_2 - \mathrm{d}\Omega_2 \wedge \omega_1 - \Omega_2\mathrm{d}\omega_1 \\
&-\Omega_3\left(\omega_{13} \wedge \omega_2 + \omega_1 \wedge \omega_{23}\right).
\end{aligned}
\tag{4.59}
$$

将 (4.57) 和 (4.58) 两式代入上式, 我们就得到式 (4.53). 从上述证明我们不难看到, 利用外微分表述的活动标架法来处理变分问题基本上是做简单的代数运算, 在以下的推导过程中, 不再一步一步完整记录下来, 而是只记录关键步骤.

接下来, 根据式 (4.58), 我们有 $\delta\left(2H\mathrm{d}A\right) = \delta\left(\omega_{13} \wedge \omega_2 + \omega_1 \wedge \omega_{23}\right) = \delta\omega_{13} \wedge \omega_2 + \omega_{13} \wedge \delta\omega_2 + \delta\omega_1 \wedge \omega_{23} + \omega_1 \wedge \delta\omega_{23}$, 考虑到 (4.6)、(4.7) 和 (4.9) 三式, 我们可导出

$$
\delta\left(2H\mathrm{d}A\right) = \mathrm{d}\left(\Omega_{13}\omega_2 - \Omega_{23}\omega_1 + \Omega_1\omega_{23} - \Omega_2\omega_{13}\right) - 2K\Omega_3\mathrm{d}A. \tag{4.60}
$$

由于 $\Omega_{13}\omega_2 - \Omega_{23}\omega_1 = *\left(\Omega_{13}\omega_1 + \Omega_{23}\omega_2\right)$, 考虑到 (4.8) 和 (4.56) 两式, 我们可将式 (4.60) 进一步变为

$$
\delta\left(2H\mathrm{d}A\right) = \mathrm{d} * \mathrm{d}\Omega_3 - 2K\Omega_3\mathrm{d}A + \mathrm{d}\left(2H * \boldsymbol{\Omega} \cdot \mathrm{d}\boldsymbol{r}\right). \tag{4.61}
$$

由于 $\mathrm{d}\left(2H * \boldsymbol{\Omega} \cdot \mathrm{d}\boldsymbol{r}\right) = \mathrm{d}\left(2H\right) \wedge *\boldsymbol{\Omega} \cdot \mathrm{d}\boldsymbol{r} + 2H\mathrm{d}\left(*\boldsymbol{\Omega} \cdot \mathrm{d}\boldsymbol{r}\right)$, 利用式 (4.53), 可得

$$
\begin{aligned}
\delta\left(2H\right)\mathrm{d}A = &\delta\left(2H\mathrm{d}A\right) - 2H\delta\left(\mathrm{d}A\right) \\
= &\left[\left(4H^2 - 2K\right)\Omega_3\right]\mathrm{d}A + \mathrm{d} * \mathrm{d}\Omega_3 + \mathrm{d}\left(2H\right) \wedge *\boldsymbol{\Omega} \cdot \mathrm{d}\boldsymbol{r} \\
= &\left[\nabla^2\Omega_3 + \left(4H^2 - 2K\right)\Omega_3\right]\mathrm{d}A + \left[\nabla\left(2H\right) \cdot \boldsymbol{\Omega}\right]\mathrm{d}A.
\end{aligned}
\tag{4.62}
$$

最后一步我们用到了 (4.31) 和 (4.36) 两式. 由上式可导出 (4.54) 式.

现在给出高斯曲率变分的推导过程. 利用式 (4.9) 写出 $\delta\omega_{21} = \mathrm{d}\Omega_{21} + \Omega_{23}\omega_{31} - \omega_{23}\Omega_{31}$. 考虑到性质 $\delta\mathrm{d}(\cdot) = \mathrm{d}\delta(\cdot)$ 和 $\mathrm{d}\mathrm{d}(\cdot) = 0$, 我们有

$$
\delta\mathrm{d}\omega_{21} = \mathrm{d}\delta\omega_{21} = \mathrm{d}[\Omega_{23}\omega_{31} - \omega_{23}\Omega_{31}] = \mathrm{d}(\Omega_{13}\omega_{23} - \Omega_{23}\omega_{13}). \tag{4.63}
$$

最后一个等号用到了 Ω_{ij} 和 ω_{ij} 关于下标反对称的性质. 在另一方面, 利用 (3.11) 和 (4.8) 两式可导出

$$
\begin{aligned}
\mathrm{d}\Omega_3 = &\omega_1\Omega_{13} + \omega_2\Omega_{23} - (\Omega_1\omega_{13} + \Omega_2\omega_{23}) \\
= &(\Omega_{13} - a\Omega_1 - b\Omega_2)\omega_1 + (\Omega_{23} - b\Omega_1 - c\Omega_2)\omega_2.
\end{aligned}
\tag{4.64}
$$

根据式 (4.21) 可写出

$$\tilde{\mathrm{d}}\Omega_3 = (\Omega_{13} - a\Omega_1 - b\Omega_2)\,\omega_{13} + (\Omega_{23} - b\Omega_1 - c\Omega_2)\,\omega_{23}, \tag{4.65}$$

进而有

$$\begin{aligned}\tilde{*}\tilde{\mathrm{d}}\Omega_3 &= (\Omega_{13} - a\Omega_1 - b\Omega_2)\,\omega_{23} - (\Omega_{23} - b\Omega_1 - c\Omega_2)\,\omega_{13}\\ &= \Omega_{13}\omega_{23} - \Omega_{23}\omega_{13} + \left(b^2 - ac\right)(\Omega_1\omega_2 - \Omega_2\omega_1)\\ &= \Omega_{13}\omega_{23} - \Omega_{23}\omega_{13} - K * \boldsymbol{\Omega}\cdot\mathrm{d}\boldsymbol{r}.\end{aligned} \tag{4.66}$$

考虑到上式和高斯绝妙定理 (3.16) 以及 (4.63), 我们导出

$$\delta(K\mathrm{d}A) = \delta\mathrm{d}\omega_{21} = \mathrm{d}\left(\Omega_{13}\omega_{23} - \Omega_{23}\omega_{13}\right) = \mathrm{d}\tilde{*}\tilde{\mathrm{d}}\Omega_3 + \mathrm{d}\left(K * \boldsymbol{\Omega}\cdot\mathrm{d}\boldsymbol{r}\right). \tag{4.67}$$

利用面积元的变分式 (4.53) 可以导出

$$\delta K\mathrm{d}A = \delta(K\mathrm{d}A) - K\delta\mathrm{d}A = \mathrm{d}\tilde{*}\tilde{\mathrm{d}}\Omega_3 + 2HK\Omega_3\mathrm{d}A + \mathrm{d}K\wedge *\boldsymbol{\Omega}\cdot\mathrm{d}\boldsymbol{r}. \tag{4.68}$$

注意到式 (4.32) 和式 (4.36), 可知上式与式 (4.55) 等价.

4.2.2　自由能的一阶变分

由于 G 是 $2H$ 和 K 的函数, 因而 $\delta G = G_{2H}\delta(2H) + G_K\delta K$, 这里 $G_{2H} \equiv \partial G/\partial(2H)$ 和 $G_K \equiv \partial G/\partial K$ 分别表示函数 $G = G(2H, K)$ 对 $2H$ 和 K 的一阶偏导数.

利用已经得到的变分公式 (4.53)~(4.55), 经过几步计算不难得到

$$\begin{aligned}\delta\left(G\mathrm{d}A\right) &= \delta G\mathrm{d}A + G\delta\mathrm{d}A = \left[G_{2H}\delta(2H) + G_K\delta K\right]\mathrm{d}A + G\delta\mathrm{d}A\\ &= G_{2H}\mathrm{d} * \mathrm{d}\Omega_3 + G_K\mathrm{d}\tilde{*}\tilde{\mathrm{d}}\Omega_3 + \mathrm{d}(G * \boldsymbol{\Omega}\cdot\mathrm{d}\boldsymbol{r})\\ &\quad + \left[\left(4H^2 - 2K\right)G_{2H} + 2HKG_K - 2HG\right]\Omega_3\mathrm{d}A.\end{aligned} \tag{4.69}$$

本章我们只讨论闭合脂质泡, 对应于无边界的光滑闭曲面, 根据斯托克斯定理知积分 $\int \mathrm{d}(G * \boldsymbol{\Omega}\cdot\mathrm{d}\boldsymbol{r}) = 0$, 考虑到格林恒等式 (4.48) 和 (4.49), 我们得到

$$\begin{aligned}&\delta\int G\mathrm{d}A = \int \delta(G\mathrm{d}A)\\ &= \int [\nabla^2 G_{2H} + \nabla\cdot\tilde{\nabla}G_K + (4H^2 - 2K)G_{2H} + 2HKG_K - 2HG]\Omega_3\mathrm{d}A.\end{aligned} \tag{4.70}$$

为了计算自由能 (4.52) 的变分, 还需要计算体积元的变分. 体积元可以表示为

$$\mathrm{d}V = \frac{1}{3}\boldsymbol{r}\cdot\boldsymbol{e}_3\mathrm{d}A. \tag{4.71}$$

其变分结果为

$$\delta \mathrm{d}V = \Omega_3 \mathrm{d}A + \frac{1}{3}\mathrm{d}\left[\boldsymbol{r}\cdot\boldsymbol{e}_3\left(*\boldsymbol{\Omega}\cdot\mathrm{d}\boldsymbol{r}\right) - \Omega_3 \boldsymbol{r}\cdot *\mathrm{d}\boldsymbol{r}\right]. \tag{4.72}$$

推导过程如下. 一方面, 根据 (4.1)、(4.2) 和 (4.53) 三式, 不难得到

$$\begin{aligned}&\delta(\boldsymbol{r}\cdot\boldsymbol{e}_3\mathrm{d}A) = \delta\boldsymbol{r}\cdot\boldsymbol{e}_3\mathrm{d}A + \boldsymbol{r}\cdot\delta\boldsymbol{e}_3\mathrm{d}A + \boldsymbol{r}\cdot\boldsymbol{e}_3\delta\mathrm{d}A\\&= \Omega_3\mathrm{d}A + \boldsymbol{r}\cdot(\Omega_{31}\boldsymbol{e}_1 + \Omega_{32}\boldsymbol{e}_2)\mathrm{d}A + \boldsymbol{r}\cdot\boldsymbol{e}_3[\mathrm{d}(*\boldsymbol{\Omega}\cdot\mathrm{d}\boldsymbol{r}) - 2H\Omega_3\mathrm{d}A].\end{aligned} \tag{4.73}$$

我们只要能证明上式第二行等价于 $3\Omega_3\mathrm{d}A + \mathrm{d}[\boldsymbol{r}\cdot\boldsymbol{e}_3(*\boldsymbol{\Omega}\cdot\mathrm{d}\boldsymbol{r}) - \Omega_3\boldsymbol{r}\cdot *\mathrm{d}\boldsymbol{r}]$ 即可. 为此, 需要用到如下等式:

$$\mathrm{d}\boldsymbol{r}\dot{\wedge} * \mathrm{d}\boldsymbol{r} = (\boldsymbol{e}_1\omega_1 + \boldsymbol{e}_2\omega_2)\dot{\wedge}(\boldsymbol{e}_1\omega_2 - \boldsymbol{e}_2\omega_1) = \omega_1\wedge\omega_2 - \omega_2\wedge\omega_1 = 2\mathrm{d}A, \tag{4.74}$$

$$\begin{aligned}\mathrm{d} * \mathrm{d}\boldsymbol{r} &= \mathrm{d}(\boldsymbol{e}_1\omega_2 - \boldsymbol{e}_2\omega_1) = \mathrm{d}\boldsymbol{e}_1\wedge\omega_2 - \mathrm{d}\boldsymbol{e}_2\wedge\omega_1 + \boldsymbol{e}_1\mathrm{d}\omega_2 - \boldsymbol{e}_2\mathrm{d}\omega_1\\&= (\omega_{13}\wedge\omega_2 - \omega_{23}\wedge\omega_1)\boldsymbol{e}_3 = (2H\mathrm{d}A)\boldsymbol{e}_3,\end{aligned} \tag{4.75}$$

$$\mathrm{d}(\boldsymbol{r}\cdot *\mathrm{d}\boldsymbol{r}) = \mathrm{d}\boldsymbol{r}\dot{\wedge} * \mathrm{d}\boldsymbol{r} + \boldsymbol{r}\cdot\mathrm{d} * \mathrm{d}\boldsymbol{r} = 2\mathrm{d}A + \boldsymbol{r}\cdot\boldsymbol{e}_3(2H\mathrm{d}A), \tag{4.76}$$

$$\mathrm{d}(\boldsymbol{r}\cdot\boldsymbol{e}_3) = \mathrm{d}\boldsymbol{r}\cdot\boldsymbol{e}_3 + \boldsymbol{r}\cdot\mathrm{d}\boldsymbol{e}_3 = \boldsymbol{r}\cdot(\omega_{31}\boldsymbol{e}_1 + \omega_{32}\boldsymbol{e}_2). \tag{4.77}$$

注意, 上述表达式中 $\dot{\wedge}$ 表示其左右两边的矢量进行点乘, 同时将微分形式做外积. 利用上述表达式, 我们可以证明

$$\begin{aligned}&3\Omega_3\mathrm{d}A + \mathrm{d}[\boldsymbol{r}\cdot\boldsymbol{e}_3(*\boldsymbol{\Omega}\cdot\mathrm{d}\boldsymbol{r}) - \Omega_3\boldsymbol{r}\cdot *\mathrm{d}\boldsymbol{r}]\\&= 3\Omega_3\mathrm{d}A + \mathrm{d}(\boldsymbol{r}\cdot\boldsymbol{e}_3)\wedge(*\boldsymbol{\Omega}\cdot\mathrm{d}\boldsymbol{r}) + (\boldsymbol{r}\cdot\boldsymbol{e}_3)\mathrm{d}(*\boldsymbol{\Omega}\cdot\mathrm{d}\boldsymbol{r}) - \mathrm{d}\Omega_3\wedge(\boldsymbol{r}\cdot *\mathrm{d}\boldsymbol{r})\\&\quad - \Omega_3\mathrm{d}(\boldsymbol{r}\cdot *\mathrm{d}\boldsymbol{r})\\&= 3\Omega_3\mathrm{d}A + \boldsymbol{r}\cdot(\omega_{31}\boldsymbol{e}_1 + \omega_{32}\boldsymbol{e}_2)\wedge(\Omega_1\omega_2 - \Omega_2\omega_1) + (\boldsymbol{r}\cdot\boldsymbol{e}_3)\mathrm{d}(*\boldsymbol{\Omega}\cdot\mathrm{d}\boldsymbol{r})\\&\quad - [\omega_1\Omega_{13} + \omega_2\Omega_{23} - (\Omega_1\omega_{13} + \Omega_2\omega_{23})]\wedge(\boldsymbol{r}\cdot\boldsymbol{e}_1\omega_2 - \boldsymbol{r}\cdot\boldsymbol{e}_2\omega_1)\\&\quad - \Omega_3[2\mathrm{d}A + \boldsymbol{r}\cdot\boldsymbol{e}_3(2H\mathrm{d}A)]\\&= \Omega_3\mathrm{d}A + \boldsymbol{r}\cdot(\Omega_{31}\boldsymbol{e}_1 + \Omega_{32}\boldsymbol{e}_2)\mathrm{d}A + (\boldsymbol{r}\cdot\boldsymbol{e}_3)[\mathrm{d}(*\boldsymbol{\Omega}\cdot\mathrm{d}\boldsymbol{r}) - 2H\Omega_3\mathrm{d}A].\end{aligned} \tag{4.78}$$

将上式与式 (4.73) 比较并注意到 $\delta\mathrm{d}V = (1/3)\delta(\boldsymbol{r}\cdot\boldsymbol{e}_3\mathrm{d}A)$, 我们即可证明式 (4.72).

由于式 (4.72) 右端第二项是全微分, 根据斯托克斯定理, 在闭曲面上的积分等于零. 因此我们有

$$\delta\int\mathrm{d}V = \int\delta\mathrm{d}V = \int\Omega_3\mathrm{d}A. \tag{4.79}$$

至此, 利用 (4.70) 和 (4.79) 两式我们可计算出自由能泛函 (4.52) 的一阶变分为

$$\delta F = \int[\nabla^2 G_{2H} + \nabla\cdot\tilde{\nabla}G_K + (4H^2 - 2K)G_{2H} + 2HKG_K - 2HG + p]\Omega_3\mathrm{d}A. \tag{4.80}$$

在上式中, 很容易看出, 只有沿法线方向的变分 Ω_3 才对自由能变分有贡献. 这主要是因为我们讨论的是闭合曲面, 面内的无穷小位移 (即面内变分) 对曲面形状没有改变. 在第 5 章中我们将看到, 面内变分最终影响到边界条件.

作为特殊形式, 如果考虑自由能 (4.51) 的一阶变分, 只需取 $G=(k_c/2)(2H+c_0)^2+\lambda$ 代入上式, 我们有

$$\delta F=\int[k_c\nabla^2(2H)+k_c(2H+c_0)(2H^2-2K-c_0H)-2\lambda H+p]\Omega_3\mathrm{d}A. \tag{4.81}$$

4.2.3　自由能的二阶变分

二阶变分的计算相对比较复杂, 如果我们只考虑闭曲面, 根据上面一阶变分的结果, 可以做很大的简化. 将变分算子做分解

$$\delta=\delta_n+\delta_t \tag{4.82}$$

使得 δ_n 代表 $\Omega_1=\Omega_2=0$ 而 $\Omega_3\neq 0$ 的变分结果; δ_n 代表 $\Omega_3=0$ 而 Ω_1 与 Ω_2 非零时的变分结果. 利用这个分解, 通过 (4.69) 和 (4.72) 两式我们有

$$\delta_n(G\mathrm{d}A)=(\mathcal{L}-2H\Omega_3)G\mathrm{d}A,\ \delta_t(G\mathrm{d}A)=\mathrm{d}(G*\boldsymbol{\Omega}\cdot\mathrm{d}\boldsymbol{r}); \tag{4.83}$$

和

$$\delta_n\mathrm{d}V=\Omega_3\mathrm{d}A-\frac{1}{3}\mathrm{d}[\Omega_3\boldsymbol{r}\cdot*\mathrm{d}\boldsymbol{r}],\ \delta_t\mathrm{d}V=\frac{1}{3}\mathrm{d}[\boldsymbol{r}\cdot\boldsymbol{e}_3(*\boldsymbol{\Omega}\cdot\mathrm{d}\boldsymbol{r})]. \tag{4.84}$$

注意, 在式 (4.83) 中我们引入了作用在 $2H$ 和 K 的函数上而不作用于 $\mathrm{d}A$ 的算符:

$$\mathcal{L}\equiv[\nabla^2\Omega_3+(4H^2-2K)\Omega_3]\partial_{2H}+(\nabla\cdot\tilde{\nabla}\Omega_3+2KH\Omega_3)\partial_K, \tag{4.85}$$

其中 ∂_{2H} 和 ∂_K 表示对 $2H$ 和 K 求偏导数. 例如, 上述算符作用在函数 $G=G(2H,K)$ 上即有 $\mathcal{L}G=[\nabla^2\Omega_3+(4H^2-2K)\Omega_3]G_{2H}+(\nabla\cdot\tilde{\nabla}\Omega_3+2KH\Omega_3)G_K$, 如前所述, 这里 G_{2H} 和 G_K 分别表示函数 $G=G(2H,K)$ 对 $2H$ 和 K 的偏导数. 另外, 根据式 (4.53) 可写出

$$\delta_n\mathrm{d}A=-2H\Omega_3\mathrm{d}A. \tag{4.86}$$

因此, 由式 (4.83) 可以证明算符 $\mathcal{L}$ 与法向变分密切相关, 即对于 $2H$ 和 K 的任意函数 $G=G(2H,K)$, 均有

$$\delta_nG=\mathcal{L}G. \tag{4.87}$$

由于变分算子的性质与普通微分算子类似, 因此有 $\delta^2=(\delta_n+\delta_t)^2=\delta_n^2+2\delta_n\delta_t+\delta_t^2=\delta_n^2+(2\delta_n+\delta_t)\delta_t$. 而外微分算子与变分算子可交换, 于是由 (4.83) 和 (4.84) 两式, 可以分别写出 $(2\delta_n+\delta_t)\delta_t(G\mathrm{d}A)=\mathrm{d}[(2\delta_n+\delta_t)(G*\boldsymbol{\Omega}\cdot\mathrm{d}\boldsymbol{r})]$ 和

$(2\delta_n+\delta_t)\delta_t\mathrm{d}V=(1/3)\mathrm{d}\{(2\delta_n+\delta_t)[\boldsymbol{r}\cdot\boldsymbol{e}_3(*\boldsymbol{\Omega}\cdot\mathrm{d}\boldsymbol{r})]\}$. 它们均为全微分式, 因此在闭曲面上的积分为零. 于是我们有自由能的二阶变分

$$\delta^2 F=\int\delta^2(G\mathrm{d}A)+p\int\delta^2\mathrm{d}V=\int\delta_n^2(G\mathrm{d}A)+p\int\delta_n^2\mathrm{d}V. \tag{4.88}$$

上式最后一项是比较容易计算的. 注意变分算子对 Ω_3^2 无作用, 只需利用 (4.84)、(4.86) 两式和斯托克斯定理, 即可得到

$$\int\delta_n^2\mathrm{d}V=\int\delta_n(\delta_n\mathrm{d}V)=-\int 2H\Omega_3^2\mathrm{d}A. \tag{4.89}$$

因此关键是计算变分 $\delta^2(G\mathrm{d}A)$. 为此, 需要用到如下两个关键公式:

$$\delta_n\mathrm{d}*\mathrm{d}\Omega_3=\mathrm{d}[\Omega_3(*\tilde{\mathrm{d}}\Omega_3-\tilde{*}\tilde{\mathrm{d}}\Omega_3)]=\nabla\cdot[\Omega_3(\bar{\nabla}\Omega_3-\tilde{\nabla}\Omega_3)]\mathrm{d}A \tag{4.90}$$

$$\begin{aligned}\delta_n\mathrm{d}\tilde{*}\tilde{\mathrm{d}}\Omega_3=&[\nabla\cdot(K\Omega_3\nabla\Omega_3)+(\nabla^2\Omega_3)^2]\mathrm{d}A\\&+[(\bar{\nabla}\Omega_3)^2-K(\nabla\Omega_3)^2-\nabla(\nabla\Omega_3):\nabla(\nabla\Omega_3)]\mathrm{d}A,\end{aligned} \tag{4.91}$$

上述两式的具体证明参考附录 C.

根据式 (4.83) 有 $\delta_n(G\mathrm{d}A)=G_{2H}\mathrm{d}*\mathrm{d}\Omega_3+G_K\mathrm{d}\tilde{*}\tilde{\mathrm{d}}\Omega_3+[(4H^2-2K)G_{2H}+2HKG_K-2HG]\Omega_3\mathrm{d}A$. 利用 (4.87) 、(4.90) 和 (4.91) 三式, 我们可以得到二阶变分

$$\begin{aligned}\delta^2F=&\int\{(\nabla^2\Omega_3)(\mathcal{L}G_{2H})+G_{2H}\nabla\cdot[\Omega_3(\bar{\nabla}\Omega_3-\tilde{\nabla}\Omega_3)]\\&+(\nabla\cdot\tilde{\nabla}\Omega_3)(\mathcal{L}G_K)\}\mathrm{d}A+\int G_K[\nabla\cdot(K\Omega_3\nabla\Omega_3)+(\nabla^2\Omega_3)^2\\&+(\bar{\nabla}\Omega_3)^2-K(\nabla\Omega_3)^2-\nabla(\nabla\Omega_3):\nabla(\nabla\Omega_3)]\mathrm{d}A\\&+\int\Omega_3(\mathcal{L}-2H\Omega_3)[(4H^2-2K)G_{2H}+2HKG_K-2HG]\mathrm{d}A\\&-2p\int H\Omega_3^2\mathrm{d}A.\end{aligned} \tag{4.92}$$

特别是, 如果 G 不包含 K, 或者是 K 的线性函数, 上式第二个积分号内是全微分, 在闭曲面上积分为零. 对于自由能 (4.51), 其二阶变分可以简化为

$$\begin{aligned}\delta^2F=&\int k_c(\nabla^2\Omega_3)^2\mathrm{d}A+\int[k_c(10H^2-4K)-(\lambda+k_cc_0^2/2)]\Omega_3\nabla^2\Omega_3\mathrm{d}A\\&+\int k_c(2H+c_0)\{\nabla\cdot[\Omega_3(\bar{\nabla}\Omega_3-\tilde{\nabla}\Omega_3)]-2\Omega_3\nabla\cdot\tilde{\nabla}\Omega_3\}\mathrm{d}A\\&+\int[k_c(16H^4-20KH^2+4K^2)+(2\lambda+k_cc_0^2)K-2pH]\Omega_3^2\mathrm{d}A.\end{aligned} \tag{4.93}$$

4.3 闭合脂质泡形状方程

在第 3 章中我们已表明, 平衡构形对应于自由能泛函的一阶变分. 有了 4.2 节的铺垫, 很容易写出闭合脂质泡的形状方程.

4.3.1 普遍形状方程

在一阶变分 (4.80) 中, 由于函数 Ω_3 具有任意性, 于是该式等于零的条件为

$$\nabla^2 G_{2H} + \nabla \cdot \tilde{\nabla} G_K + (4H^2 - 2K)G_{2H} + 2HKG_K - 2HG + p = 0. \tag{4.94}$$

上述方程由 Naito、Okuda 和 Ou-Yang 在解释焦圆锥域 (focal conic domains) 的形状时首先得到 [8], 原文中用的算子 $\bar{\nabla}^2$ 对应于上式中的 $\nabla \cdot \tilde{\nabla}$.

对于 Helfrich 曲率弹性能, $G = (k_c/2)(2H + c_0)^2 + \bar{k}K + \lambda$, 上式可进一步简化为

$$k_c \nabla^2(2H) + k_c(2H + c_0)(2H^2 - 2K - c_0 H) - 2\lambda H + p = 0. \tag{4.95}$$

由于闭合脂质泡的平衡构形需要满足这个公式, 因此它被称为闭合脂质泡的普遍形状方程, 由 Ou-Yang 和 Helfrich 首次通过变分得到 [16, 17].

当 $k_c = 0$ 时, 上式退化为描述肥皂泡的杨–拉普拉斯方程 (3.33). 而当 p、λ 和 c_0 均为零时, 上式退化为

$$\nabla^2(H) + 2H(H^2 - K) = 0, \tag{4.96}$$

即 Willmore 曲面 [18] 所满足的方程.

4.3.2 轴对称形状方程

由于闭合脂质泡普遍形状方程 (4.95) 是空间坐标的四阶非线性偏微分方程, 不存在寻找通解的方法, 只能找一些特殊的解析解, 或通过数值方法求解.

在轴对称条件下, 形状方程 (4.95) 可以得到极大简化. 考虑如图 4.3 所示的平面曲线 $z = z(\rho)$, 以 ψ 标记曲线切线与水平线的夹角. 将曲线绕 z 轴旋转一周即可得到轴对称的曲面. 绕 z 轴的转角记为 ϕ, 假定曲面外法线方向在图示的轮廓线段指向右下方. 注意, 这一定向会影响平均曲率的符号.

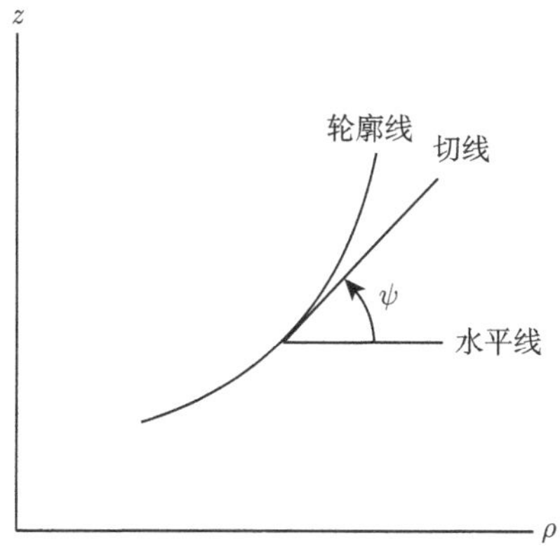

图 4.3 轴对称脂质泡轮廓线

根据 ρ 和 ϕ 可将曲面坐标参数化为

$$x = \rho\cos\phi,\ y = \rho\sin\phi,\ z = \int \tan\psi(\rho)\mathrm{d}\rho. \tag{4.97}$$

经计算不难得到,

$$\mathrm{d}\boldsymbol{r} = \rho\mathrm{d}\phi(-\sin\phi\hat{\boldsymbol{x}} + \cos\phi\hat{\boldsymbol{y}}) + \sec\psi\mathrm{d}\rho[\cos\psi(\cos\phi\hat{\boldsymbol{x}} + \sin\phi\hat{\boldsymbol{y}}) + \sin\psi\hat{\boldsymbol{z}}]. \tag{4.98}$$

其中 $\hat{\boldsymbol{x}}$, $\hat{\boldsymbol{y}}$, $\hat{\boldsymbol{z}}$, 分别代表笛卡儿坐标的三个方向的单位矢量. 令

$$\boldsymbol{e}_1 = -\sin\phi\hat{\boldsymbol{x}} + \cos\phi\hat{\boldsymbol{y}}, \tag{4.99}$$

$$\boldsymbol{e}_2 = \cos\psi(\cos\phi\hat{\boldsymbol{x}} + \sin\phi\hat{\boldsymbol{y}}) + \sin\psi\hat{\boldsymbol{z}}, \tag{4.100}$$

$$\boldsymbol{e}_3 = \boldsymbol{e}_1 \times \boldsymbol{e}_2 = \sin\psi(\cos\phi\hat{\boldsymbol{x}} + \sin\phi\hat{\boldsymbol{y}}) - \cos\psi\hat{\boldsymbol{z}}. \tag{4.101}$$

容易证明 $\{\boldsymbol{e}_1, \boldsymbol{e}_2, \boldsymbol{e}_3\}$ 构成轴对称曲面上点 $\boldsymbol{r}$ 处的右手正交标架. 结合式 (3.6), 可知

$$\omega_1 = \rho\mathrm{d}\phi,\ \omega_2 = \sec\psi\mathrm{d}\rho. \tag{4.102}$$

对矢量 $\boldsymbol{e}_1$ 做微分, 有

$$\mathrm{d}\boldsymbol{e}_1 = -\mathrm{d}\phi(\cos\phi\hat{\boldsymbol{x}} + \sin\phi\hat{\boldsymbol{y}}) = -\cos\psi\mathrm{d}\phi\boldsymbol{e}_2 - \sin\psi\mathrm{d}\phi\boldsymbol{e}_3. \tag{4.103}$$

而另一方面, 由式 (3.8) 可写出 $\mathrm{d}\boldsymbol{e}_1 = \omega_{12}\boldsymbol{e}_2 + \omega_{13}\boldsymbol{e}_3$, 对比二者可以得到

$$\omega_{12} = -\cos\psi\mathrm{d}\phi = -(\cos\psi/\rho)\omega_1, \tag{4.104}$$

$$\omega_{13} = -\sin\psi\mathrm{d}\phi = -(\sin\psi/\rho)\omega_1. \tag{4.105}$$

结合结构方程 (3.11), 可以得到

$$a = -\sin\psi/\rho,\ b = 0. \tag{4.106}$$

同样的思路, 我们可以通过计算 $\mathrm{d}\boldsymbol{e}_2$ 得到

$$\omega_{21} = \cos\psi \mathrm{d}\phi = (\cos\psi/\rho)\omega_1, \tag{4.107}$$

$$\omega_{23} = -\psi'\mathrm{d}\rho = -\cos\psi\psi'\omega_2. \tag{4.108}$$

结合结构方程 (3.11), 可以得到

$$b = 0,\ c = -\cos\psi\psi'. \tag{4.109}$$

注意在本节中, $(\cdot)'$ 表示将 $(\cdot)$ 对自变量 ρ 求导数. 有了 a, b, c, 代入 (3.13) 和 (3.14) 两式可求出平均曲率和高斯曲率:

$$H = -(\rho\sin\psi)'/2\rho,\quad K = (\sin^2\psi)'/2\rho. \tag{4.110}$$

下面计算拉普拉斯算子. 对于任意函数 $f = f(\phi, \rho)$, 可以写出 $\mathrm{d}f = \dfrac{\partial f}{\partial \phi}\mathrm{d}\phi + \dfrac{\partial f}{\partial \rho}\mathrm{d}\rho = \dfrac{1}{\rho}\dfrac{\partial f}{\partial \phi}\omega_1 + \cos\psi\dfrac{\partial f}{\partial \rho}\omega_2$, 因而 $*\mathrm{d}f = \dfrac{1}{\rho}\dfrac{\partial f}{\partial \phi}\omega_2 - \cos\psi\dfrac{\partial f}{\partial \rho}\omega_1$, 用外微分算子再对其作用一次, 考虑到 (3.9) 以及 (4.102) 两式, 可以得到

$$\begin{aligned}\mathrm{d}*\mathrm{d}f &= \mathrm{d}\left(\frac{1}{\rho}\frac{\partial f}{\partial \phi}\right)\wedge\omega_2 - \mathrm{d}\left(\cos\psi\frac{\partial f}{\partial \rho}\right)\wedge\omega_1 + \frac{1}{\rho}\frac{\partial f}{\partial \phi}\mathrm{d}\omega_2 - \cos\psi\frac{\partial f}{\partial \rho}\mathrm{d}\omega_1\\ &= \left[\frac{1}{\rho^2}\frac{\partial^2 f}{\partial \phi^2} + \frac{\cos\psi}{\rho}\frac{\partial}{\partial \rho}\left(\rho\cos\psi\frac{\partial f}{\partial \rho}\right)\right]\omega_1\wedge\omega_2,\end{aligned} \tag{4.111}$$

因此, 我们得到拉普拉斯算子表达式为

$$\nabla^2 = \frac{1}{\rho^2}\frac{\partial^2}{\partial \phi^2} + \frac{\cos\psi}{\rho}\frac{\partial}{\partial \rho}\left(\rho\cos\psi\frac{\partial}{\partial \rho}\right). \tag{4.112}$$

至此, 将 (4.110) 和 (4.112) 两式代入脂质泡的普遍形状方程 (4.95), 即可得到轴对称脂质泡的形状方程:

$$\begin{aligned}&-\frac{\cos\psi}{\rho}\left\{\rho\cos\psi\left[\frac{(\rho\sin\psi)'}{\rho}\right]'\right\}' - \frac{1}{2}\left[\frac{(\rho\sin\psi)'}{\rho}\right]^3\\ &+\frac{(\rho\sin\psi)'\left(\sin^2\psi\right)'}{\rho^2} - \frac{c_0\left(\sin^2\psi\right)'}{\rho} + \frac{\tilde{\lambda}(\rho\sin\psi)'}{\rho} + \tilde{p} = 0,\end{aligned} \tag{4.113}$$

这里 $\tilde{\lambda} \equiv \lambda/k_c + c_0^2/2$, $\tilde{p} \equiv p/k_c$. 这个方程的等价形式首先由 Hu 和 Ou-Yang 得到 [19], 它是一个三阶常微分方程 (称为 HO 方程). 国际上也有一些学者 [20-22], 先用轴对称条件将自由能表示出来, 然后再做变分, 试图得到轴对称脂质泡的形状方程, 其最终结果与上述方程有细微差别. 例如, Deuling 和 Helfrich 得到了一个二阶常微分方程 (称为 DH 方程)[20, 21]:

$$\begin{aligned}&\cos^2\psi \mathrm{d}^2\psi/\mathrm{d}\rho^2 - (1/2)\sin\psi\cos\psi(\mathrm{d}\psi/\mathrm{d}\rho)^2 + (\cos^2\psi/\rho)\mathrm{d}\psi/\mathrm{d}\rho - \sin 2\psi/2\rho^2\\&-(\sin\psi/2\cos\psi)(\sin\psi/\rho + c_0)^2 - \bar{\lambda}\sin\psi/\cos\psi - \tilde{p}\rho/2\cos\psi = 0,\end{aligned} \tag{4.114}$$

其中 $\bar{\lambda} \equiv \lambda/k_c$. Seifert、Berndl 和 Lipowsky 得到了一个三阶常微分方程 (称为 SBL 方程)[22]:

$$\begin{aligned}&\cos^3\psi(\mathrm{d}^3\psi/\mathrm{d}\rho^3) - (3\sin\psi + 1/\sin\psi)\cos^2\psi(\mathrm{d}\psi/\mathrm{d}\rho)(\mathrm{d}^2\psi/\mathrm{d}\rho^2)\\&+\sin^2\psi\cos\psi(\mathrm{d}\psi/\mathrm{d}\rho)^3 - [(2+5\sin^2\psi)\cos^2\psi/2\rho\sin\psi](\mathrm{d}\psi/\mathrm{d}\rho)^2\\&+(2\cos^3\psi/\rho)(\mathrm{d}^2\psi/\mathrm{d}\rho^2) - (c_0\sin\psi/\rho - \sin^2\psi/\rho^2 - \tilde{p}\rho/2\sin\psi)\cos\psi(\mathrm{d}\psi/\mathrm{d}\rho)\\&+\sin\psi(2-\sin^2\psi)/2\rho^3 - 2\tilde{\lambda}\sin\psi/\rho - \tilde{p} = 0.\end{aligned} \tag{4.115}$$

在上述方程的推导中, DH 方程和 SBL 方程是先用轴对称条件将自由能表示出来, 然后再作变分, 变分必然是轴对称的变分, 这样相当于变分不再是任意的, 而是受限的, 因此得出来的方程存在一定的局限性. 而 HO 方程, 先对自由能作任意变分, 得到普遍方程, 然后利用轴对称条件将普遍方程变为轴对称方程则没有此问题. 针对与球面同胚且曲率无奇点的轴对称曲面, HO 方程、DH 方程和 SBL 方程给出的结果是一致的 [24, 23]. 关于这方面更具体的讨论可参考文献 [15].

我国学者郑伟谋与刘寄星发现轴对称的形状方程存在首次积分 [24]. 令 $\Psi \equiv \sin\psi$, 将方程 (4.113) 左右两边分别乘以 ρ, 然后利用

$$\begin{aligned}\cos\psi\left\{\rho\cos\psi\left[\frac{(\rho\sin\psi)'}{\rho}\right]'\right\}' &= \left\{\rho\cos^2\psi\left[\frac{(\rho\sin\psi)'}{\rho}\right]'\right\}' - \frac{\rho(\cos^2\psi)'}{2}\left[\frac{(\rho\sin\psi)'}{\rho}\right]'\\&= \left\{\rho(1-\Psi^2)\left[\frac{(\rho\Psi)'}{\rho}\right]'\right\}' + \frac{\rho(\Psi^2)'}{2}\left[\frac{(\rho\Psi)'}{\rho}\right]'\end{aligned} \tag{4.116}$$

以及

$$-\frac{\rho(\Psi^2)'}{2}\left[\frac{(\rho\Psi)'}{\rho}\right]' - \frac{\rho}{2}\left[\frac{(\rho\sin\psi)'}{\rho}\right]^3 + \frac{(\rho\sin\psi)'(\sin^2\psi)'}{\rho} = \left\{\frac{\Psi^3 - \Psi(\rho\Psi')^2}{2\rho}\right\}', \tag{4.117}$$

可进一步将式 (4.113) 化为

$$\left\{\frac{\Psi^3 - \Psi(\rho\Psi')^2}{2\rho} - \rho(1-\Psi^2)\left[\frac{(\rho\Psi)'}{\rho}\right]' - c_0\Psi^2 + \tilde{\lambda}\rho\Psi + \frac{\tilde{p}\rho^2}{2}\right\}' = 0. \tag{4.118}$$

于是, 得到如下首次积分的形式:

$$\frac{\Psi^3-\Psi(\rho\Psi')^2}{2\rho}-\rho(1-\Psi^2)\left[\frac{(\rho\Psi)'}{\rho}\right]'-c_0\Psi^2+\tilde{\lambda}\rho\Psi+\frac{\tilde{p}\rho^2}{2}=\eta_0, \tag{4.119}$$

其中 η_0 为积分常数. 实际上, DH 方程就是上述方程中的积分常数为零的特殊情况.

4.4 形状方程的特解

本节讨论形状方程的几类典型的特解, 包括球形解、克利福德环面、双凹碟面和 Dupin 环面.

4.4.1 球形泡及其稳定性

球形泡能够满足形状方程 (4.95). 假定球面半径为 R, 则其平均曲率和高斯曲率分别为 $H=-1/R$ 和 $K=1/R^2$. 代入方程 (4.95), 我们得到

$$\tilde{p}R^2/2+\tilde{\lambda}R-c_0=0, \tag{4.120}$$

其中约化渗透压和约化表面张力分别为 $\tilde{p}\equiv p/k_c$ 和 $\tilde{\lambda}=\lambda/k_c+c_0^2/2$.

当 $\tilde{p}=0$ 时, 上式是一元一次方程, 如果 c_0 与 $\tilde{\lambda}$ 同号, 可解得 $R=c_0/2\tilde{\lambda}>0$, 即存在一个球面解. 当 $\tilde{p}\neq 0$ 时, 上式是一元二次方程, 当 $\tilde{\lambda}^2+2\tilde{p}c_0=0$ 时, 只有一个根 $R=-\tilde{\lambda}/\tilde{p}$, 它只在 $\tilde{\lambda}$ 和 $\tilde{p}$ 异号时给出有意义的结果; 而当 $\tilde{\lambda}^2+2\tilde{p}c_0>0$ 时, 方程 (4.120) 本身存在两个根

$$R_\pm=-\tilde{\lambda}/\tilde{p}\pm\sqrt{(\tilde{\lambda}/\tilde{p})^2+2c_0/\tilde{p}}. \tag{4.121}$$

如果 $\tilde{\lambda}/\tilde{p}<0$ 且 $2c_0/\tilde{p}<0$, 则存在 $R_\pm$ 这两个有实际意义的结果; 如果 $\tilde{\lambda}/\tilde{p}<0$ 且 $2c_0/\tilde{p}\geqslant 0$, 则只有 R_+ 这一个有实际意义的结果; 如果 $\tilde{\lambda}/\tilde{p}>0$ 且 $2c_0/\tilde{p}>0$, 则只有 R_+ 这一个有实际意义的结果; 如果 $\tilde{\lambda}/\tilde{p}>0$ 且 $2c_0/\tilde{p}\leqslant 0$, 则没有有实际意义的结果; 当 $\tilde{\lambda}=0$ 时, 只有 $R=\sqrt{2c_0/\tilde{p}}$ 这一个有实际意义的结果.

由于球面是轴对称面, 我们也可以从式 (4.119) 加以讨论. 对于半径为 R 的球面, 其轮廓线中的右半圆周可以表示为 $\Psi=\sin\psi=\rho/R$ $(0\leqslant\psi\leqslant\pi)$, 将其代入式 (4.119) 我们得到

$$(\tilde{p}R^2/2+\tilde{\lambda}R-c_0)(\rho/R)^2=\eta_0, \tag{4.122}$$

上式要对任意 $0<\rho<R$ 成立, 唯一的可能性是 $\eta_0=0$ 且式 (4.120) 成立.

下面我们讨论球形泡的稳定性, 如果不容许表面积和体积改变, 球形是刚性的. 对于实际体系, 多少会有压缩的可能. 在这里讨论稳定性时, 我们假定表面积稍微

能够变化一点点, 而体积保持不变. 我们将确定临界渗透压, 当 $\tilde{p}$ 大于临界值时, 上述球面解使得自由能的二阶变分 (4.93) 小于零. 半径为 R 的球面可参数化为

$$x = R\sin\theta\cos\phi,\ y = R\sin\theta\sin\phi,\ z = R\cos\theta. \tag{4.123}$$

仿照导出轴对称脂质泡的形状方程的思路, 我们可得到

$$\omega_1 = R\mathrm{d}\theta,\ \omega_2 = R\sin\theta\mathrm{d}\phi, \tag{4.124}$$

$$\omega_{13} = -\omega_1/R,\ \omega_{23} = -\omega_2/R. \tag{4.125}$$

对于函数 $\Omega_3 = \Omega_3(\theta,\phi)$, 可以导出

$$\mathrm{d}\Omega_3 = \frac{\partial\Omega_3}{\partial\theta}\mathrm{d}\theta + \frac{\partial\Omega_3}{\partial\phi}\mathrm{d}\phi = \frac{1}{R}\left[\frac{\partial\Omega_3}{\partial\theta}\omega_1 + \frac{1}{\sin\theta}\frac{\partial\Omega_3}{\partial\phi}\omega_2\right], \tag{4.126}$$

$$\tilde{\mathrm{d}}\Omega_3 = \frac{1}{R}\left[\frac{\partial\Omega_3}{\partial\theta}\omega_{13} + \frac{1}{\sin\theta}\frac{\partial\Omega_3}{\partial\phi}\omega_{23}\right] = -\frac{\mathrm{d}\Omega_3}{R}, \tag{4.127}$$

$$*\mathrm{d}\Omega_3 = \frac{1}{R}\left[\frac{\partial\Omega_3}{\partial\theta}\omega_2 - \frac{1}{\sin\theta}\frac{\partial\Omega_3}{\partial\phi}\omega_1\right], \tag{4.128}$$

$$\tilde{*}\tilde{\mathrm{d}}\Omega_3 = *\tilde{\mathrm{d}}\Omega_3 = -\frac{*\mathrm{d}\Omega_3}{R}. \tag{4.129}$$

由上式可得 $\mathrm{d}\tilde{*}\tilde{\mathrm{d}}\Omega_3 = -(1/R)\mathrm{d} * \mathrm{d}\Omega_3$ 以及 $\mathrm{d}[\Omega_3(*\tilde{\mathrm{d}}\Omega_3 - \tilde{*}\tilde{\mathrm{d}}\Omega_3)] = 0$, 因此我们有

$$\nabla\cdot\tilde{\nabla}\Omega_3 = -(1/R)\nabla^2\Omega_3,\ \nabla\cdot[\Omega_3(\bar{\nabla}\Omega_3 - \tilde{\nabla}\Omega_3)] = 0. \tag{4.130}$$

利用式 (4.120)、式 (4.130) 以及 $H = -1/R$ 和 $K = 1/R^2$, 我们将式 (4.93) 变为

$$\begin{aligned}\frac{\delta^2 F}{k_c} = &\int(\nabla^2\Omega_3)^2\mathrm{d}A + \int\left(\frac{2}{R^2} + \frac{c_0}{R} + \frac{\tilde{p}R}{2}\right)\Omega_3\nabla^2\Omega_3\mathrm{d}A\\ &+\int\left(\frac{2c_0}{R^3} + \frac{\tilde{p}}{R}\right)\Omega_3^2\mathrm{d}A.\end{aligned} \tag{4.131}$$

将外微分算子作用在式 (4.128) 上, 我们可以进一步计算出拉普拉斯算子

$$\nabla^2 \equiv \frac{1}{R^2}\left[\frac{1}{\sin\theta}\frac{\partial}{\partial\theta}\left(\sin\theta\frac{\partial}{\partial\theta}\right) + \frac{1}{\sin^2\theta}\frac{\partial^2}{\partial\phi^2}\right]. \tag{4.132}$$

引入球谐函数 $Y_{lm} = Y_{lm}(\theta,\phi)$, 满足 [25]:

$$\nabla^2 Y_{lm} = -[l(l+1)/R^2]Y_{lm}, \tag{4.133}$$

$$Y_{00} = 1/\sqrt{4\pi}, \tag{4.134}$$

$$\int_0^{\pi}\mathrm{d}\theta\sin\theta\int_0^{2\pi}\mathrm{d}\phi Y_{lm}Y_{jk}^* = \delta_{lj}\delta_{mk}, \tag{4.135}$$

其中 l, m, j, k 表示整数, Y_{jk}^* 表示 Y_{jk} 的复共轭. 充分利用球谐函数的上述性质, 令 $\Omega_3 = \sum\limits_{lm} A_{lm} Y_{lm}$, 代入式 (4.131), 经整理得

$$\delta^2 F/k_c = (2/R^2)\sum_{lm}[l(l+1)-2][l(l+1)-(c_0 R+\tilde{p}R^3/2)]|A_{lm}|^2. \tag{4.136}$$

前面我们假定脂质泡的体积是不可变的, 那么 $\delta_n \int \mathrm{d}V = 0$, 亦即 $\int \Omega_3 \mathrm{d}A = 0$. 用球谐函数表示 Ω_3 后, 我们得到约束

$$\sum_{lm}|A_{lm}|^2 = -\sqrt{4\pi}RA_{00}. \tag{4.137}$$

这个约束表明只激发 A_{00} 的形变模式是不可能的. 另外, $l = 1$ 时, 对应于球面的无穷小平移, 对式 (4.136) 贡献为零. 任何 $l \geqslant 2$ 的形变模式 A_{lm} 均是可以单独被激发的, 同时保证约束 (4.137) 成立. 对于 $l \geqslant 2$ 的形变模式, 存在临界渗透压 [16]:

$$\tilde{p}_l \equiv \frac{2[l(l+1)-c_0 R]}{R^2}, \tag{4.138}$$

当 $\tilde{p} > \tilde{p}_l$ 时, 第 l 个形变模式 A_{lm} 使得球形泡不稳定.

4.4.2　克利福德环面

克利福德环面可按如图 4.4 所示的办法生成. 将半径为 r 的平面圆周绕 z 轴旋转一周, 当旋转半径 $R > r$ 时得到的轴对称曲面称为克利福德环面.

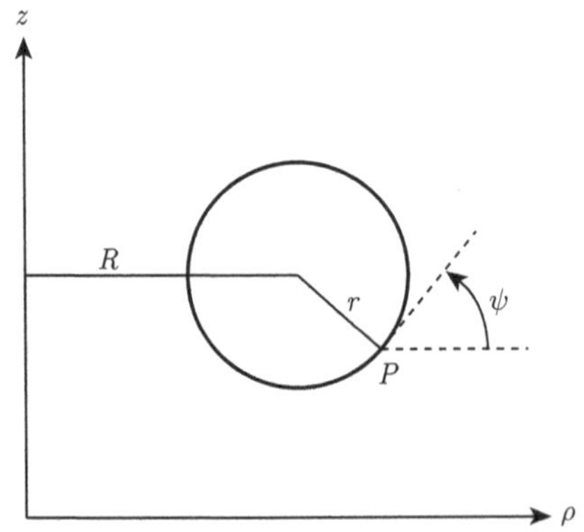

图 4.4　克利福德环面的生成圆

不难看出, 对于生成圆上的 P 点, 其到 z 轴的距离 ρ 与该点的切向角 ψ 满足 $\rho = R + r\sin\psi$ $(0 \leqslant \psi \leqslant 2\pi)$, 因此克利福德环面的轮廓线可表示为

$$\Psi = \sin\psi = \rho/r - R/r. \tag{4.139}$$

将其代入轴对称的形状方程 (4.119), 可以得到

$$\begin{aligned}&(R^2/2r^2-1)R/r\rho-(c_0+1/2r)R^2/r^2\\&+(2c_0-\tilde{\lambda}r)R\rho/r^2+(\tilde{p}/2+\tilde{\lambda}/r-c_0/r^2)\rho^2=\eta_0.\end{aligned}\tag{4.140}$$

这个方程要对 $R-r<\rho<R+r$ 区间的任意 ρ 成立, 当且仅当方程左边包含 ρ^{-1}, ρ^1 和 ρ^2 的项的系数等于零, 且常数项与 η_0 相等. 由此可以得到

$$R/r=\sqrt{2},\tag{4.141}$$

$$\tilde{\lambda}=2c_0/r,\tag{4.142}$$

$$\tilde{p}=-2c_0/r^2,\tag{4.143}$$

$$\eta_0=-2c_0-1/r.\tag{4.144}$$

非常有趣的是, 式 (4.141) 表明只有生成半径比为 $\sqrt{2}$ 的克利福德环面膜泡才是 Helfrich 自由能容许的形状. 本书作者之一欧阳钟灿首次从理论上预言存在这种脂质膜泡 [26], 很快实验物理学家非常精确地验证了这一理论预言 [27]. 前面提到, 当 c_0, λ 和 p 均为零时, 形状方程 (4.95) 退化为 Willmore 曲面满足的方程 (4.96). 生成半径比为 $\sqrt{2}$ 的克利福德环恰好也是 Willmore 曲面.

4.4.3 双凹碟面

为了得到双凹碟形的解, 先讨论轴对称膜的形状方程 (4.119) 在 $\rho=0$ 附近的渐近解. 当 $\rho\to 0$ 时, 显然有 $\Psi=\sin\psi\to 0$, $1-\Psi^2\to 1$. 但是 Ψ' 和 $2H=-(\Psi/\rho+\Psi')=-(\rho\Psi)'/\rho$ 是可以有奇性的, 只要积分 $\int(2H)^2\,\mathrm{d}A$ 收敛就行. 在 $\rho=0$ 附近 $\mathrm{d}A\sim 2\pi\rho\mathrm{d}\rho$, 上述积分要收敛, 要求 $(2H)^2\rho$ 的奇性不能超过 $1/\rho$. 因此, 在 $\rho=0$ 附近, 保留方程 (4.119) 的主项, 有

$$\rho[(\rho\Psi)'/\rho]'=-\eta_0.\tag{4.145}$$

很容易写出这个微分方程的解 $\Psi=-(\eta_0/2)\rho\ln(\rho/\rho_B)+C/\rho$, 其中 ρ_B 和 C 是两个待定常数. 考虑到 $(2H)^2\rho$ 的奇性不能超过 $1/\rho$ 这一要求, C 必须为 0. 因此, 轴对称膜的形状方程 (4.119) 在 $\rho=0$ 附近的渐近解为

$$\Psi=-(\eta_0/2)\rho\ln(\rho/\rho_B).\tag{4.146}$$

令人十分震惊的是, 上述 $\rho=0$ 附近的渐近解 (4.146) 居然能够全局地满足轴对称膜的形状方程. 将上述渐近解代入形状方程 (4.113) 或 (4.119), 可以得到 $\tilde{p}=0$, $\tilde{\lambda}=c_0^2/2$ 以及

$$\eta_0=-2c_0.\tag{4.147}$$

即, 当 $\tilde{p}=0$ 和 $\tilde{\lambda}=c_0^2/2$ 时, 解

$$\Psi = c_0\rho\ln(\rho/\rho_B) \tag{4.148}$$

能够全局地满足形状方程. 这个解由 Naito, Okuda 以及我国学者欧阳钟灿首先发现, 并且当 $|c_0\rho| < \mathrm{e}$ 时, 该解具有图 4.5 所示的轮廓, 与红细胞的双凹碟形状对应 [28, 29].

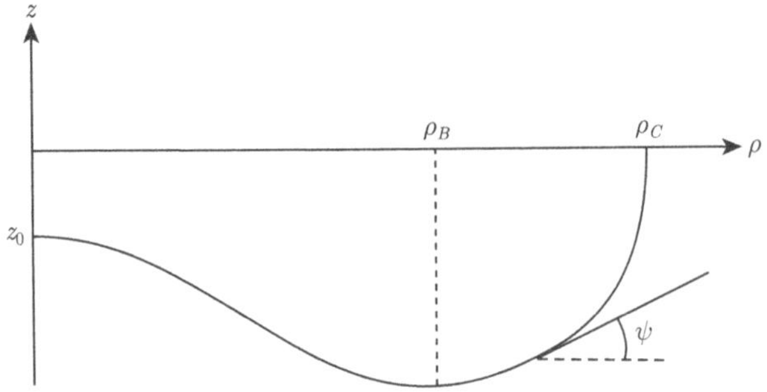

图 4.5 双凹碟面轮廓线. 将其绕 z 轴旋转一圈, 然后对水平面做镜像, 得到的曲面即为双凹碟面

4.4.4 Dupin 环面

Dupin 环面又称为四次圆纹曲面, 是一类 Willmore 曲面, 可以视为克利福德环面的变种. Dupin 环面可以表示为如下参数方程 [30]:

$$\begin{aligned}
x &= [\mu(c - a\cos\theta\cos\phi) + b^2\cos\theta]/(a - c\cos\theta\cos\phi),\\
y &= b\sin\theta(a - \mu\cos\phi)/(a - c\cos\theta\cos\phi),\\
z &= b\sin\phi(c\cos\theta - \mu)/(a - c\cos\theta\cos\phi),
\end{aligned} \tag{4.149}$$

其中 θ 和 ϕ 取值范围为 $0\sim 2\pi$, $b=\sqrt{a^2-c^2}$, $a>\mu>c>0$.

利用参数方程, 可以计算出 $2H = \cos\phi/(a-\mu\cos\phi) - 1/(\mu - c\cos\theta)$, $K = -\cos\phi/(a-\mu\cos\phi)(\mu-c\cos\theta)$ 以及

$$\nabla^2 = \frac{(a-c\cos\theta\cos\phi)^2}{b^2(a-\mu\cos\phi)(\mu-c\cos\theta)}\left[\frac{\partial}{\partial\theta}\left(\frac{\mu-c\cos\theta}{a-\mu\cos\phi}\frac{\partial}{\partial\theta}\right)+\frac{\partial}{\partial\phi}\left(\frac{a-\mu\cos\phi}{\mu-c\cos\theta}\frac{\partial}{\partial\phi}\right)\right]. \tag{4.150}$$

将它们代入形状方程 (4.95) 经过复杂计算, 可以得到当 $p=0$, $c_0=0$, $\lambda=0$, $\mu^2=(a^2+c^2)/2$ 时, 形状方程 (4.95) 成立. 满足上述条件的 Dupin 环面展示在图 4.6 中, 这是少有的满足形状方程的非对称解析解.

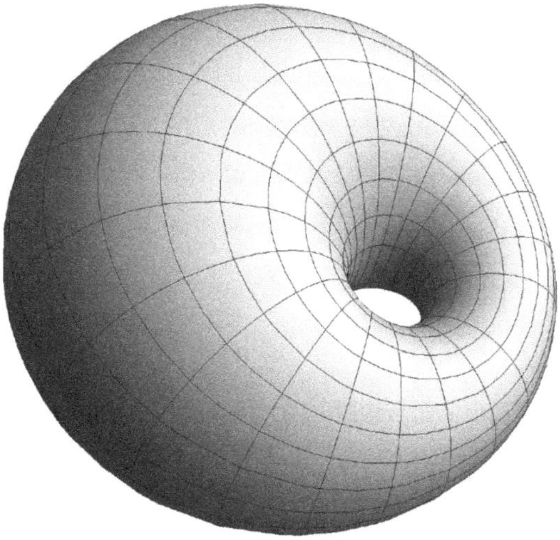

图 4.6 Dupin 环面示意图

4.5 准精确解

在 4.4 节我们介绍了目前已知的几个对应于闭合构形的解析解. 如果稍微放松条件, 将除了无穷远边界以外, 曲面处处满足形状方程的解称为准精确解. 很容易看出, 形状方程存在两类准精确解: 一类是极小曲面, 另一类是非零常平均曲率曲面.

4.5.1 极小曲面

极小曲面的平均曲率为零, 即 $H=0$. 不难验证, 当 $p=0$, $c_0=0$ 时, 极小曲面使得形状方程成立. 日常生活中附着在铁丝圈上的肥皂膜就是极小曲面. 下面介绍几种典型的极小曲面. 第一种是如图 4.7(a) 所示悬链面. 其参数方程可以表示为

$$\begin{aligned} x &= c\cosh(u/c)\cos v,\\ y &= c\cosh(u/c)\sin v,\\ z &= u, \end{aligned} \tag{4.151}$$

这里 c 是常数.

第二种是如图 4.7(b) 所示的螺旋面. 其参数方程为

$$\begin{aligned} x &= u\cos v,\\ y &= u\sin v,\\ z &= cv, \end{aligned} \tag{4.152}$$

这里 c 是常数.

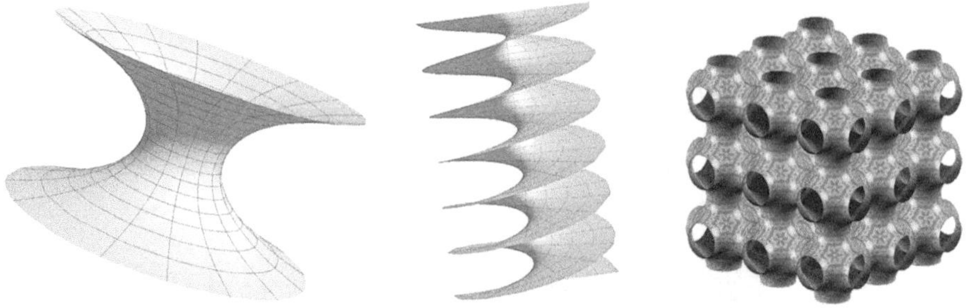

(a) (b) (c)

图 4.7 三类典型极小曲面示意图：(a) 悬链面；(b) 螺旋面；(c) 施瓦茨 P 面

第三种为具有周期性的极小曲面, 这类极小曲面在软物质自组装过程中以及一些病态的细胞的内质网中较常见. 图 4.7(c) 给出了被称为施瓦茨 P 面的周期极小曲面①.

4.5.2 非零常平均曲率曲面

非零常平均曲率曲面能够满足形状方程 (4.95). 除球面外, 其中最有代表性的是柱面和 Delaunay 波纹柱面.

对于半径为 R 的柱面, 其平均曲率和高斯曲率分别为 $H=-1/2R$ 和 $K=0$, 代入形状方程 (4.95) 可得

$$\tilde{p}R^3+\tilde{\lambda}R^2+1/2=0, \tag{4.153}$$

其中 $\tilde{p}=p/k_c$, $\tilde{\lambda}=\lambda/k_c+c_0^2/2$.

Delaunay 波纹柱面是轴对称的常平均曲率曲面. 当一个椭圆沿一条直线滚动时, 椭圆的一个焦点画出的轨迹即为 Delaunay 波纹柱面的轮廓线 [31], 轮廓线的切向角与半径满足如下方程:

$$\sin\psi=a\rho+d/\rho, \tag{4.154}$$

其中 a 和 d 为给定常数. 利用式 (4.110) 不难得到 $H=-a$ 为常数, $K=a^2-d^2/\rho^4$. 当 $d\neq 0$ 时, 形状方程 (4.95) 给出 $p+\lambda c_0=0$ 以及 $H=-a=-c_0/2$. 当 $0<a$ 并且 $d<1/4a$ 时, 式 (4.154) 对应图 4.8 所示波纹柱面.

①图 4.7(c) 来自 Mario B. Schulz 的个人网站 http://n.ethz.ch/~schulzma/SchwarzP.php.

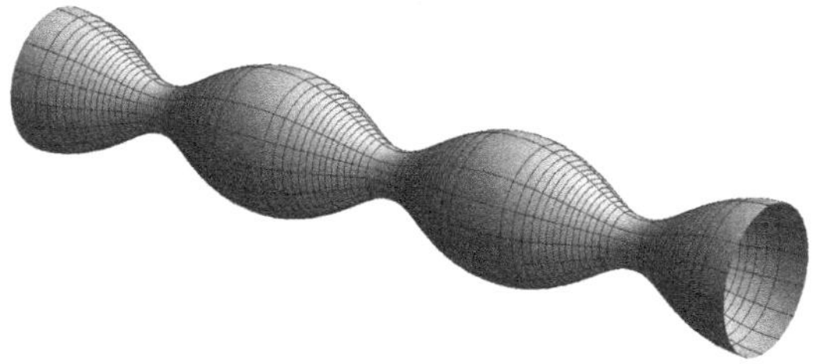

图 4.8 Delaunay 波纹柱面

另外, 将 $\Psi = \sin\psi$ 和式 (4.154) 代入方程 (4.119), 可以得到 Delaunay 波纹柱面对应的首次积分为 $\eta_0 = d(\tilde{\lambda} - c_0^2/2) = d\lambda/k_c$.

4.5.3 类 Delaunay 波纹柱面

1995 年, Naito 等发现一类与 Delaunay 波纹柱面形状相似, 但平均曲率不为常数的曲面, 这里称其为类 Delaunay 波纹柱面 [32, 33]. 轮廓线的切向角满足

$$\sin\psi = \frac{1}{c_0\rho_{\rm m}}\left(\frac{\rho}{\rho_{\rm m}} + \frac{\rho_{\rm m}}{\rho}\right) - \sqrt{\frac{4}{c_0^2\rho_{\rm m}^2} - 2}, \tag{4.155}$$

这里已经假定 $c_0 > 0$. $\rho_{\rm m}$ 是特征长度, 当 $\rho = \rho_{\rm m}$ 时, $\sin\psi$ 达到极值. 要使得 $|\sin\psi| \leqslant 1$, 则有 $\rho_{\rm m} \leqslant 4/3c_0$.

4.6 轴对称形状方程的哈密顿–雅可比表示

在第 4.3.2 节, 我们介绍了通过寻找首次积分的办法将轴对称脂质泡的形状方程 (4.113) 从三阶常微分方程约化为二阶常微分方程 (4.119). 一个二阶常微分方程可以视为一个粒子的运动微分方程, 张一恒等 [34] 首先寻找该方程对应的拉格朗日函数, 然后找出哈密顿函数, 进而得到相应的哈密顿–雅可比方程. 他们发现, 在一些特殊参数下, 该方程可以解析求解.

4.6.1 轴对称形状方程对应的拉格朗日函数

下面构造轴对称形状方程对应的拉格朗日函数. 首先考虑一个一般形式的拉格朗日函数

$$L = \frac{1}{2}\alpha(t,u)\dot{u}^2 + \beta(t,u)\dot{u} + \gamma(t,u). \tag{4.156}$$

以及任意一个单自由度的运动微分方程

$$a(t,u)\ddot{u} + b(t,u)\dot{u}^2 + c(t,u)\dot{u} + d(t,u) = 0, \tag{4.157}$$

其中 u 代表广义坐标, t 代表时间, $\ddot{u} = {\rm d}^2u/{\rm d}t^2$, $\dot{u} = {\rm d}u/{\rm d}t$.

将式 (4.156) 代入拉格朗日方程 $\frac{\mathrm{d}}{\mathrm{d}t}\left(\frac{\partial L}{\partial \dot{u}}\right)-\frac{\partial L}{\partial u}=0$, 可以导出

$$\alpha \ddot{u}+\frac{1}{2}\frac{\partial \alpha}{\partial u}\dot{u}^2+\frac{\partial \alpha}{\partial t}\dot{u}+\frac{\partial \beta}{\partial t}-\frac{\partial \gamma}{\partial u}=0. \tag{4.158}$$

运动微分方程 (4.157) 和 (4.158) 对应相同的运动行为, 因此只需要对应系数成比例就可以, 即

$$\frac{\alpha}{a}=\frac{\frac{1}{2}\frac{\partial \alpha}{\partial u}}{b}=\frac{\frac{\partial \alpha}{\partial t}}{c}=\frac{\frac{\partial \beta}{\partial t}-\frac{\partial \gamma}{\partial u}}{d}=f. \tag{4.159}$$

需要指出的是, 原先物理学教学中通常认为有阻尼的系统是不存在拉格朗日函数的, 但是上述方法表明, 对于单自由度系统, 任意二阶常微分方程均可以构造出一个拉格朗日函数与之对应.

现在让 t 等价于 ρ 且 u 等价于 ψ(注意 $\Psi=\sin\psi$), 比较方程 (4.119) 和 (4.157), 利用上述方程 (4.159) 可以得到

$$\alpha=\rho\cos\psi, \quad f=\sec^2\psi, \tag{4.160}$$

以及

$$\frac{\partial \beta}{\partial \rho}-\frac{\partial \gamma}{\partial \psi}=\sec^2\psi\left(\frac{\sin^3\psi}{2\rho}+c_0\sin^2\psi-\frac{\tilde{\lambda}\rho^2+1}{\rho}\sin\psi-\frac{\tilde{p}}{2}\rho^2+\eta_0\right). \tag{4.161}$$

上述方程表明 β 与 γ 的选择上仍旧有一定的自由, 这对应于拉格朗日函数选择上存在一个函数的全微分差别. 例如, 选取拉格朗日函数

$$L=\frac{1}{2}\alpha\psi'^2+\beta\psi'+\gamma, \tag{4.162}$$

或

$$\tilde{L}=\frac{1}{2}\alpha\psi'^2+\tilde{\beta}\psi'+\tilde{\gamma}. \tag{4.163}$$

二者之差为

$$L-\tilde{L}=\left(\beta-\tilde{\beta}\right)\psi'+\left(\gamma-\tilde{\gamma}\right). \tag{4.164}$$

另一方面, 方程 (4.161) 要求

$$\frac{\partial}{\partial \rho}\left(\beta-\tilde{\beta}\right)=\frac{\partial}{\partial \psi}\left(\gamma-\tilde{\gamma}\right). \tag{4.165}$$

该方程表明存在函数 $\varPhi(\psi,\rho)$, 使得

$$\frac{\partial \varPhi}{\partial \psi}=\beta-\tilde{\beta}, \quad \frac{\partial \varPhi}{\partial \rho}=\gamma-\tilde{\gamma}. \tag{4.166}$$

这样, 方程 (4.164) 可以化简为

$$L-\tilde{L}=\frac{\mathrm{d}}{\mathrm{d}\rho}\Phi(\psi,\rho). \tag{4.167}$$

基于上述原因, 可以取 $\beta=0$, 从而将拉格朗日函数表示为

$$L=\frac{\rho\cos\psi}{2}\psi'^2-V(\psi,\rho), \tag{4.168}$$

其中,

$$V(\psi,\rho)=\left(c_0+\eta_0-\frac{\tilde{p}}{2}\rho^2\right)\tan\psi-\frac{\tan\psi\sin\psi}{2\rho}-c_0\psi-\tilde{\lambda}\rho\sec\psi. \tag{4.169}$$

4.6.2 哈密顿–雅可比方程及其解

有了拉格朗日函数, 可以求出广义动量

$$p_\psi\equiv\frac{\partial L}{\partial\psi'}=\rho\cos\psi\psi'. \tag{4.170}$$

进一步求出哈密顿函数

$$H(\psi,p_\psi,\rho)=p_\psi\psi'-L=\frac{p_\psi^2}{2\rho\cos\psi}+V(\psi,\rho). \tag{4.171}$$

利用 $\partial S/\partial\rho+H(\psi,\partial S/\partial\rho,\rho)=0$ 导出哈密顿–雅可比方程

$$\frac{\partial S}{\partial\rho}+\frac{1}{2\rho\cos\psi}\left(\frac{\partial S}{\partial\psi}\right)^2+V(\psi,\rho)=0, \tag{4.172}$$

其中 $S=S(\psi,\rho)$ 是系统的特征函数.

当 c_0、$\tilde{\lambda}$、$\tilde{p}$、η_0 为零时, 哈密顿–雅可比方程简化为

$$\frac{\partial S}{\partial\rho}+\frac{1}{2\rho\cos\psi}\left(\frac{\partial S}{\partial\psi}\right)^2-\frac{\tan\psi\sin\psi}{2\rho}=0. \tag{4.173}$$

此时, 哈密顿 - 雅可比方程恰好可以利用分离变量方法求解, 结果为

$$S=\pm\int\sqrt{I\cos\psi+\sin^2\psi}\mathrm{d}\psi-\frac{I}{2}\ln\rho, \tag{4.174}$$

其中 I 是常量.

根据哈密顿 - 雅可比方法, I 的共轭量 $J=\partial S/\partial I$ 是常数. 由 $\mathrm{d}J=0$ 进一步可以得到

$$I=\rho^2\cos\psi\psi'^2-\frac{\sin^2\psi}{\cos\psi}, \tag{4.175}$$

上式表明, 当 c_0、$\tilde{\lambda}$、$\tilde{p}$、η_0 为零时, I 是轴对称形状方程 (4.119) 对应的另一个首次积分. 值得指出的是, 考虑到 $\tan\psi = \mathrm{d}z/\mathrm{d}\rho$, 上面的方程等价于

$$\frac{\mathrm{d}^2 z}{\mathrm{d}\rho^2} = \pm\frac{1}{\rho}\left[\left(\frac{\mathrm{d}z}{\mathrm{d}\rho}\right)^2 + 1\right]\sqrt{\left(\frac{\mathrm{d}z}{\mathrm{d}\rho}\right)^2 + I\sqrt{\left(\frac{\mathrm{d}z}{\mathrm{d}\rho}\right)^2 + 1}}. \tag{4.176}$$

Vassilev 等在讨论轴对称 Willmore 曲面时也从群论的角度导出过这个方程 [35].

不难得到, 方程 (4.175) 的解为

$$\rho = \rho_0 \exp\left(\pm\int \frac{\cos\psi}{\sqrt{I\cos\psi + \sin^2\psi}}\mathrm{d}\psi\right), \tag{4.177}$$

其中 ρ_0 是待定常数. 图 4.9 给出了 I 取不同值时对应的轴对称曲面的轮廓线. 其中 $I = 0$ 时, 方程有两个解: $\rho = \rho_0 \sin\psi$ 和 $\rho = \rho_0 \csc\psi$. 前者对应于球面, 后者对应于悬链面 (一种典型的极小曲面). 当 $I \neq 0$ 时, 似乎不存在闭合曲面解. 目前尚不清楚, 对于同一 I, 两个解之间存在什么变换关系.

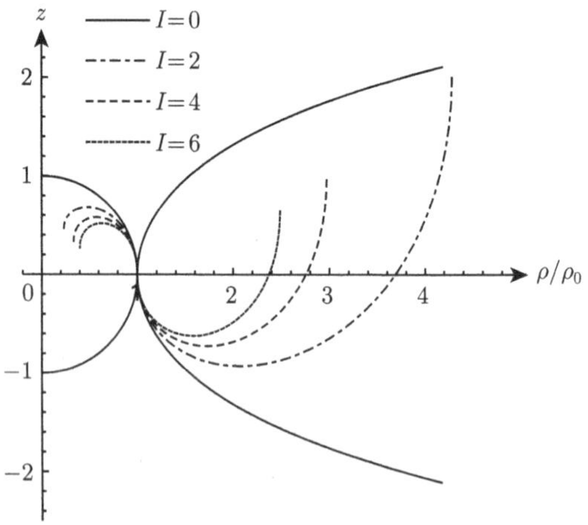

图 4.9　解 (4.177) 对应的轴对称曲面的轮廓线 [34]

参 考 文 献

[1] Tu Z C, Ou-Yang Z C. Lipid Membranes with Free Edges. Phys. Rev. E, 2003, **68**: 061915.

[2] Tu Z C, Ou-Yang Z C. A Geometric Theory on the Elasticity of Bio-Membranes. J. Phys. A: Math. Gen., 2004, **37**: 11407.

[3] 陈省身, 陈维桓. 微分几何讲义. 北京: 北京大学出版社, 2001.

[4] Tu Z C, Ou-Yang Z C. Elastic Theory of Low-Dimensional Continua and its Applications in Bio- and Nano-Structures. J. Comput. Theor. Nanosci., 2008, **5**: 422.

[5] Tu Z C. Geometry of Membranes. J. Geom. Symmetry Phys, 2011, **24**: 45.

[6] Westenholz C V. Differential Forms in Mathematical Physics. Amsterdam: North-Holland, 1981.

[7] Tu Z C, Seifert U. Concise Theory of Chiral Lipid Membranes. Phys. Rev, E, 2007, **76**: 031603.

[8] Naito H, Okuda M, Ou-Yang Z C. Preferred Equilibrium Structures of a Smectic-A Phase Grown from an Isotropic Phase: Origin of Focal Conic Domains. Phys. Rev, E, 1995, **52**: 2095.

[9] Giaquinta M, Hildebrandt S. Calculus of Variations. Berlin: Springer, 1996.

[10] Yin Y J, Chen Y, Ni D, et al. Shape Equations and Curvature Bifurcations Induced by Inhomogeneous Rigidities in Cell Membranes. J. Biomech, 2005, **38**: 1433.

[11] Yin Y J, Yin J, Ni D. General Mathematical Frame for Open or Closed Biomembranes (Part I): Equilibrium Theory and Geometrically Constraint Equation. J. Math. Biol, 2005, **51**: 403.

[12] Yin Y J. Integral Theorems Based on a New Gradient Operator Derived from Biomembranes (Part I). Tsinghua Science and Technology, 2005, **10**: 369.

[13] Yin Y J, Lv C. Equilibrium Theory and Geometrical Constraint Equation for Two-Component Lipid Bilayer Vesicles. J. Biol. Phys, 2008, **34**: 591.

[14] Tu Z C, Ou-Yang Z C. Variational Problems in Elastic Theory of Biomembranes, Smectic-A Liquid Crystals, and Carbon Related Structures. Proceedings of the Seventh International Conference on Geometry, Integrability and Quantization, 2005, **7**: 237.

[15] 涂展春, 欧阳钟灿, 刘寄星, 等. Geometric Methods in Elastic Theory of Membranes in Liquid Crystal Phases. 北京: 北京大学出版社, 2014.

[16] Ou-Yang Z C, Helfrich W. Instability and Deformation of a Spherical Vesicle by Pressure. Phys. Rev. Lett, 1987, **59**: 2486.

[17] Ou-Yang Z C, Helfrich W. Bending Energy of Vesicle Membranes: General Expressions for the First, Second, and Third Variation of the Shape Energy and Applications to Spheres and Cylinders. Phys. Rev, A, 1989, **39**: 5280.

[18] Willmore T J. Note on Embedded Surfaces. An. Şti. Univ. “Al. I. Cuza” Iaşi Secţ. I a Mat, 1965, **11B**: 493.

[19] Hu J G, Ou-Yang Z C. Shape Equations of the Axisymmetric Vesicles. Phys. Rev, E, 1993, **47**: 461.

[20] Helfrich W. Elastic Properties of Lipid Bilayers–Theory and Possible Experiments. Z. Naturforsch, C, 1973, **28**: 693.

[21] Deuling H J, Helfrich W. Curvature Elasticity of Fluid Membranes–Catalog of Vesicle

Shapes. J. Phys. (Paris), 1976, **37**: 1335.

[22] Seifert U, Berndl K, Lipowsky R. Shape Transformations of Vesicles: Phase Diagram for Spontaneous-Curvature and Bilayer-Coupling Models. Phys. Rev, A, 1991, **44**: 1182.

[23] Podgornik R, Svetina S, Zeks B. Parametrization Invariance and Shape Equations of Elastic Axisymmetric Vesicles. Phys. Rev, E, 1995, **51**: 544.

[24] Zheng W M, Liu J X. Helfrich Shape Equation for Axisymmetric Vesicles as a First Integral. Phys. Rev., E, 1993, **48**: 2856.

[25] 王竹溪, 郭敦仁. 特殊函数概论. 北京: 北京大学出版社, 2012.

[26] Ou-Yang Z C. Anchor Ring-Vesicle Membranes. Phys. Rev, A, 1990, **41**: 4517.

[27] Mutz M, Bensimon D. Observation of Toroidal Vesicles. Phys. Rev., A, 1991, **43**: 4525.

[28] Naito H, Okuda M, Ou-Yang Z C. Counterexample to Some Shape Equations for Axisymmetric Vesicles. Phys. Rev., E, 1993, **48**: 2304.

[29] Naito H, Okuda M, Ou-Yang Z C. Polygonal Shape Transformation of a Circular Biconcave Vesicle Induced by Osmotic Pressure. Phys. Rev., E, 1996, **48**: 2816.

[30] Ou-Yang Z C. Selection of Toroidal Shape of Partially Polymerized Membranes. Phys. Rev., E, 1993, **47**: 747.

[31] Eells J. The Surfaces of Delaunay. Math. Intelligencer, 1987, **9**: 53.

[32] Naito H, Okuda M, Ou-Yang Z C. New Solutions to the Helfrich Variation Problem for the Shapes of Lipid Bilayer Vesicles: Beyond Delaunay's Surfaces. Phys. Rev. Lett., 1995, **74**: 4345.

[33] Mladenova I M. New Solutions of the Shape Equation. Eur. Phys. J. B, 2002, **29**: 327.

[34] Zhang Y H, McDargh Z, Tu Z C. First Integrals of the Axisymmetric Shape Equation of Lipid Membrane, Chin. Phys. B, 2018, **27**: 038704.

[35] Vassilev V M, Djondjorov P A, Atanassov E, et al. Explicit Parametrizations of Willmore Surfaces. AIP Conference Proceedings, 2014, **1629**: 201.

第 5 章　带边脂质膜的控制方程及其特解

实验上发现脂质囊泡可以被一些蛋白质开口, 并且蛋白质沿开口边聚集, 形成较为稳定的带边脂质膜. 本章我们将带边脂质膜视为带自由边界的曲面, 讨论带边界的曲面变分问题, 导出带边脂质膜的控制方程 (包含形状方程和边界条件), 讨论形状方程和边界条件的相容性. 另外, 我们还将讨论寻找解析特解的可能性.

5.1　带边界的曲面变分问题

考虑如图 5.1 所示的带边界 C 的曲面 D. $\boldsymbol{t}$ 表示边界曲线的单位切矢量, 沿着 $\boldsymbol{t}$ 方向走动时, 使得曲面在左侧. 单位矢量 $\boldsymbol{l}$ 在曲面切平面内并且与 $\boldsymbol{t}$ 正交. $\{\boldsymbol{e}_1, \boldsymbol{e}_2, \boldsymbol{e}_3\}$ 代表曲面的标架, 且 $\boldsymbol{e}_3$ 为曲面的法矢量.

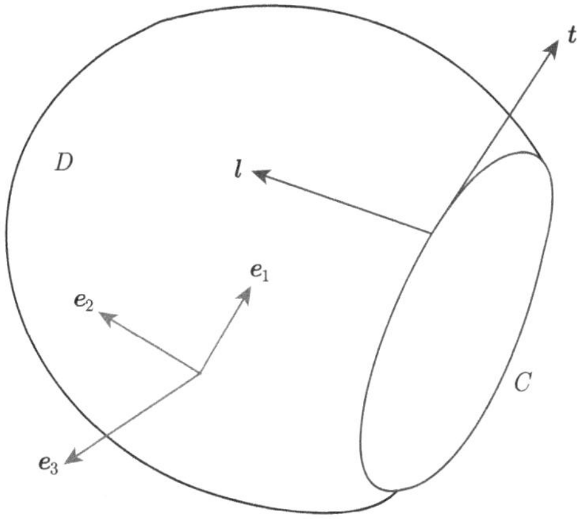

图 5.1　带边界的曲面示意图

将自由能泛函写成

$$F = \int_D G(2H, K)\mathrm{d}A + \gamma \oint \mathrm{d}s, \tag{5.1}$$

其中, $G = G(2H, K)$ 代表单位面积的自由能, γ 代表边界线单位长度的自由能 (简称为线张力), $\mathrm{d}A$ 和 $\mathrm{d}s$ 分别表示曲面的面积元和边界线的弧长单元.

利用式 (4.70) 以及格林恒等式 (4.48) 和 (4.49), 可以得到

$$\begin{aligned}\delta\int_D G\mathrm{d}A=&\int_D\delta(G\mathrm{d}A)=\int_D\Omega_3\mathrm{d}*\mathrm{d}G_{2H}+\oint_C(G_{2H}*\mathrm{d}\Omega_3-\Omega_3*\mathrm{d}G_{2H})\\&+\int_D\Omega_3\mathrm{d}\tilde{*}\tilde{\mathrm{d}}G_K+\oint_C(G_K\tilde{*}\tilde{\mathrm{d}}\Omega_3-\Omega_3\tilde{*}\tilde{\mathrm{d}}G_K)+\oint_C G*\Omega\cdot\mathrm{d}\boldsymbol{r}\\&+\int_D[(4H^2-2K)G_{2H}+2HKG_K-2HG]\Omega_3\mathrm{d}A\\=&\int_D[\nabla^2G_{2H}+\nabla\cdot\tilde{\nabla}G_K+(4H^2-2K)G_{2H}+2HKG_K-2HG]\Omega_3\mathrm{d}A\\&+\oint_C(G_{2H}*\mathrm{d}\Omega_3-\Omega_3*\mathrm{d}G_{2H}+G_K\tilde{*}\tilde{\mathrm{d}}\Omega_3-\Omega_3\tilde{*}\tilde{\mathrm{d}}G_K+G*\Omega\cdot\mathrm{d}\boldsymbol{r}).\end{aligned}\tag{5.2}$$

考虑到 (4.3), 由方程 (4.8) 可得

$$\mathrm{d}\Omega_3=-(a\omega_1+b\omega_2)\Omega_1-(b\omega_1+c\omega_2)\Omega_2+\omega_2\Theta_1-\omega_1\Theta_2,\tag{5.3}$$

$$*\mathrm{d}\Omega_3=(b\omega_1-a\omega_2)\Omega_1+(c\omega_1-b\omega_2)\Omega_2-\omega_1\Theta_1-\omega_2\Theta_2,\tag{5.4}$$

$$\tilde{*}\tilde{\mathrm{d}}\Omega_3=-K\omega_2\Omega_1+K\omega_1\Omega_2-(a\omega_1+b\omega_2)\Theta_1-(b\omega_1+c\omega_2)\Theta_2.\tag{5.5}$$

为简单起见, 考虑标架在边界时, $\boldsymbol{e}_1=\boldsymbol{t}$, $\boldsymbol{e}_2=\boldsymbol{l}$, 根据第 4 章知识, 在曲线上满足 $\omega_1=\mathrm{d}s$, $\omega_2=0$, $a=\kappa_n$, $b=\tau_g$ 以及 $c=2H-\kappa_n$. 上面三式变为

$$\mathrm{d}\Omega_3=-(\kappa_n\Omega_1+\tau_g\Omega_2+\Theta_2)\mathrm{d}s,\tag{5.6}$$

$$*\mathrm{d}\Omega_3=[\tau_g\Omega_1+(2H-\kappa_n)\Omega_2-\Theta_1]\mathrm{d}s,\tag{5.7}$$

$$\tilde{*}\tilde{\mathrm{d}}\Omega_3=[K\Omega_2-\kappa_n\Theta_1-\tau_g\Theta_2]\mathrm{d}s.\tag{5.8}$$

利用 (5.6) 和 (5.8) 两式消去 Θ_2, 并注意到 $\tau_g^2=(2H-\kappa_n)\kappa_n-K$, 可得

$$\tilde{*}\tilde{\mathrm{d}}\Omega_3=[\kappa_n\tau_g\Omega_1+(2H-\kappa_n)\kappa_n\Omega_2-\kappa_n\Theta_1]\mathrm{d}s+\tau_g\mathrm{d}\Omega_3=\kappa_n*\mathrm{d}\Omega_3+\tau_g\mathrm{d}\Omega_3.\tag{5.9}$$

利用定义式 (4.22) 和 (4.24), 我们有

$$\begin{aligned}*\mathrm{d}G_{2H}&=-(\boldsymbol{l}\cdot\nabla G_{2H})\mathrm{d}s,\\\tilde{*}\tilde{\mathrm{d}}G_K&=-(\boldsymbol{l}\cdot\tilde{\nabla}G_K)\mathrm{d}s,\end{aligned}\tag{5.10}$$

从而

$$\begin{aligned}&G_{2H}*\mathrm{d}\Omega_3-\Omega_3*\mathrm{d}G_{2H}+G_K\tilde{*}\tilde{\mathrm{d}}\Omega_3-\Omega_3\tilde{*}\tilde{\mathrm{d}}G_K+G*\Omega\cdot\mathrm{d}\boldsymbol{r}\\=&(\Omega_1\tau_g-\Theta_1)(G_{2H}+G_K\kappa_n)\mathrm{d}s+\Omega_2[(G_{2H}+G_K\kappa_n)(2H-\kappa_n)-G]\mathrm{d}s\\&+\Omega_3\boldsymbol{l}\cdot(\nabla G_{2H}+\tilde{\nabla}G_K)+G_K\tau_g\mathrm{d}\Omega_3\end{aligned}\tag{5.11}$$

利用分部积分法, 可得

$$\begin{aligned}
&\oint_C [G_{2H} * \mathrm{d}\varOmega_3 - \varOmega_3 * \mathrm{d}G_{2H} + G_K \tilde{*}\tilde{\mathrm{d}}\varOmega_3 - \varOmega_3 \tilde{*}\tilde{\mathrm{d}}G_K + G * \varOmega \cdot \mathrm{d}\boldsymbol{r}] \\
&= \oint_C (G_{2H} + G_K\kappa_n)(\varOmega_1\tau_g - \varTheta_1)\mathrm{d}s + \oint_C [(2H-\kappa_n)(G_{2H} + G_K\kappa_n) - G]\varOmega_2 \mathrm{d}s \\
&\quad + \oint_C [\boldsymbol{l} \cdot (\nabla G_{2H} + \tilde{\nabla} G_K) - \frac{\mathrm{d}}{\mathrm{d}s}(G_K\tau_g)]\varOmega_3 \mathrm{d}s. \qquad (5.12)
\end{aligned}$$

另外, 由 $\omega_{12} = \kappa_g \mathrm{d}s$ 以及方程 (4.6) 有

$$\delta \mathrm{d}s = \mathrm{d}\varOmega_1 - \varOmega_2\kappa_g \mathrm{d}s - \varOmega_3\kappa_n \mathrm{d}s. \qquad (5.13)$$

于是

$$\delta \oint_C \mathrm{d}s = \oint_C \delta \mathrm{d}s = -\oint_C [\varOmega_2\kappa_g + \varOmega_3\kappa_n]\mathrm{d}s. \qquad (5.14)$$

考虑到方程 (5.2)、(5.12) 和 (5.14), 可以导出

$$\begin{aligned}
\delta F = &\int_D [\nabla^2 G_{2H} + \nabla \cdot \tilde{\nabla} G_K + (4H^2 - 2K)G_{2H} + 2HKG_K - 2HG]\varOmega_3 \mathrm{d}A \\
&+ \oint_C (G_{2H} + G_K\kappa_n)(\varOmega_1\tau_g - \varTheta_1)\mathrm{d}s \\
&+ \oint_C [(2H-\kappa_n)(G_{2H} + G_K\kappa_n) - G - \gamma\kappa_g]\varOmega_2 \mathrm{d}s \\
&+ \oint_C \left[\boldsymbol{l} \cdot (\nabla G_{2H} + \tilde{\nabla} G_K) - \gamma\kappa_n - \frac{\mathrm{d}}{\mathrm{d}s}(G_K\tau_g)\right]\varOmega_3 \mathrm{d}s. \qquad (5.15)
\end{aligned}$$

由于 $\varOmega_1, \varOmega_2, \varOmega_3$ 的任意性, $\delta F = 0$ 要求曲面上的点满足 [1]:

$$\nabla^2 G_{2H} + \nabla \cdot \tilde{\nabla} G_K + (4H^2 - 2K)G_{2H} + 2HKG_K - 2HG = 0, \qquad (5.16)$$

同时边界曲线上的点满足 [1]:

$$[G_{2H} + G_K\kappa_n]_{\mathrm{C}} = 0, \qquad (5.17)$$

$$[G + \gamma\kappa_g]_{\mathrm{C}} = 0, \qquad (5.18)$$

$$\left[\boldsymbol{l} \cdot (\nabla G_{2H} + \tilde{\nabla} G_K) - \gamma\kappa_n - \frac{\mathrm{d}}{\mathrm{d}s}(G_K\tau_g)\right]_{\mathrm{C}} = 0. \qquad (5.19)$$

上述方程 (5.16) 称为膜的形状方程, 它代表曲面上每一点沿法线方向的力平衡方程. 方程 (5.17)~(5.19) 简称为膜的边界条件, 它们分别代表边界线上的力矩平衡、$\boldsymbol{l}$ 方向的力平衡以及沿着曲面法线方向的力平衡.

需要指出的是, 本章所有的讨论都是基于边界能量简化为线张力的情况, 即式 (5.1) 中第二项. 更复杂的情形是, 边界能量依赖于边界的弯曲情况, 这种情况在文献 [1] 中有所讨论, 并被用来理解内质网不同层之间的螺旋边缘连接 [2, 3].

5.2　带边脂质膜的控制方程与相容条件

Hotani 研究组发现磷脂囊泡可以被 talin 蛋白开孔, 而且蛋白沿着孔边界排列, 使得溶液中带边的磷脂开口泡比较稳定 [4]. 这一发现引发了对带边脂质膜的控制方程 (形状方程 + 边界条件) 的研究 [5-9].

将带边脂质膜简化为带边曲面, 自由能写为

$$F = \int_D \left[\frac{k_c}{2}(2H + c_0)^2 + \bar{k}K + \lambda\right] \mathrm{d}A + \gamma \oint_C \mathrm{d}s, \tag{5.20}$$

其中第一项为 Helfrich 自发曲率弹性能与表面张力能, 第二项为裸露边界的自由能代价.

5.2.1　控制方程

取 $G = (k_c/2)(2H + c_0)^2 + \bar{k}K + \lambda$, 则有 $G_{2H} = k_c(2H + c_0)$ 和 $G_K = \bar{k}$, 代入 5.1 节的式 (5.16)~(5.19), 我们得到带边脂质膜的形状方程为

$$(2H + c_0)(2H^2 - c_0H - 2K) - 2\tilde{\lambda}H + \nabla^2(2H) = 0, \tag{5.21}$$

边界条件为

$$[(2H + c_0) + \tilde{k}\kappa_n]_{\mathrm{C}} = 0, \tag{5.22}$$

$$[(1/2)(2H + c_0)^2 + \tilde{k}K + \tilde{\lambda} + \tilde{\gamma}\kappa_g]_{\mathrm{C}} = 0, \tag{5.23}$$

$$[\boldsymbol{l} \cdot \nabla(2H) - \tilde{\gamma}\kappa_n - \tilde{k}\dot{\tau}_g]_{\mathrm{C}} = 0, \tag{5.24}$$

其中, $\tilde{\lambda} \equiv \lambda/k_c$, $\tilde{k} \equiv \bar{k}/k_c$ 和 $\tilde{\gamma} \equiv \gamma/k_c$ 分别是约化表面张力、约化高斯弯曲模量、约化线张力; κ_n, κ_g 和 τ_g 分别是带边脂质膜的边界曲线的法曲率、测地曲率和测地挠率; $\dot{\tau}_g$ 表示 τ_g 对边界曲线弧长参数的导数. 上述结果与文献 [6] 一致. 方程 (5.22)~(5.24) 代表边界曲线上的力或力矩平衡方程, 因此, 这组方程也适用于描述有多个洞的开口脂质泡的边界条件.

对于轴对称的开口脂质泡, 可以视为如 5.2 所示的平面曲线 C_1C_2 绕 z 轴转一圈产生的曲面. 用 ψ 标记曲线的切线与水平方向的夹角. 曲面上的点的位置矢量可以参数化为 $\boldsymbol{r} = \{\rho\cos\phi, \rho\sin\phi, z(\rho)\}$, 其中 ρ 和 ϕ 分别是轮廓线上点的旋转半径和旋转方位角. 引入一个符号函数 σ, 当 $\boldsymbol{t}$ 与 $\partial\boldsymbol{r}/\partial\phi$ 平行时其取值为 1, 反平行时取值为 -1. 在轴对称情形下, 端点 C_1 或 C_2 对应的边界曲线的一些相关几何量可以表示为 $\kappa_n = -\sin\psi/\rho$, $\kappa_g = -\sigma\cos\psi/\rho$, $\tau_g = 0$, $2H = -h \equiv -\sin\psi/\rho - (\sin\psi)'$,

$K \equiv \sin\psi(\sin\psi)'/\rho$, $\boldsymbol{l}\cdot\nabla(2H) = -\sigma\cos\psi h'$. 这样, 形状方程和边界条件转化为

$$(h-c_0)\left(\frac{h^2}{2}+\frac{c_0h}{2}-2K\right)-\tilde{\lambda}h+\frac{\cos\psi}{\rho}(\rho\cos\psi h')'=0, \tag{5.25}$$

$$\left[h-c_0+\tilde{k}\sin\psi/\rho\right]_C=0, \tag{5.26}$$

$$\left[\frac{1}{2}(h-c_0)^2+\tilde{k}K+\tilde{\lambda}-\sigma\tilde{\gamma}\frac{\cos\psi}{\rho}\right]_C=0, \tag{5.27}$$

$$[-\sigma\cos\psi h'+\tilde{\gamma}\sin\psi/\rho]_C=0, \tag{5.28}$$

其中 C 代表平面曲线的端点 C_1 或 C_2. 本章“撇号”表示几何量对 ρ 求导数.

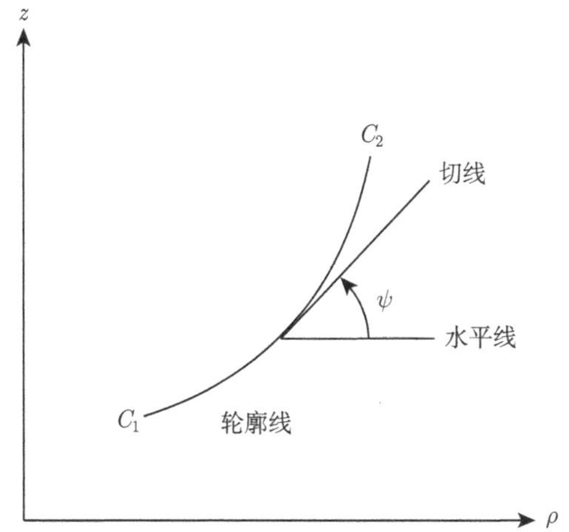

图 5.2 轴对称开口脂质泡轮廓线示意图

5.2.2 相容条件

带边脂质膜的边界曲线上的点比较特殊, 既要满足形状方程 (5.21), 又要同时满足三个边界条件 (5.22)~(5.24). 因此不是所有满足形状方程的曲面上都能找到曲线作为边界同时满足三个边界条件. 那些满足形状方程且能找到曲线作为其边界同时满足三个边界条件的曲面需要满足一些额外的约束, 这些约束被称为相容条件. 下面讨论可能的相容条件.

自由能 (5.20) 可以化成如下形式:

$$F=\int[(k_c/2)(2H)^2+\bar{k}K]\mathrm{d}A+2k_cc_0\int H\mathrm{d}A+(\lambda+k_cc_0^2/2)A+\gamma L. \tag{5.29}$$

考虑比例变换, $\boldsymbol{r}\to\Lambda\boldsymbol{r}$, 其中 $\boldsymbol{r}$ 代表曲面上的点, Λ 代表缩放参数 [10]. A 和 L 分别代表曲面的表面积以及边界曲线的长度. 在比例变换下, 它们分别满足 $A\to\Lambda^2A$

和 $L \to \Lambda L$. 而平均曲率和高斯曲率分别满足 $H \to \Lambda^{-1}H$ 和 $K \to \Lambda^{-2}K$. 这样, 上述自由能 (5.29) 化为

$$F(\Lambda) = \int [(k_c/2)(2H)^2 + \bar{k}K]\mathrm{d}A + 2k_c c_0 \Lambda \int H\mathrm{d}A + (\lambda + k_c c_0^2/2)\Lambda^2 A + \gamma \Lambda L. \quad (5.30)$$

平衡形状应该满足：当 $\Lambda = 1$ 时, $\partial F/\partial \Lambda = 0$. 于是, 我们得到第一类相容条件 [11]：

$$2c_0 \int H\mathrm{d}A + (2\tilde{\lambda} + c_0^2)A + \tilde{\gamma}L = 0. \quad (5.31)$$

对于轴对称情形, 会多出一些约束. 根据第 4 章的知识, 形状方程 (5.25) 存在首次积分, 可以化为

$$\cos\psi h' + (h - c_0)\sin\psi\psi' - \tilde{\lambda}\tan\psi + \frac{\eta_0}{\rho\cos\psi} - \frac{\tan\psi}{2}(h - c_0)^2 = 0, \quad (5.32)$$

其中 η_0 是常量. 边界上的点首先要满足形状方程或其等价形式 (5.32), 另外还得同时满足三个边界条件 (5.26)~(5.28). 将三个边界条件代入形状方程 (5.32), 我们导出第二类相容条件 [11]：

$$\eta_0 = 0. \quad (5.33)$$

在此条件下, 形状方程可以进一步简化为

$$\cos\psi h' + (h - c_0)\sin\psi\psi' - \tilde{\lambda}\tan\psi - \frac{\tan\psi}{2}(h - c_0)^2 = 0, \quad (5.34)$$

同时三个边界条件退化为两个, 例如保留 (5.26) 和 (5.27) 两式.

5.3 解析特解

下面寻找满足带边脂质膜形状方程和边界条件的解析特解. 一个显然的平凡解是半径为 R 的平面圆盘. 此时形状方程与边界条件退化为一个方程

$$\tilde{\lambda}R + \tilde{\gamma} = 0. \quad (5.35)$$

是否能找到其他的解析特解呢?

5.3.1 不存在性定理

在第 4 章讨论中, 我们已经知道有一些曲面能够满足形状方程 (5.21), 这些曲面包括常平面曲率曲面、双凹碟面、克利福德环面等. 在这些曲面上是否存在闭曲线满足边界条件 (5.22)~(5.24) 呢? 我们将证明如下不存在性定理：对于非零的线张力, 不存在带边曲面作为如下曲面的一部分：非零常平面曲率曲面 (球面、柱

面、Delaunay 波纹柱面等), 双凹碟面 (轴对称边界), Willmore 曲面 (克利福德环面、Dupin 环面等).

这个定理的原始证明请参考文献 [11] 和 [12]. 这里我们给出更完整的证明.

首先, 考虑球面的情况. 对于半径为 R 的球面, 可以计算出平均曲率 $H = -1/R$, 球面上任意曲线的法曲率 $\kappa_n = -1/R$, 测地挠率 $\tau_g = 0$. 代入边界条件 (5.24), 发现其得不到满足. 因此, 不存在带边曲面作为球面的一部分. 其次, 考虑柱面的情形. 对于半径为 R 的柱面, 其上的曲线法曲率为 $\kappa_n = -\cos^2\theta/R$, 其中 θ 是曲线线元与周向的夹角. 如果 $\tilde{k} = 0$, 则边界条件 (5.24) 导致 $\kappa_n = 0$, 那么 $\theta = \pi/2$. 显然, 此方向与轴向平行, 该方向曲线不可能是闭合的. 如果 $\tilde{k} \neq 0$, 则边界条件 (5.22) 要求 $\kappa_n = (c_0 - 1/R)/\tilde{k}$, 即 θ 是常数, 唯一的闭曲线是圆周, 即 $\theta = 0$ 且 $\kappa_n = -1/R$. 当 $\theta = 0$ 时, 圆周的测地挠率 $\tau_g = 0$, 这与边界条件 (5.24) 矛盾. 因此, 不存在带边曲面作为柱面的一部分. 由于边界条件 (5.24) 代表边界上的点沿曲面法向的力平衡条件, 因此, 上述证明表明球面和柱面上的闭曲线不能使得其上的每一点法线方向力平衡.

接下来, 考虑非零常平均曲率曲面. 对于非柱面的常平均曲率曲面, 高斯曲率不为零, 因此形状方程 (5.21) 要求 $H = -c_0/2 \neq 0$ 且 $\tilde{\lambda} = 0$. 由于线张力存在, $\gamma \neq 0$, 因此相容条件 (5.31) 得不到满足, 这表明不存在带边曲面作为非零常平均曲率曲面的一部分.

接下来, 考虑轴对称的带边曲面是否可以作为双凹碟面的一部分. 双凹碟面的侧棱线可以用 $\sin\psi = c_0\rho\ln(\rho/\rho_B)$ 产生. 将其代入形状方程 (5.32), 得到 $\tilde{\lambda} = 0$ 且 $\eta_0 = -2c_0$. 由于 $c_0 \neq 0$, 所以 $\eta_0 \neq 0$, 这与相容条件 (5.33) 矛盾. 因此, 轴对称的带边曲面不可以作为双凹碟面的一部分.

最后, 考虑 Willmore 曲面 [13]. Willmore 曲面所满足的方程是形状方程 (5.21) 在 $\tilde{\lambda} = 0$ 且 $c_0 = 0$ 时的特例. 由于 $\tilde{\gamma}L > 0$, 因此当 $\tilde{\lambda} = 0$ 且 $c_0 = 0$ 时, 相容条件 (5.31) 得不到满足. 所以, 不存在带边曲面作为 Willmore 曲面的一部分.

5.3.2 带边极小曲面

上述证明中, 没有考虑平均曲率为零, 即极小曲面的情况. 当 $\lambda \neq 0$ 且 $c_0 = 0$ 时, $H = 0$ 满足形状方程 (5.21), 并且与相容条件 (5.33) 和 (5.31) 无矛盾.

一方面, 如果 $\tilde{k} = 0$, 边界条件 (5.22) 自动被满足, 而边界条件 (5.24) 要求 $\kappa_n = 0$, 那么边界条件 (5.23) 要求 $\kappa_g = -\tilde{\lambda}/\tilde{\gamma}$, 即边界曲线的测地曲率 κ_g 是常量.

另一方面, 如果 $\tilde{k} \neq 0$, 边界条件 (5.22) 要求 $\kappa_n = 0$, 此时, 边界条件 (5.24) 要求测地挠率 $\tau_g =$ 常量. 根据式 (3.28), 我们得到高斯曲率 K 为常量, 代入式 (5.23) 仍旧要求测地曲率 κ_g 为常量.

因此, 问题转化为是否存在带边的极小曲面, 边界曲线的法曲率为零, 而测地曲率为常量. 这种带边极小曲面被称为极小测地圆盘. 显然, 前面谈到的平面圆盘是一个极小测地圆盘. 我们猜想: 对于光滑边界的单连通区域, 平面圆盘是唯一的极小测地圆盘 [14, 15]. 最近, 我们注意到, 基于 Koch 和 Fischer 关于极小曲面平坦点的工作 [16], Giomi 和 Mahadevan 认为在非平面的极小曲面上渐近线不可能作为光滑边界围出一块单连通区域 [17]. 由于渐近线满足 $\kappa_n = 0$, 由此可以推出除了平面圆盘外, 不存在其他的极小测地圆盘.

5.3.3 准精确解

上述讨论表明, 寻找严格的解析解很困难. 那么是否能找到准精确解呢? 这里我们将准精确解定义为曲面本身满足形状方程, 曲面边界线仅仅在少数点不满足边界条件. 事实上, 根据上两节的证明不难看出存在如图 5.3 所示的两个准精确解: 一个是柱面沿着轴向切出的直条带, 另一个是扭转条带 (它是极小曲面的一部分).

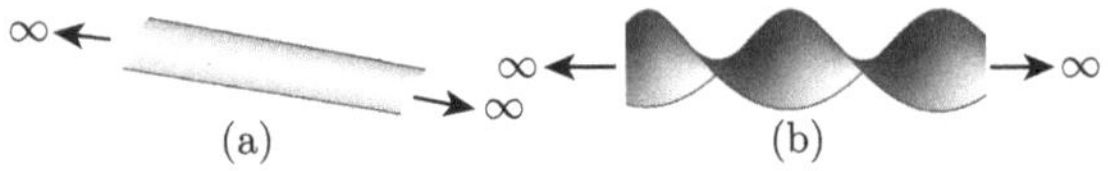

图 5.3　两个准精确解: 柱面沿着轴向切出的直条带 (a) 以及扭转条带 (b)

考虑半径为 R 的柱面, 代入形状方程 (5.21), 得到 $\tilde{\lambda} = (1 - c_0^2R^2)/2R^2$. 柱面上沿着轴向切出的条带, 其边界曲线满足 $\kappa_n = \kappa_g = \tau_g = 0$, 因此自动满足边界条件 (5.22) 和 (5.24). 剩下的边界条件 (5.23) 要求 $\tilde{\lambda} = (1 - c_0R)^2/2R^2$, 因此唯一可能的情况是 $\tilde{\lambda} = 0$ 且 $R = 1/c_0$. 也就是说, 在半径为 $R = 1/c_0$ 的柱面上, 与轴向平行的条带是准精确解, 边界上仅仅在无穷远端不满足边界条件.

接下来考虑扭转条带, 其周期和宽度分别记为 T 和 $2u_0$. 条带上的点可以用如下参数化方程来表示: $\{u\cos\varphi, u\sin\varphi, \alpha\varphi\}$, 其中 $|\alpha| = T/2\pi$, $|u| \leqslant u_0$, $|\varphi| < \infty$. 通过简单计算, 可以得到扭转条带的平均曲率为零, 即该条带是极小曲面的一部分. 高斯曲率为

$$K = -\alpha^2/(u^2+\alpha^2)^2. \tag{5.36}$$

对于 $u = \pm u_0$ 边界上的点, 则有

$$\kappa_n = 0, \quad K = -\alpha^2/(u_0^2+\alpha^2)^2, \tag{5.37}$$

$$\kappa_g = u_0/(u_0^2+\alpha^2), \quad \tau_g = \alpha/(u_0^2+\alpha^2). \tag{5.38}$$

当 $c_0 = 0$ 时, 由式 (5.36) 及 $H = 0$ 可知形状方程 (5.21) 得以满足. 由式 (5.37) 和式 (5.38) 可知边界条件 (5.22) 和 (5.24) 自动满足. 剩下的边界条件 (5.23) 要求 $\tilde{\lambda} = [\tilde{k}\alpha^2 - \tilde{\gamma}u_0(u_0^2+\alpha^2)]/(u_0^2+\alpha^2)^2$, 当参数 $\tilde{\lambda}$、$\tilde{k}$、$\tilde{\gamma}$ 给定时, 它给出了扭转条带半宽带 u_0 以及螺距 α 之间的关系.

至此, 我们发现解析求解带边脂质膜的问题十分困难, 因此, 在数值上处理该问题十分必要, 这里不再赘述, 详细讨论请参考文献 [18] 和 [19].

参 考 文 献

[1] Tu Z C, Ou-Yang Z C. A Geometric Theory on The Elasticity of Bio-Membranes. J. Phys. A: Math. Gen, 2004, **37**: 11407.

[2] Terasaki M, Shemesh T, Kasthuri N, et al, Stacked Endoplasmic Reticulum Sheets Are Connected by Helicoidal Membrane Motifs. Cell, 2013, **154**: 285.

[3] Guven J, Huber G, Valencia D M. Terasaki Spiral Ramps in the Rough Endoplasmic Reticulum. Phys. Rev. Lett, 2014, **113**: 188101.

[4] Saitoh A, Takiguchi K, Tanaka Y, et al. Opening-up of Liposomal Membranes by Talin. Proc. Natl. Acad. Sci, 1998, **95**: 1026.

[5] Capovilla R, Guven J, Santiago J A. Lipid Membranes with an Edge. Phys. Rev, E, 2002, **66**: 021607.

[6] Tu Z C, Ou-Yang Z C. Lipid Membranes with Free Edges. Phys. Rev, E, 2003, **68**, 061915.

[7] Umeda T, Suezaki Y, Takiguchi K, et al. Theoretical Analysis of Opening-Up Vesicles with Single and Two Holes. Phys. Rev, E, 2005, **71**: 011913.

[8] Yin Y J, Yin J, Ni D. General Mathematical Frame for Open or Closed Biomembranes (Part I): Equilibrium Theory and Geometrically Constraint Equation. J. Math. Biol, 2005, **51**: 403.

[9] Zhou X H, Zhang X J, Liu Y S, et al. Open Vesicles with Two Edges. Int. J. Mod. Phys, B, 2010, **24**: 2113.

[10] Capovilla R, Guven J. Stresses in Lipid Membranes. J. Phys. A: Math. Gen, 2002, **35**: 6233.

[11] Tu Z C. Compatibility between Shape Equation and Boundary Conditions of Lipid Membranes with Free Edges. J. Chem. Phys, 2010, **132**: 084111.

[12] Tu Z C. Geometry of Membranes. J. Geom. Symmetry Phys, 2011, **24**: 45.

[13] Willmore T. An Introduction to Differential Geometry. Oxford: Oxford University Press, 1982.

[14] Tu Z C. Challenges in Theoretical Investigations of Configurations of Lipid Membranes. Chin. Phys, B, 2013, **22**: 028701.

[15] Tu Z C, Ou-Yang Z C. Recent Theoretical Advances in Elasticity of Membranes following Helfrich's Spontaneous Curvature Model. Adv. Colloid Interface Sci, 2014, **208**: 66.

[16] Koch E, Fischer W. Flat Points of Minimal Balance Surfaces. Acta Cryst, A, 1990, **46**: 33.

[17] Giomi L, Mahadevan L. Minimal Surfaces Bounded by Elastic Lines. Proc. R. Soc, A, 2012, **468**: 1851.

[18] Wang X, Du Q. Modelling and Simulations of Multi-Component Lipid Membranes and Open Membranes via Diffuse Interface Approaches. J. Math. Biol, 2008, **56**: 347.

[19] Kong X B, Zhang S G. Exploring New Opening-Up Membrane Vesicles of two Holes by Using the Relaxation Method. Acta Physica Sinica, 2016, **65**: 068701.

第 6 章 出芽脂质囊泡的颈端连接条件

细胞的胞质分裂是细胞繁殖所经历的重要过程. 在此过程中, 质膜下方由肌动蛋白细丝和肌球马达蛋白聚集形成一个收缩环. 当马达蛋白产生收缩力时, 将细胞拉成一个脖子状的膜管连接两个子细胞的形状. 当收缩力达到足够大时, 颈段膜管尺寸足够小, 被掐断形成两个独立的子细胞. 在物理上通常用脂质囊泡的出芽来模拟胞质分裂, 收缩环的贡献被简化为线张力. 出芽过程中囊泡的形态由多个物理因素决定 [1−10], 包括膜的自发曲率、膜的弯曲刚度、收缩环贡献的线张力. 本章主要讨论出芽脂质囊泡极限形状的颈端连接条件.

6.1 颈端条件猜想

在不考虑线张力的情况下, Seifert 等 [1] 讨论了轴对称均质磷脂囊泡的分裂问题. 通过优化 Helfrich 自由能 [11], 他们由数值计算发现一个无限细的颈部连接两个球形子囊泡的构形满足

$$\frac{1}{R^{\mathrm{I}}}+\frac{1}{R^{\mathrm{II}}}=c_0, \tag{6.1}$$

其中, c_0 是脂质膜的自发曲率, R^{I} 和 R^{II} 分别代表两个球形子囊泡的半径. 假定测试构形为两个子半球由一个悬链线状的颈部连接而成, 通过极小化 Helfrich 自由能, Fourcade 等解析地证明了当颈部半径趋于零时, 式 (6.1) 是成立的.

Jülicher 和 Lipowsky 随后考虑了如图 6.1 所示的两相膜组成的脂质囊泡. 除了膜的弯曲弹性以外, 分界线上存在线张力的贡献, 两相囊泡的自由能写为 [3]

$$\begin{aligned}F=&\frac{k_c^{\mathrm{I}}}{2}\int_{D^{\mathrm{I}}}(2H^{\mathrm{I}}+c_0^{\mathrm{I}})^2\mathrm{d}A^{\mathrm{I}}+\frac{k_c^{\mathrm{II}}}{2}\int_{D^{\mathrm{II}}}(2H^{\mathrm{II}}+c_0^{\mathrm{II}})^2\mathrm{d}A^{\mathrm{II}}\\&+\lambda^{\mathrm{I}}A^{\mathrm{I}}+\lambda^{\mathrm{II}}A^{\mathrm{II}}+\gamma\oint_C\mathrm{d}s+pV.\end{aligned} \tag{6.2}$$

上式中第一行的两项表示不考虑高斯弯曲模量时的 Helfrich 自发曲率自由能, H^α $(\alpha=\mathrm{I},\mathrm{II})$ 表示 α 相模的平均曲率. 需要注意的是, 这里平均曲率的定义与 Jülicher 和 Lipowsky 的工作 [3] 中的定义相差一个负号. k_c^α、c_0^α、λ^α 和 A^α 分别代表 $\alpha(\alpha=\mathrm{I},\mathrm{II})$ 相模的弯曲模量、自发曲率、表面张力和表面积; D^{I} 和 D^{II} 分别代表 I 相和 II 相膜的区域; γ 代表两相膜分界线 C 的线张力; 而 p 和 V 分别代表出芽囊泡的渗透压和总体积.

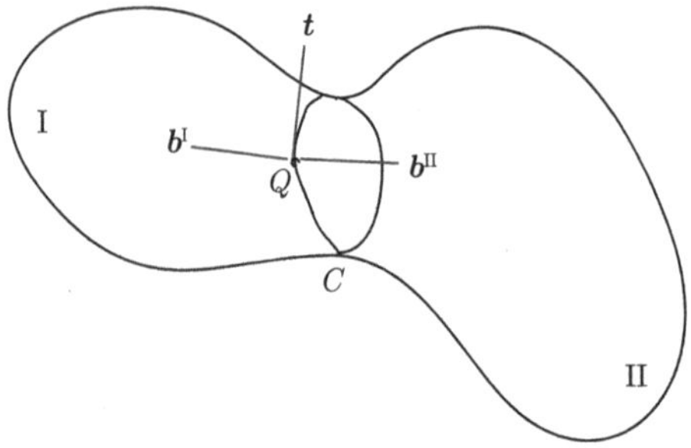

图 6.1　两相膜示意图

通过数值优化上述自由能 (6.2), 他们发现一个无限细的颈部连接两个球形子囊泡的构形满足

$$\frac{k_c^{\rm I}}{R^{\rm I}}+\frac{k_c^{\rm II}}{R^{\rm II}}=\frac{1}{2}(k_c^{\rm I}c_0^{\rm I}+k_c^{\rm II}c_0^{\rm II}+\gamma), \tag{6.3}$$

其中, $R^{\rm I}$ 和 $R^{\rm II}$ 代表两个球的半径. 他们采用类似于 Fourcade 等的方案证明了式 (6.3) 成立. 他们进一步通过数值计算, 研究了一个很细的颈部连接两个非球形的轴对称子囊泡, 发现颈部无限细时, 即极限形状下, 颈端分界线附近两侧的平均曲率满足

$$k_c^{\rm I}\left(2H_\epsilon^{\rm I}+c_0^{\rm I}\right)+k_c^{\rm II}\left(2H_\epsilon^{\rm II}+c_0^{\rm II}\right)+\gamma=0. \tag{6.4}$$

这里 $H_\epsilon^{\rm I}$ 和 $H_\epsilon^{\rm II}$ 表示颈端附近两侧的点的平均曲率. 此外, 为了标记颈端附近的含义, 我们特地在上述方程 H 下方加了下标 ϵ. 等式 (6.4) 被称为颈端条件. Jülicher 和 Lipowsky 等猜测这个颈端条件普遍成立, 尽管他们只有轴对称情况下数值模拟的证据. 颈端条件猜想引发了一系列关于两相膜的后续研究 [12-19]. 然而, 这个猜想正确与否并未得到证实, Jülicher 和 Lipowsky 也没有指出该猜想在颈端附近多近才成立. 本节将证明该颈端条件猜想普遍成立, 不仅适用于对称分裂囊泡的极限形状, 也适用于非对称分裂囊泡的极限形状. 这个证明由杨盼等首次给出 [20].

首先, 将极限形状定义为两个子囊泡由一个无限细的颈部连接的构形, 从宏观上看两个子囊泡似乎相切于一个连接点. 因此, 分裂囊泡处于极限形状时涉及多个空间尺度. 第一个是囊泡的特征尺度, 记为 l_v. 利用囊泡的形状方程, 可以推导出 l_v 的量级处在自发曲率的倒数和表面张力与渗透压之比中的较小者. 亦即可以表示为

$$l_v\simeq\min\{1/c_0^{\rm I},1/c_0^{\rm II},\lambda^{\rm I}/p,\lambda^{\rm II}/p\}, \tag{6.5}$$

其中, λ^α 和 p 分别表示 α (= I, II) 相的表面张力以及囊泡的渗透压. 第二个尺度是无限细的颈部的特征尺度, 记为 l_n. 显然 l_n 远远小于 l_v. 尽管沿着脖子线一圈每个点的曲率不同, 我们期望它们的量级差别不大, 这样可以定义

$$l_n\simeq 1/\kappa_m, \tag{6.6}$$

其中, κ_m 是脖子线上点的最大曲率. 由于 $l_n \ll l_v$, 二者可分别称为极限形状的微观和宏观尺度. 根据二者还可以定义一个介观尺度 l_i, 它满足

$$l_i = \sqrt{l_n l_v}\ . \tag{6.7}$$

很显然, 当 $l_n \ll l_v$ 时, 有 $l_n \ll l_i \ll l_v$.

公式 (6.4) 中 ϵ 刻画了颈部附近的点离脖子线 (尺度最细的地方) 有多近. 下面对 ϵ 的几何意义作更明确的说明. 如图 6.2 所示, 对于脖子线 (图中的虚线) 上的任意一点 Q, 可作出脖子线在该点的单位切矢量 $\boldsymbol{t}$、法矢量 $\boldsymbol{N}$ 以及副法矢量 $\boldsymbol{b}$. 矢量 $\boldsymbol{N}$ 和 $\boldsymbol{b}$ 所确定的平面与出芽囊泡的交线记为 R. 在 $\boldsymbol{N}$ 的负方向取一点 Q', 其到 Q 点的距离记为 ϵ. 过 Q' 点作矢量 $\boldsymbol{b}$ 的平行线, 其与曲线 R 交于点 P_1 和 P_2. 颈端条件 (6.4) 中 H_ϵ^{I} 和 H_ϵ^{II} 分别代表膜曲面在点 P_1 和 P_2 处的曲率. 在接下来的讨论中, 我们将证明, 当

$$l_n \ll \epsilon \ll l_i \tag{6.8}$$

时, 颈端条件 (6.4) 成立. 这一结论不依赖于出芽囊泡是轴对称的还是非轴对称的.

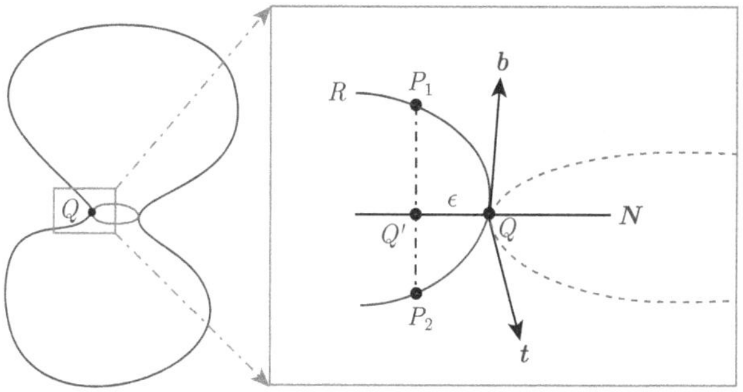

图 6.2 公式 (6.4) 中 ϵ 的几何含义示意图 [20]

6.2 两相膜的形状方程和分界线的连接条件

考虑更一般的两相膜, 其自由能表示为如下形式:

$$F = \int_{D^{\mathrm{I}}} G^{\mathrm{I}} \mathrm{d}A + \int_{D^{\mathrm{II}}} G^{\mathrm{II}} \mathrm{d}A + \gamma \oint_C \mathrm{d}s + pV, \tag{6.9}$$

其中 $G^\alpha = G(2H^\alpha, K^\alpha)$ ($\alpha = \mathrm{I}, \mathrm{II}$). 采用第 5 章开口脂质囊泡类似的计算过程, 可

以得到自由能的变分为

$$\begin{aligned}\delta F=&\int_{D^{\mathrm{I}}}[\nabla^2 G_{2H}^{\mathrm{I}}+\nabla\cdot\tilde{\nabla}G_K^{\mathrm{I}}+(4H^{\mathrm{I}2}-2K^{\mathrm{I}})G_{2H}^{\mathrm{I}}+2H^{\mathrm{I}}K^{\mathrm{I}}G_K^{\mathrm{I}}-2H^{\mathrm{I}}G^{\mathrm{I}}]\Omega_3\mathrm{d}A\\&+\oint_{\partial D^{\mathrm{I}}}[G_{2H}^{\mathrm{I}}*\mathrm{d}\Omega_3-\Omega_3*\mathrm{d}G_{2H}^{\mathrm{I}}+G_K^{\mathrm{I}}\tilde{*}\tilde{\mathrm{d}}\Omega_3-\Omega_3\tilde{*}\tilde{\mathrm{d}}G_K^{\mathrm{I}}+G^{\mathrm{I}}*\Omega\cdot\mathrm{d}\boldsymbol{r}]\\&+\int_{D^{\mathrm{II}}}[\nabla^2 G_{2H}^{\mathrm{II}}+\nabla\cdot\tilde{\nabla}G_K^{\mathrm{II}}+(4H^{\mathrm{II}2}-2K^{\mathrm{II}})G_{2H}^{\mathrm{II}}+2H^{\mathrm{II}}K^{\mathrm{II}}G_K^{\mathrm{II}}-2H^{\mathrm{II}}G^{\mathrm{II}}]\Omega_3\mathrm{d}A\\&+\oint_{\partial D^{\mathrm{II}}}[G_{2H}^{\mathrm{II}}*\mathrm{d}\Omega_3-\Omega_3*\mathrm{d}G_{2H}^{\mathrm{II}}+G_K^{\mathrm{II}}\tilde{*}\tilde{\mathrm{d}}\Omega_3-\Omega_3\tilde{*}\tilde{\mathrm{d}}G_K^{\mathrm{II}}+G^{\mathrm{II}}*\Omega\cdot\mathrm{d}\boldsymbol{r}]\\&-\gamma\oint_C[\Omega_2\kappa_g+\Omega_3\kappa_n]\mathrm{d}s+p\left[\int_{D^{\mathrm{I}}}\Omega_3\mathrm{d}A+\int_{D^{\mathrm{II}}}\Omega_3\mathrm{d}A\right].\end{aligned}\tag{6.10}$$

其中 ∂D^{I} 和 ∂D^{II} 分别代表区域 D^{I} 和 D^{II} 的有向边界. 当沿着曲线 C 的切矢量方向行走时, 区域 I 在曲线 C 的左边, 而区域 II 在曲线 C 的右边. 因此 $\partial D^{\mathrm{I}}=C$ 而 $\partial D^{\mathrm{II}}=-C$. 这样, 仿照开口脂质囊泡的计算思路, 上述变分可以进一步化成

$$\begin{aligned}\delta F=&\int_{D^{\mathrm{I}}}\left[\nabla^2 G_{2H}^{\mathrm{I}}+\nabla\cdot\tilde{\nabla}G_K^{\mathrm{I}}+\left(4H^{\mathrm{I}2}-2K^{\mathrm{I}}\right)G_{2H}^{\mathrm{I}}+2H^{\mathrm{I}}K^{\mathrm{I}}G_K^{\mathrm{I}}-2H^{\mathrm{I}}G^{\mathrm{I}}+p\right]\Omega_3\mathrm{d}A\\&+\int_{D^{\mathrm{II}}}\left[\nabla^2 G_{2H}^{\mathrm{II}}+\nabla\cdot\tilde{\nabla}G_K^{\mathrm{II}}+\left(4H^{\mathrm{II}2}-2K^{\mathrm{II}}\right)G_{2H}^{\mathrm{II}}+2H^{\mathrm{II}}K^{\mathrm{II}}G_K^{\mathrm{II}}-2H^{\mathrm{II}}G^{\mathrm{II}}\right.\\&\left.+p\right]\Omega_3\mathrm{d}A+\oint_C\left[\left(G_{2H}^{\mathrm{I}}+G_K^{\mathrm{I}}\kappa_n\right)-\left(G_{2H}^{\mathrm{II}}+G_K^{\mathrm{II}}\kappa_n\right)\right](\Omega_1\tau_g-\Theta_1)\mathrm{d}s\\&+\oint_C\Omega_2[(2H^{\mathrm{I}}-\kappa_n)(G_{2H}^{\mathrm{I}}+G_K^{\mathrm{I}}\kappa_n)-(2H^{\mathrm{II}}-\kappa_n)(G_{2H}^{\mathrm{II}}+G_K^{\mathrm{II}}\kappa_n)-(G^{\mathrm{I}}\\&-G^{\mathrm{II}})-\gamma\kappa_g]\mathrm{d}s+\oint_C\left[\boldsymbol{b}^{\mathrm{I}}\cdot\left(\nabla G_{2H}^{\mathrm{I}}+\tilde{\nabla}G_K^{\mathrm{I}}\right)+\boldsymbol{b}^{\mathrm{II}}\cdot\left(\nabla G_{2H}^{\mathrm{II}}+\tilde{\nabla}G_K^{\mathrm{II}}\right)\right.\\&\left.-\frac{\mathrm{d}}{\mathrm{d}s}\left(G_K^{\mathrm{I}}\tau_g-G_K^{\mathrm{II}}\tau_g\right)-\gamma\kappa_n\right]\Omega_3\mathrm{d}s.\end{aligned}\tag{6.11}$$

由于 Ω_1、Ω_2、Ω_3 和 Θ_1 相互独立, 具有任意性, 由上式等于零可以得到曲面上的点需要满足形状方程

$$\nabla^2 G_{2H}^{\alpha}+\nabla\cdot\tilde{\nabla}G_K^{\alpha}+(4H^{\alpha2}-2K^{\alpha})G_{2H}^{\alpha}+2H^{\alpha}K^{\alpha}G_K^{\alpha}-2H^{\alpha}G^{\alpha}+p=0,(\alpha=\mathrm{I},\mathrm{II}),\tag{6.12}$$

同时分界线 C 上的点满足如下三个连接条件:

$$G_{2H}^{\mathrm{I}}+G_K^{\mathrm{I}}\kappa_n=G_{2H}^{\mathrm{II}}+G_K^{\mathrm{II}}\kappa_n,\tag{6.13}$$

$$\boldsymbol{b}^{\mathrm{I}}\cdot(\nabla G_{2H}^{\mathrm{I}}+\tilde{\nabla}G_K^{\mathrm{I}})+\boldsymbol{b}^{\mathrm{II}}\cdot(\nabla G_{2H}^{\mathrm{II}}+\tilde{\nabla}G_K^{\mathrm{II}})=\frac{\mathrm{d}}{\mathrm{d}s}[(G_K^{\mathrm{I}}-G_K^{\mathrm{II}})\tau_g]+\gamma\kappa_n,\tag{6.14}$$

$$2H^{\mathrm{I}}\left(G_{2H}^{\mathrm{I}}+G_K^{\mathrm{I}}\kappa_n\right)-2H^{\mathrm{II}}\left(G_{2H}^{\mathrm{II}}+G_K^{\mathrm{II}}\kappa_n\right)=G^{\mathrm{I}}-G^{\mathrm{II}}+\gamma\kappa_g.\tag{6.15}$$

对于脂质膜, 在不考虑高斯弯曲模量或者两相膜有相同高斯弯曲模量时, 自由能取式 (6.2) 形式 (根据高斯–波涅公式知, 当两相膜有相同高斯弯曲模量时多出一个常数项), 即 $G^\alpha = \dfrac{k_c^\alpha}{2}(2H^\alpha + c_0^\alpha)^2 + \lambda^\alpha$ $(\alpha = \mathrm{I}, \mathrm{II})$, 其中 k_c^α、c_0^α 和 λ^α 分别代表 α 相膜的弯曲刚度、自发曲率、表面张力. 此时, 脂质膜的形状方程变为

$$k_c^\alpha(2H^\alpha + c_0^\alpha)[2(H^\alpha)^2 - c_0^\alpha H^\alpha - 2K^\alpha] + k_c^\alpha \nabla^2(2H^\alpha) - 2\lambda^\alpha H^\alpha + p = 0, (\alpha = \mathrm{I}, \mathrm{II}). \tag{6.16}$$

分界线的连接条件为

$$k_c^{\mathrm{I}}(2H^{\mathrm{I}} + c_0^{\mathrm{I}}) = k_c^{\mathrm{II}}(2H^{\mathrm{II}} + c_0^{\mathrm{II}}), \tag{6.17}$$

$$\frac{\partial\left[k_c^{\mathrm{I}}(2H^{\mathrm{I}} + c_0^{\mathrm{I}})\right]}{\partial \boldsymbol{b}^{\mathrm{I}}} + \frac{\partial\left[k_c^{\mathrm{II}}(2H^{\mathrm{II}} + c_0^{\mathrm{II}})\right]}{\partial \boldsymbol{b}^{\mathrm{II}}} = \gamma\kappa_n, \tag{6.18}$$

$$\frac{k_c^{\mathrm{I}}}{2}[4(H^{\mathrm{I}})^2 - (c_0^{\mathrm{I}})^2] - \frac{k_c^{\mathrm{II}}}{2}[4(H^{\mathrm{II}})^2 - (c_0^{\mathrm{II}})^2] = \lambda^{\mathrm{I}} - \lambda^{\mathrm{II}} + \gamma\kappa_g. \tag{6.19}$$

需要指出的是, 如果将两相膜看成是两个带边脂质囊泡在分界线上的对接, 则上述连接条件从带边脂质膜的边界条件经过简单的拼凑直接就能写出来.

6.3 轴对称情形下颈端条件猜想的证明

为了对一般情形下的颈端条件猜想的证明有更直观的理解, 我们先在轴对称情形下对颈端条件猜想进行证明.

轴对称囊泡可以由图 6.3 所示的侧棱线 $z = z(\rho)$ 绕 z 轴旋转一周得到. 曲面参数化方程为

$$x = \rho\cos\phi \ , \ y = \rho\sin\phi \ , \ z = \int \tan\psi(\rho)\mathrm{d}\rho, \tag{6.20}$$

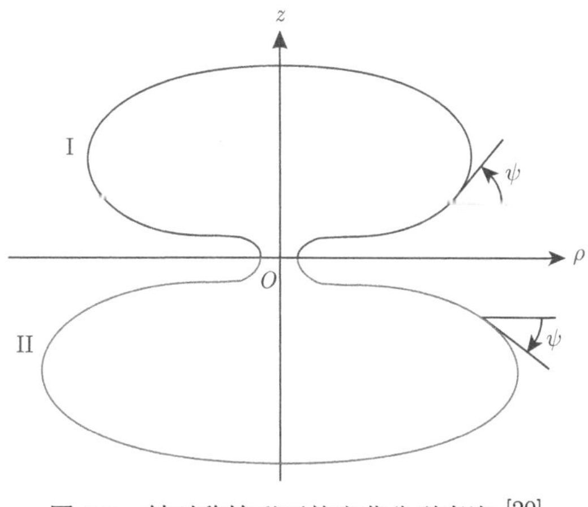

图 6.3 轴对称情形下的出芽分裂囊泡 [20]

其中, ϕ 是柱坐标的方位角, ψ 是侧棱线的切线与水平方向的夹角. 对于 I 相和 II 相, 如图 6.3 所示, ψ 的正方向定义相反.

计算出相应的平均曲率和高斯曲率表达式, 代入形状方程可得

$$\begin{aligned}
&\cos^3\psi\frac{\mathrm{d}^3\psi}{\mathrm{d}\rho^3}-4\sin\psi\cos^2\psi\frac{\mathrm{d}\psi}{\mathrm{d}\rho}\frac{\mathrm{d}^2\psi}{\mathrm{d}\rho^2}+\frac{2\cos^3\psi}{\rho}\frac{\mathrm{d}^2\psi}{\mathrm{d}\rho^2}\\
&+\cos\psi\left(\sin^2\psi-\frac{\cos^2\psi}{2}\right)\left(\frac{\mathrm{d}\psi}{\mathrm{d}\rho}\right)^3-\frac{7\sin\psi\cos^2\psi}{2\rho}\left(\frac{\mathrm{d}\psi}{\mathrm{d}\rho}\right)^2\\
&-\left[\tilde{\lambda}-\frac{2c_0\sin\psi}{\rho}-\frac{\sin^2\psi-2\cos^2\psi}{2\rho^2}\right]\cos\psi\frac{\mathrm{d}\psi}{\mathrm{d}\rho}\\
&+\frac{(1+\cos^2\psi)\sin\psi}{2\rho^3}-\frac{\tilde{\lambda}\sin\psi}{\rho}=\tilde{p},
\end{aligned}\tag{6.21}$$

其中 $\tilde{\lambda}=\lambda/k_c+c_0^2/2$, $\tilde{p}=p/k_c$. 该方程存在首次积分, 积分一次后得到如下二阶常微分方程:

$$\begin{aligned}
\eta=&\frac{\rho\sin\psi\cos^2\psi}{2}\left(\frac{\mathrm{d}\psi}{\mathrm{d}\rho}\right)^2-\rho\cos^3\psi\frac{\mathrm{d}^2\psi}{\mathrm{d}\rho^2}-\cos^3\psi\frac{\mathrm{d}\psi}{\mathrm{d}\rho}+\frac{\rho\sin\psi}{2}\left(\frac{\sin\psi}{\rho}-c_0\right)^2\\
&+\rho\left(\tilde{\lambda}-\frac{c_0^2}{2}\right)\sin\psi+\frac{\sin\psi\cos^2\psi}{\rho}+\frac{\tilde{p}\rho^2}{2},
\end{aligned}\tag{6.22}$$

其中 η 是常量.

直观上看, 出芽囊泡可以视为由两个开口泡对接在一起的构形. 我们假定分界线恰好是脖子线. 计算表明在忽略高斯弯曲模量时这一假设是合理的 [3]. 在轴对称时, 脖子线是一个圆周, 其曲率为 κ, 圆周半径为 $1/\kappa$. 在极限形状时脖子非常细, 曲率 κ 很大, 因此脖子线附近的膜曲面比较奇异, 两个主曲率绝对值远大于 $1/l_v$, 但是符号相反. 两个主曲率之和得到的平均曲率可以是有限的, 但是两个主曲率乘积得到的高斯曲率具有更高阶的奇异性.

引入辅助函数

$$\varPhi(\rho)=-(2H+c_0)=\frac{\sin\psi}{\rho}+\frac{\mathrm{d}(\sin\psi)}{\mathrm{d}\rho}-c_0,\tag{6.23}$$

并将其代入方程 (6.22), 我们得到

$$\begin{aligned}
\eta=&\frac{\sin^3\psi}{2\rho}-\frac{\rho\sin\psi}{2}\left(\varPhi+c_0-\frac{\sin\psi}{\rho}\right)^2-c_0\sin^2\psi\\
&-\rho\left(1-\sin^2\psi\right)\frac{\mathrm{d}\varPhi}{\mathrm{d}\rho}+\tilde{\lambda}\rho\sin\psi+\frac{\tilde{p}\rho^2}{2}.
\end{aligned}\tag{6.24}$$

考虑到脖子线处的自然边界条件 $\sin\psi=1$, 可以得到积分常数

$$\eta=\left[\tilde{\lambda}-\frac{(\varPhi_0+c_0)^2}{2}\right]\frac{1}{\kappa}+\varPhi_0+\frac{\tilde{p}}{2\kappa^2},\tag{6.25}$$

其中 $\Phi_0=\Phi(1/\kappa)$.

根据 Φ 的定义式 (6.23), 可以反解出

$$\begin{aligned}\sin\psi&=\frac{1}{\rho\kappa}+\frac{c_0\left(\rho^2-1/\kappa^2\right)}{2\rho}+\frac{1}{\rho}\int_{\frac{1}{\kappa}}^{\rho}\rho\Phi\mathrm{d}\rho\\&=\frac{1}{\rho\kappa}+\frac{c_0u}{2}\left[\frac{u\kappa+2}{u\kappa+1}+\frac{2}{c_0u}\int_0^u\frac{u'\kappa+1}{u\kappa+1}\Phi\mathrm{d}u'\right].\end{aligned}\tag{6.26}$$

写出上式第二行的第二项时, 已经做了变量代换 $u=\rho-1/\kappa$. 当 Φ 有界时, 这一项与 c_0u 同阶, 因此 $\sin\psi$ 可以进一步化为如下简单形式:

$$\sin\psi=\frac{1}{\rho\kappa}+O(c_0u),\tag{6.27}$$

上式中 $O(c_0u)$ 表示与 c_0u 同阶的量.

如果只关心脖子线附近尺度远远小于介观尺度的膜的局部形状, 即

$$u=\rho-1/\kappa\ll l_i\leqslant\sqrt{1/(c_0\kappa)},\tag{6.28}$$

可以看出 $c_0u\ll1/\rho\kappa$ 且 $\sin\psi\approx1/\rho\kappa$ (注意, $1/\kappa\ll1/c_0$, 后者大于或等于囊泡的尺度). 考虑到 $\rho\ll l_i\leqslant\sqrt{\lambda/(p\kappa)}$, 于是 $\tilde{p}\rho^2/2$ 可以忽略, 因为其远远小于方程 (6.24) 中的 $\tilde{\lambda}\rho\sin\psi$. 需要注意, 式 (6.28) 中的 c_0 代表 c_0^{I} 与 c_0^{II} 的较大者. 考虑到这些, 将上述 (6.25) 和 (6.27) 两式代入 (6.24) 式, 我们得到

$$\frac{\Phi}{\rho^2\kappa^2}-\frac{\rho^2-(1/\kappa)^2}{\rho}\frac{\mathrm{d}\Phi}{\mathrm{d}\rho}-\Phi_0-\frac{\left(\Phi^2-\Phi_0^2\right)}{2\kappa}-\frac{c_0\left(\Phi-\Phi_0\right)}{\kappa}=0.\tag{6.29}$$

利用式 (6.28) 我们得到 $c_0/\kappa\ll1/(\rho^2\kappa^2)$, 因此上式最后两项可以忽略, 简化为如下形式:

$$\frac{\Phi}{\rho^2\kappa^2}-\frac{\rho^2-(1/\kappa)^2}{\rho}\frac{\mathrm{d}\Phi}{\mathrm{d}\rho}-\Phi_0=0.\tag{6.30}$$

上述方程的完全解为

$$\Phi=\Phi_0\left[1-\sqrt{1-\frac{1}{\rho^2\kappa^2}}\ln\left(\rho\kappa+\sqrt{\rho^2\kappa^2-1}\right)\right]+B\sqrt{1-\frac{1}{\rho^2\kappa^2}},\tag{6.31}$$

其中 B 为常数.

取半径 ρ 介于 ξ 和 2ξ 之间的条带, 计算条带的自由能. 这里特别取 ξ 满足 $1/\kappa\ll\xi\ll l_i$. 当 $1/\kappa\ll\xi<\rho<2\xi\ll l_i$ 时, 上式中 $\Phi\approx\Phi_0\ln(2\rho\kappa)+B$, 与弯曲自由能相关的项变为

$$\begin{aligned}\int(2H+c_0)^2\mathrm{d}A&=\int_0^{2\pi}\mathrm{d}\phi\int_{\xi}^{2\xi}\Phi^2\frac{\rho}{\sqrt{1-\dfrac{1}{\rho^2\kappa^2}}}\mathrm{d}\rho\\&\approx2\pi\int_{\xi}^{2\xi}\left[B+\Phi_0\ln(2\rho\kappa)\right]^2\rho\mathrm{d}\rho=2\pi\left[B+\Phi_0\ln(2\bar{\rho}\kappa)\right]^2\bar{\rho}\xi,\end{aligned}\tag{6.32}$$

其中 $\xi < \bar{\rho} < 2\xi$. 写出最后一项时, 用到了积分中值定理. 当 $\bar{\rho} \gg 1/\kappa$ 时, 包含 $\ln(2\bar{\rho}\kappa)$ 的项取很大的值, 这在自由能上是很不利的. 因此, 合理的选择是取 $\varPhi_0 = 0$, 物理上可接受的解为

$$\varPhi(\rho) = B\sqrt{1 - \frac{1}{\rho^2\kappa^2}}, \tag{6.33}$$

其中 $\rho \ll l_i$.

需要注意的是, 上述方程 (6.21)~(6.33) 对区域 I 和 II 都成立. 其中的参数 k_c, c_0, λ, η 和 B 在区域 I 中分别对应于 k_c^{I}, c_0^{I}, λ^{I}, η^{I} 和 B^{I}. 在区域 II 中有相似的意义.

在轴对称情形下, 连接条件 (6.17)~(6.19) 可以分别表示为

$$k_c^{\mathrm{I}}\varPhi^{\mathrm{I}}\big|_{\rho=1/\kappa} = k_c^{\mathrm{II}}\varPhi^{\mathrm{II}}\big|_{\rho=1/\kappa}, \tag{6.34}$$

$$k_c^{\mathrm{I}}\frac{\mathrm{d}\varPhi^{\mathrm{I}}}{\mathrm{d}\rho}\cos\psi\bigg|_{\rho=1/\kappa} + k_c^{\mathrm{II}}\frac{\mathrm{d}\varPhi^{\mathrm{II}}}{\mathrm{d}\rho}\cos\psi\bigg|_{\rho=1/\kappa} = \gamma\kappa, \tag{6.35}$$

$$k_c^{\mathrm{I}}\varPhi^{\mathrm{I}}(\varPhi^{\mathrm{I}} - 2c_0^{\mathrm{I}})\big|_{\rho=1/\kappa} - k_c^{\mathrm{II}}\varPhi^{\mathrm{II}}(\varPhi^{\mathrm{II}} - 2c_0^{\mathrm{II}})\big|_{\rho=1/\kappa} = 2(\lambda^{\mathrm{I}} - \lambda^{\mathrm{II}}). \tag{6.36}$$

式 (6.33) 能够自动满足连接条件 (6.34). 将式 (6.33) 代入第二个连接条件 (6.35), 得到

$$k_c^{\mathrm{I}}B^{\mathrm{I}} + k_c^{\mathrm{II}}B^{\mathrm{II}} = \gamma. \tag{6.37}$$

现在我们转向颈端条件猜想. 考虑 (6.23)、(6.33)、(6.37) 三式以及 ϵ 的定义, 我们得到

$$\begin{aligned} & k_c^{\mathrm{I}}(2H_\epsilon^{\mathrm{I}} + c_0^{\mathrm{I}}) + k_c^{\mathrm{II}}(2H_\epsilon^{\mathrm{II}} + c_0^{\mathrm{II}}) \\ = {} & k_c^{\mathrm{I}}\left(-\varPhi^{\mathrm{I}}\big|_{\rho=\epsilon+1/\kappa}\right) + k_c^{\mathrm{II}}\left(-\varPhi^{\mathrm{II}}\big|_{\rho=\epsilon+1/\kappa}\right) = -\gamma\sqrt{1 - 1/(\epsilon\kappa+1)^2}. \end{aligned} \tag{6.38}$$

当 $\epsilon \gg 1/\kappa$ 时, 由上式可推出颈端条件 (6.4) 成立. 由于解 (6.33) 在 $\rho \ll l_i$ 成立, 所以 ϵ 也要远小于 l_i 才有意义. 至此, 我们证明当 ϵ 满足式 (6.8) 时, 颈端条件 (6.4) 成立.

6.4　一般情形下颈端条件猜想的证明

6.3 节的证明显示只有颈端附近的局域性态对所要证明的结论起主要作用. 因此, 在一般情况下, 仅仅对脖子线附近的曲面作参数化. 脖子线用矢量 $\boldsymbol{r}(s)$ 表示, 其中 s 代表脖子线的弧长参数. 一般情形下, 脖子线本身可以不是平面曲线. 如图 6.4 所示, 在曲线 $\boldsymbol{r}(s)$ 上的任意一点 Q, 可以作出曲线的单位切矢量 $\boldsymbol{t}$、单位法

矢 $\boldsymbol{N}$ 量和单位副法矢量 $\boldsymbol{b}$. S_1 标记由 $\boldsymbol{t}$ 和 $\boldsymbol{N}$ 确定的平面, S_2 表示由 $\boldsymbol{N}$ 和 $\boldsymbol{b}$ 确定的平面. 膜曲面与平面 S_2 的交线上的任意一点 P 可以用矢量表示为

$$\boldsymbol{Y}(s,u)=\boldsymbol{r}(s)-u\boldsymbol{N}+z(s,u)\boldsymbol{b}, \tag{6.39}$$

其中, 参数 u 代表 P 点在平面 S_1 上的投影到点 Q 的距离, 而 $z=z(s,u)$ 代表 P 点到 S_1 的距离.

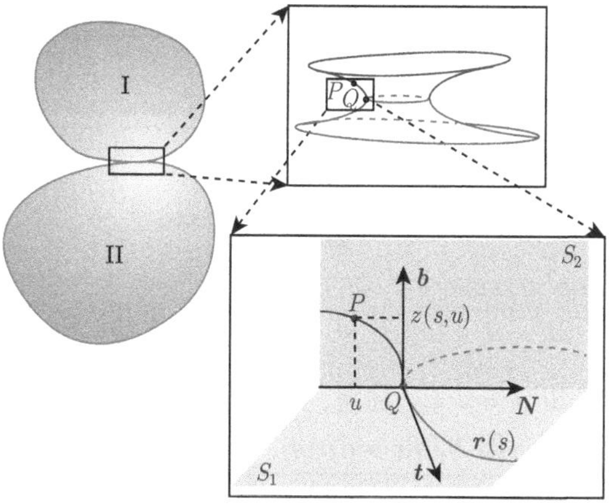

图 6.4 脖子线附近的膜曲面形状 [20]

式 (6.39) 代表了脖子线附近膜曲面的局域参数化方程. 脖子线附近的膜的形状不仅与 $\boldsymbol{r}(s)$ 有关, 也与函数 $z=z(s,u)$ 有关. 对于脖子线上点 Q 附近的点, 曲面的两个主曲率的绝对值比 $1/l_v$ 大很多, 符号相反. 其中一个主曲率与脖子线在 Q 点的曲率 $\kappa(s)$ 量级差不多, 另外一个主曲率与棱线 $z=z(s,u)$ 的曲率相当, 在 $-z_{uu}/\left(1+z_u^2\right)^{\frac{3}{2}}$ 量级, 其中 z_u 和 z_{uu} 分别代表 z 对 u 的一阶和二阶偏导数. 由于平均曲率是主曲率之和且为有限值, 因此两个主曲率同阶, 这表明 $z_{uu}\sim\kappa z_u^3$, 其中 $\sim$ 代表几何量的量级相同. 第二个主曲率也远大于 $1/l_v$, 因此 z 在脖子线附近相对于 u 变化很快. 另外, 从几何上看, 侧棱线对于 s 来说变化并不快, 即当 Δs 是小量时, $z'=z(s+\Delta s,u)$ 与 $z=z(s,u)$ 接近. 因此, 我们做如下假设: $z(s,u)$ 对于 u 是快变量, 而对于 s 是慢变量; $\kappa(s)$ 对于 s 是慢变量, 尽管 $\kappa(s)\gg 1/l_v$.

利用上述假设, 平均曲率和高斯曲率可以表示为

$$2H=-\frac{z_u}{(u+1/\kappa)\sqrt{1+z_u^2}}-\frac{z_{uu}}{(1+z_u^2)^{\frac{3}{2}}},\quad K=\frac{z_{uu}z_u}{(1+z_u^2)^2(u+1/\kappa)}. \tag{6.40}$$

具体的推导参考附录 D. 通过引入变量 $\psi\equiv\arctan z_u$ 以及 $\rho\equiv u+1/\kappa(s)$, 上述两个曲率可以进一步表示成

$$2H=-\frac{\sin\psi}{\rho}-\frac{\partial\sin\psi}{\partial u},\quad K=\frac{\sin\psi}{\rho}\frac{\partial\sin\psi}{\partial u}. \tag{6.41}$$

此外, 经过繁复的计算, 可以得到拉普拉斯算符作用于平均曲率的结果为

$$\nabla^2(2H)=\frac{\cos\psi}{\rho}\frac{\partial}{\partial u}\left[\rho\cos\psi\frac{\partial(2H)}{\partial u}\right]. \tag{6.42}$$

具体的推导参见附录 D.

将上述 (6.41) 和 (6.42) 两式代入 (6.16) 式, 我们得到

$$\begin{aligned}&\cos^3\psi\frac{\partial^3\psi}{\partial u^3}-4\sin\psi\cos^2\psi\frac{\partial\psi}{\partial u}\frac{\partial^2\psi}{\partial u^2}+\frac{2\cos^3\psi}{\rho}\frac{\partial^2\psi}{\partial u^2}\\&+\cos\psi\left(\sin^2\psi-\frac{\cos^2\psi}{2}\right)\left(\frac{\partial\psi}{\partial u}\right)^3-\frac{7\sin\psi\cos^2\psi}{2\rho}\left(\frac{\partial\psi}{\partial u}\right)^2\\&-\left[\tilde{\lambda}-\frac{2c_0\sin\psi}{\rho}-\frac{\sin^2\psi-2\cos^2\psi}{2\rho^2}\right]\cos\psi\frac{\partial\psi}{\partial u}\\&+\frac{(1+\cos^2\psi)\sin\psi}{2\rho^3}-\tilde{\lambda}\frac{\sin\psi}{\rho}=\tilde{p},\end{aligned} \tag{6.43}$$

其中 $\tilde{\lambda}=\lambda/k_c+c_0^2/2$ 和 $\tilde{p}=p/k_c$. 注意, 如果考虑轴对称情形, 则上式中的 $\kappa(s)$ 是常量, 偏微分化为常微分 (即 $\partial/\partial u=\mathrm{d}/\mathrm{d}\rho$), 于是上式退化为式 (6.21).

类似于轴对称情形, 式 (6.43) 可以进一步化为二阶微分方程:

$$\begin{aligned}\eta(s)=&\frac{\rho\sin\psi\cos^2\psi}{2}\left(\frac{\partial\psi}{\partial u}\right)^2-\rho\cos^3\psi\frac{\partial^2\psi}{\partial u^2}-\cos^3\psi\frac{\partial\psi}{\partial u}+\frac{\rho\sin\psi}{2}\left(\frac{\sin\psi}{\rho}-c_0\right)^2\\&+\rho\left(\tilde{\lambda}-\frac{c_0^2}{2}\right)\sin\psi+\frac{\sin\psi\cos^2\psi}{\rho}+\frac{\tilde{p}\rho^2}{2}.\end{aligned} \tag{6.44}$$

在轴对称情况下上式中的 $\eta(s)$ 退化为常量.

下面引入辅助函数

$$\Psi(s,u)=-(2H+c_0)=\frac{\sin\psi}{u+1/\kappa(s)}+\frac{\partial\sin\psi}{\partial u}-c_0. \tag{6.45}$$

将其代入式 (6.44), 通过类似于轴对称情形的计算, 可以得到

$$\frac{\Psi}{[1+u\kappa(s)]^2}-\frac{[1+u\kappa(s)]^2-1}{[1+u\kappa(s)]\,\kappa(s)}\frac{\partial\Psi}{\partial u}-\Psi_0=0, \tag{6.46}$$

其中 $\Phi_0=\Psi(s,0)$, 且上式成立要求 $u\ll l_i$. 上述方程物理上可接受的解为

$$\Psi(s,u)=B\sqrt{1-\frac{1}{[1+u\kappa(s)]^2}}, \tag{6.47}$$

其中 B 不依赖于 u.

需要注意的是, 上述方程 (6.43)~(6.47) 对于两相膜的两个区域都成立, 参数 k_c、c_0、λ 和 B 对于 I 相膜分别取 k_c^{I}、c_0^{I}、λ^{I} 和 B^{I}. 对于 II 相膜有类似对应.

下面来看连接条件 (6.17)~(6.19), 利用 Ψ 表示为

$$k_c^{\mathrm{I}}\Psi^{\mathrm{I}}\big|_{u=0} = k_c^{\mathrm{II}}\Psi^{\mathrm{II}}\big|_{u=0}, \tag{6.48}$$

$$k_c^{\mathrm{I}}\frac{\partial\Psi^{\mathrm{I}}}{\partial u}\cos\psi\bigg|_{u=0} + k_c^{\mathrm{II}}\frac{\partial\Psi^{\mathrm{II}}}{\partial u}\cos\psi\bigg|_{u=0} = \gamma\kappa(s), \tag{6.49}$$

$$k_c^{\mathrm{I}}\Psi^{\mathrm{I}}(\Psi^{\mathrm{I}} - 2c_0^{\mathrm{I}})\big|_{u=0} - k_c^{\mathrm{II}}\Psi^{\mathrm{II}}(\Psi^{\mathrm{II}} - 2c_0^{\mathrm{II}})\big|_{u=0} = 2(\lambda^{\mathrm{I}} - \lambda^{\mathrm{II}}). \tag{6.50}$$

方程 (6.47) 自动满足式 (6.48). 将式 (6.47) 代入式 (6.49), 我们有

$$k_c^{\mathrm{I}}B^{\mathrm{I}} + k_c^{\mathrm{II}}B^{\mathrm{II}} = \gamma. \tag{6.51}$$

利用 (6.45)、(6.47)、(6.51) 三式以及 ϵ 的几何定义, 考察颈端条件 (6.4), 我们得到

$$\begin{aligned} & k_c^{\mathrm{I}}\left(2H_\epsilon^{\mathrm{I}} + c_0^{\mathrm{I}}\right) + k_c^{\mathrm{II}}\left(2H_\epsilon^{\mathrm{II}} + c_0^{\mathrm{II}}\right) \\ = & k_c^{\mathrm{I}}\left(-\Psi^{\mathrm{I}}\big|_{u=\epsilon}\right) + k_c^{\mathrm{II}}\left(-\Psi^{\mathrm{II}}\big|_{u=\epsilon}\right) = -\gamma\sqrt{1 - \frac{1}{[1+\epsilon\kappa(s)]^2}}. \end{aligned} \tag{6.52}$$

不难发现, 当 $\epsilon \gg 1/\kappa(s)$ 时, 颈端条件 (6.4) 成立. 由于式 (6.47) 成立要求 $u \ll l_i$, 因此 ϵ 也必须远远小于 l_i. 于是, 颈端条件 (6.4) 成立的范围由式 (6.8) 刻画.

6.5 关于颈端条件的几点说明

本章我们推广了颈端条件猜想, 并且证明了颈端条件 (6.4) 成立的范围由式 (6.8) 刻画. 即极限形状的出芽囊泡脖子线附近的膜的平均曲率满足颈端条件, 其中膜片段的尺度远大于脖子的特征尺度, 但远小于囊泡的特征尺度.

在一般性证明过程中, 我们没有用到轴对称假设, 主要用到了如下思想. 首先, 我们用到了类似于快慢变量分离的思想. 当考虑脖子线附近的膜曲面时, 我们利用极限形状下 $z(s,u)$ 相对于 u 变化很快, 而相对于 s 变化较慢的直观事实. 这样, 得到的局部形状方程 (6.43) 与轴对称情形类似. 这一结果也与我们的期望一致, 即奇点 (指极限形状时的脖子线) 附近对轴对称的有限偏离是不重要的. 其次, 我们用到了多尺度分析的思想, 引入了宏观尺度 l_v、微观尺度 l_n 和介观尺度 l_i 这样三个尺度来刻画极限形状的出芽囊泡. 基于多尺度分析, 我们给"脖子线附近"以定量的刻画, 即公式 (6.8).

本章中也有些内容没有提及. 例如, 我们没有考虑高斯弯曲模量的影响. 如果两相膜有相同的弯曲模量, 则本章结论不会改变. 但是如果两相膜具有不同的弯曲模量, 则分界线可能不恰好位于脖子线上 [3], 此时颈端条件需要做更细致的讨论. 另外, 我们假定了脖子线附近的平均曲率有界, 但没有给出证明. 这一假设有望从自由能倾向于尽可能小得以证明. 最后, 本章的证明均默认了出芽囊泡分布在脖子线两侧. 我们没有考虑子囊泡往母囊泡内陷的情况, 这种情况常出现在诸如胞吞过程和自噬过程之中 [21−24]. 对应这种情形下的颈端条件需要进一步探讨.

参 考 文 献

[1] Seifert U, Berndl K, Lipowsky R. Shape Transformations of Vesicles: Phase Diagram for Spontaneous-Curvature and Bilayer-Coupling Models. Phys. Rev., A, 1991, **44**: 1182.

[2] Jülicher F, Lipowsky R. Domain-Induced Budding of Vesicles. Phys. Rev. Lett., 1993, **70**: 2964.

[3] Jülicher F, Lipowsky R. Shape Transformations of Vesicles with Intramembrane Domains. Phys. Rev., E, 1996, **53**: 2670.

[4] Döbereiner H-G, Käs J, Noppl D, et al. Budding and Fission of Vesicles. Biophys. J., 1993, **65**: 1396.

[5] Góźdź W T, Gompper G. Shape Transformations of Two-Component Membranes under Weak Tension. Europhys. Lett., 2001, **55**: 587.

[6] Roux A, Cuvelier D, Nassoy P, et al. Role of Curvature and Phase Transition in Lipid Sorting and Fission of Membrane Tubules. EMBO, J, 2005, **24**: 1537.

[7] Liu J, Kaksonen M, Drubin D G, et al. Endocytic Vesicle Scission by Lipid Phase Boundary Forces. Proc. Natl. Acad. Sci., 2006, **103**: 10277.

[8] Shlomovitz R, Gov N.S. Physical Model of Contractile Ring Initiation in Dividing Cells. Biophys. J., 2008, **94**: 1155.

[9] Cox G, Lowengrub J. The Effect of Spontaneous Curvature on a Two-Phase Vesicle. Nonlinearity, 2015, **28**: 773.

[10] Dorn J F, Zhang L, Phi T, et al. A Theoretical Model of Cytokinesis Implicates Feedback Between Membrane Curvature and Cytoskeletal Organization in Asymmetric Cytokinetic Furrowing. Mol. Boil. Cell, 2016, **27**: 1286.

[11] Helfrich W. Elastic Properties of Lipid Bilayers–Theory and Possible Experiments. Z. Naturforsch C, 1973, **28**: 693.

[12] Góźdź W T, Gompper G. Shapes and Shape Transformations of Two-Component Membranes of Complex Topology. Phys. Rev. E, 1999, **59**: 4305.

[13] Baumgart T, Hess S T, Webb W W. Imaging Coexisting Fluid Domains in Biomembrane Models Coupling Curvature and Line Tension. Nature (London), 2003, **425**:

821.

[14] Das S L, Jenkins J T, Baumgart T. Neck Geometry and Shape Transitions in Vesicles with Co-Existing Fluid Phases: Role of Gaussian Curvature Stiffness vs. Spontaneous Curvature. Europhys. Lett., 2009, **86**: 48003.

[15] Tu Z C, Ou-Yang Z C. A Geometric Theory on The Elasticity of Bio-Membranes. J. Phys. A: Math. Gen., 2004, **37**: 11407.

[16] Tu Z C, Ou-Yang Z C. Recent Theoretical Advances in Elasticity of Membranes following Helfrich's Spontaneous Curvature Model. Adv. Colloid Interface Sci., 2014, **208**: 66.

[17] Wang X, Du Q. Modelling and Simulations of Multi-Component Lipid Membranes and Open Membranes via Diffuse Interface Approaches. J. Math. Biol., 2008, **56**: 347.

[18] Tu Z C, Ou-Yang Z C. Elastic Theory of Low-Dimensional Continua and its Applications in Bio- and Nano-Structures. J. Comput. Theor. Nanosci., 2008, **5**: 422.

[19] Božič B, Guven J, Vázquez-Montejo P, et al. Direct and Remote Constriction of Membrane Necks. Phys. Rev., E, 2014, **89**: 052701.

[20] Yang P, Du Q, Tu Z C. General Neck Condition for the Limit Shape of Budding Vesicles. Phys. Rev., E, 2017, **95**: 042403.

[21] Knorr R L, Lipowsky R, Dimova R. Autophagosome Closure Requires Membrane Scission. Autophagy, 2015, **11**: 2134.

[22] Mizushima N, Yoshimori T, Ohsumi Y. The Role of Atg Proteins in Autophagosome Formation. Annu. Rev. Cell Dev. Biol., 2011, **27**: 107.

[23] Agudo-Canalejo J, Lipowsky R. Critical Particle Sizes for the Engulfment of Nanoparticles by Membranes and Vesicles with Bilayer Asymmetry. ACS Nano., 2015, **9**: 3704.

[24] Agudo-Canalejo J, Lipowsky R. Stabilization of Membrane Necks by Adhesive Particles, Substrate Surfaces, and Constriction Forces. Soft Matter, 2016, **12**: 8155.

第 7 章　脂质膜的应力张量和力矩张量

前面三章都是从自由能极小化的角度, 即从变分法出发, 推导脂质膜的形状方程、带边脂质膜的边界条件、两相膜的连接条件. 在传统的弹性力学中, 通常是从应力张量和平衡方程出发讨论问题. 本章基于第 3 章引入的微分形式来讨论脂质膜的应力张量和力矩张量, 并从应力张量和力矩张量推导脂质膜的形状方程、带边脂质膜的边界条件、两相膜的连接条件.

7.1　应力张量和力矩张量

脂质膜的应力张量和力矩张量最初由 Capovilla、Guven、Deserno 和 Müller 等发展来讨论脂质膜的形状方程、带边脂质膜的边界条件、膜诱导的蛋白质之间的相互作用 [1−4]. 从膜中切出任何一个膜片, 该膜片受到的力和力矩需要保持平衡. 应力张量和力矩张量概念的引入能够更方便地表示这些平衡关系.

7.1.1　膜片的力和力矩平衡方程

从脂质膜中切出一个任意形状的单连通膜片 D, 如图 7.1 所示, 其边界曲线记为 C. $\{\boldsymbol{e}_1, \boldsymbol{e}_2, \boldsymbol{n}\}$ 为右手正交标架, 这里 $\boldsymbol{n} = \boldsymbol{e}_3$ 代表曲面的单位法矢量. 压强

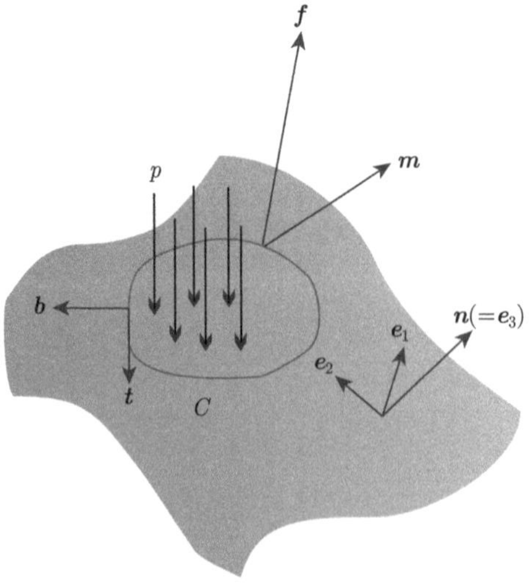

图 7.1　对从膜上切出的膜片进行受力分析

p 沿法矢量的反方向作用于膜上. $\boldsymbol{t}$ 是曲线 C 的单位切矢量. $\boldsymbol{b}$ 在膜的切平面内, 与 $\boldsymbol{t}$ 垂直, 且指向 D 所在的异侧. 矢量 $\boldsymbol{f}$ 和 $\boldsymbol{m}$ 分别代表线外的膜区域作用在边界线 C 上的单位长度的力和力矩矢量.

根据牛顿力学, 平衡时膜片 D 需要同时满足所受合外力和合外力矩均为零, 即

$$\oint_C \boldsymbol{f}\mathrm{d}s - \int_D p\boldsymbol{n}\mathrm{d}A = 0, \tag{7.1}$$

$$\oint_C \boldsymbol{m}\mathrm{d}s + \oint_C \boldsymbol{r}\times\boldsymbol{f}\mathrm{d}s - \int_D \boldsymbol{r}\times p\boldsymbol{n}\mathrm{d}A = 0. \tag{7.2}$$

其中, $\mathrm{d}s$ 和 $\mathrm{d}A$ 分别表示边界线 C 的弧长单元以及膜片的面积元; 矢量 $\boldsymbol{r}$ 代表膜片 D 上的点的位置矢量.

7.1.2 应力张量和力矩张量的表达式

在数学上, 我们可以引入两个二阶张量 $\mathcal{S}$ 和 $\mathcal{M}$ 分别满足

$$\mathcal{S}\cdot\boldsymbol{b} = \boldsymbol{f}, \tag{7.3}$$

和

$$\mathcal{M}\cdot\boldsymbol{b} = \boldsymbol{m}. \tag{7.4}$$

这两个张量分别称为应力张量和力矩张量. 考虑到 $\boldsymbol{b}\mathrm{d}s = *\mathrm{d}\boldsymbol{r}$ 以及斯托克斯定理, 平衡方程 (7.1) 和 (7.2) 分别变为 [5]

$$\nabla\cdot\mathcal{S} = p\boldsymbol{n}, \tag{7.5}$$

$$\nabla\cdot\mathcal{M} = \mathcal{S}_1\times\boldsymbol{e}_1 + \mathcal{S}_2\times\boldsymbol{e}_2, \tag{7.6}$$

其中 $\mathcal{S}_1 \equiv \mathcal{S}\cdot\boldsymbol{e}_1$, $\mathcal{S}_2 \equiv \mathcal{S}\cdot\boldsymbol{e}_2$.

假定膜片的弯曲能量表示为 $\int_D G(2H,K)\mathrm{d}A$. 外压 p 作用在膜片上, 而外力 $\boldsymbol{f}$ 与外力矩 $\boldsymbol{m}$ 作用在膜片的边界上. 方程 (4.1) 中的变量 $\boldsymbol{\Omega}$ 以及方程 (4.3) 中的变量 $\boldsymbol{\Theta}$ 可以被视为虚位移, 因此平衡构形满足如下广义虚位移原理 [6]:

$$\delta\int_D G(2H,K)\mathrm{d}A + \int_D p\boldsymbol{n}\cdot\boldsymbol{\Omega}\mathrm{d}A - \oint_C \boldsymbol{f}\cdot\boldsymbol{\Omega}\mathrm{d}s - \oint_C \boldsymbol{m}\cdot\boldsymbol{\Theta}\mathrm{d}s$$
$$+\oint_C \mu[\Theta_1\omega_2 - \Theta_2\omega_1 - \Omega_1\omega_{13} - \Omega_2\omega_{23} - \mathrm{d}\Omega_3] = 0. \tag{7.7}$$

在上述方程的第二行中, 我们已经引入拉格朗日乘子 μ 来表示几何约束 (4.8).

在式 (5.2) 中我们已经计算了 $\delta\int_D G(2H,K)\mathrm{d}A$, 将其代入式 (7.7), 可得

$$
\begin{aligned}
&\int_D \Omega_3 \left[\nabla^2 G_{2H} + \nabla\cdot\tilde{\nabla} G_K + \left(4H^2 - 2K\right) G_{2H} + 2HKG_K - 2HG + p\right] \mathrm{d}A \\
&+ \oint_C \Omega_1 \left[G_{2H}\left(b\omega_1 - a\omega_2\right) - G_K K\omega_2 + G\omega_2 - \mu(a\omega_1 + b\omega_2) - f_1 \mathrm{d}s\right] \\
&+ \oint_C \Omega_2 \left[G_{2H}\left(c\omega_1 - b\omega_2\right) + G_K K\omega_1 - G\omega_1 - \mu(b\omega_1 + c\omega_2) - f_2 \mathrm{d}s\right] \\
&+ \oint_C \Omega_3 \left[-\left(*\mathrm{d}G_{2H} + \tilde{*}\tilde{\mathrm{d}}G_K\right) + \mathrm{d}\mu - f_3 \mathrm{d}s\right] \\
&+ \oint_C \Theta_1 \left[-G_{2H}\omega_1 - G_K\left(a\omega_1 + b\omega_2\right) + \mu\omega_2 - m_1 \mathrm{d}s\right] \\
&+ \oint_C \Theta_2 \left[-G_{2H}\omega_2 - G_K\left(b\omega_1 + c\omega_2\right) - \mu\omega_1 - m_2 \mathrm{d}s\right] \\
&- \oint_C \Theta_3 m_3 \mathrm{d}s = 0.
\end{aligned} \tag{7.8}
$$

由于在式 (7.7) 中引入了拉格朗日乘子 μ, 所以虚位移 Ω_i 和 Θ_i $(i = 1,2,3)$ 可以视为独立变量, 上式要求在膜片上每一点满足

$$
\nabla^2 G_{2H} + \nabla\cdot\tilde{\nabla} G_K + (4H^2 - 2K)G_{2H} + 2HKG_K - 2HG + p = 0, \tag{7.9}
$$

而在边界上的力和力矩的分量分别满足

$$
f_1 = (G - aG_{2H} - G_K K - b\mu)\frac{\omega_2}{\mathrm{d}s} + (bG_{2H} - a\mu)\frac{\omega_1}{\mathrm{d}s}, \tag{7.10}
$$

$$
f_2 = (cG_{2H} + G_K K - G - b\mu)\frac{\omega_1}{\mathrm{d}s} + (-bG_{2H} - c\mu)\frac{\omega_2}{\mathrm{d}s}, \tag{7.11}
$$

$$
f_3 = (G_{2H}^2 - bG_K^1 + aG_K^2 + \mu_1)\frac{\omega_1}{\mathrm{d}s} - (G_{2H}^1 + cG_K^1 - bG_K^2 - \mu_2)\frac{\omega_2}{\mathrm{d}s}, \tag{7.12}
$$

$$
m_1 = (-G_{2H} - aG_K)\frac{\omega_1}{\mathrm{d}s} + (\mu - bG_K)\frac{\omega_2}{\mathrm{d}s}, \tag{7.13}
$$

$$
m_2 = (-G_{2H} - cG_K)\frac{\omega_2}{\mathrm{d}s} - (\mu + bG_K)\frac{\omega_1}{\mathrm{d}s}, \tag{7.14}
$$

$$
m_3 = 0, \tag{7.15}
$$

这里 $G_{2H}^i \equiv \nabla G_{2H}\cdot\boldsymbol{e}_i$, $G_K^i \equiv \nabla G_K\cdot\boldsymbol{e}_i$, $\mu_i = \nabla\mu\cdot\boldsymbol{e}_i$ $(i = 1,2)$.

考虑到 $\boldsymbol{b}\mathrm{d}s = *\mathrm{d}\boldsymbol{r}$ 以及定义式 $\mathcal{S}\cdot\boldsymbol{b} = \boldsymbol{f} \equiv f_1\boldsymbol{e}_1 + f_2\boldsymbol{e}_2 + f_3\boldsymbol{e}_3$ 和 $\mathcal{M}\cdot\boldsymbol{b} = \boldsymbol{m} \equiv m_1\boldsymbol{e}_1 + m_2\boldsymbol{e}_2 + m\boldsymbol{e}_3$, 我们可以写出应力张量和力矩张量的分量表达式为

$$
\mathcal{S}_{11} = G - aG_{2H} - G_K K - b\mu,\ \mathcal{S}_{22} = G - cG_{2H} - G_K K + b\mu, \tag{7.16}
$$

$$
\mathcal{S}_{12} = a\mu - bG_{2H},\ \mathcal{S}_{21} = -(bG_{2H} + c\mu), \tag{7.17}
$$

$$
\mathcal{S}_{31} = -(G_{2H}^1 + cG_K^1 - bG_K^2 - \mu_2),\ \mathcal{S}_{32} = -(G_{2H}^2 - bG_K^1 + aG_K^2 + \mu_1), \tag{7.18}
$$

$$
M_{11} = \mu - bG_K,\ \mathcal{M}_{12} = G_{2H} + aG_K, \tag{7.19}
$$

$$
\mathcal{M}_{21} = -G_{2H} - cG_K,\ \mathcal{M}_{22} = \mu + bG_K. \tag{7.20}
$$

其他没有写出来的分量均为零.

利用曲率张量的定义式 (3.12) 以及单位张量 $\mathcal{I} \equiv \boldsymbol{e}_1\boldsymbol{e}_1 + \boldsymbol{e}_2\boldsymbol{e}_2$, 可以将应力张量和力矩张量分别表示为

$$\mathcal{S} = \mathcal{S}_{ij}\boldsymbol{e}_i\boldsymbol{e}_j = (G - G_K K)\mathcal{I} - \boldsymbol{n}(\nabla G_{2H} + \tilde{\nabla} G_K) - (\mu\mathcal{C} - \boldsymbol{n}\nabla\mu) \times \boldsymbol{n} - G_{2H}\mathcal{C}, \quad (7.21)$$

和

$$\mathcal{M} = \mathcal{M}_{ij}\boldsymbol{e}_i\boldsymbol{e}_j = \mu\mathcal{I} - (G_{2H}\mathcal{I} + G_K\mathcal{C}) \times \boldsymbol{n}, \quad (7.22)$$

其中 $\boldsymbol{n} \equiv \boldsymbol{e}_3$ 表示曲面的单位法矢量.

考虑到 $\boldsymbol{t}\mathrm{d}s = \mathrm{d}\boldsymbol{r}$ 以及 $\boldsymbol{b}\mathrm{d}s = *\mathrm{d}\boldsymbol{r}$, 边界线上的力矢量和力矩矢量可以分别表示为

$$\begin{aligned}\boldsymbol{f} = \mathcal{S} \cdot \boldsymbol{b} = &(G_{2H}\tau_g - \mu\kappa_n)\boldsymbol{t} \\ &+[G - G_K K - (2H - \kappa_n)G_{2H} + \mu\tau_g]\boldsymbol{b} \\ &+[\nabla\mu \cdot \boldsymbol{t} - (\nabla G_{2H} + \tilde{\nabla} G_K) \cdot \boldsymbol{b}]\boldsymbol{n},\end{aligned} \quad (7.23)$$

和

$$\boldsymbol{m} = \mathcal{M} \cdot \boldsymbol{b} = -(G_{2H} + \kappa_n G_K)\boldsymbol{t} + (\mu + \tau_g G_K)\boldsymbol{b}, \quad (7.24)$$

这里 κ_n 和 τ_g 分别表示边界线的法曲率和测地挠率.

7.2 形状方程与应力张量的关系

本节我们将证明, 式 (7.6) 自动成立, 而式 (7.5) 可以导出形状方程 (7.9).

第一步, 我们有

$$\mathcal{M}\cdot*\mathrm{d}\boldsymbol{r} = \mathcal{M}\cdot(\boldsymbol{e}_1\omega_2 - \boldsymbol{e}_2\omega_1) = (\mathcal{M}_{11}\omega_2 - \mathcal{M}_{12}\omega_1)\,\boldsymbol{e}_1 + (\mathcal{M}_{21}\omega_2 - \mathcal{M}_{22}\omega_1)\,\boldsymbol{e}_2, \quad (7.25)$$

因此, 可以进一步求得

$$\begin{aligned}\mathrm{d}\,(\mathcal{M}\cdot*\mathrm{d}\boldsymbol{r}) = &\boldsymbol{e}_1\left[\mathrm{d}\,(\mathcal{M}_{11}\omega_2 - \mathcal{M}_{12}\omega_1) + \omega_{21}\wedge(\mathcal{M}_{21}\omega_2 - \mathcal{M}_{22}\omega_1)\right] \\ &+\boldsymbol{e}_2\left[\omega_{12}\wedge(\mathcal{M}_{11}\omega_2 - \mathcal{M}_{12}\omega_1) + \mathrm{d}\,(\mathcal{M}_{21}\omega_2 - \mathcal{M}_{22}\omega_1)\right] \\ &+\boldsymbol{e}_3\left[\omega_{13}\wedge(\mathcal{M}_{11}\omega_2 - \mathcal{M}_{12}\omega_1) + \omega_{23}\wedge(\mathcal{M}_{21}\omega_2 - \mathcal{M}_{22}\omega_1)\right].\end{aligned} \quad (7.26)$$

由力矩张量分量的表达式 (7.19) 和 (7.20), 可以求得

$$\mathcal{M}_{11}\omega_2 - \mathcal{M}_{12}\omega_1 = \mu\omega_2 - G_{2H}\omega_1 - G_K\omega_{13}, \quad (7.27)$$

$$\mathcal{M}_{21}\omega_2 - \mathcal{M}_{22}\omega_1 = -G_{2H}\omega_2 - \mu\omega_1 - G_K\omega_{23}. \quad (7.28)$$

由此可以进一步计算

$$\mathrm{d}(\mathcal{M}_{11}\omega_2-\mathcal{M}_{12}\omega_1)+\omega_{21}\wedge(\mathcal{M}_{21}\omega_2-\mathcal{M}_{22}\omega_1)=(\mu_1+G_{2H}^2+aG_K^2-bG_K^1)\omega_1\wedge\omega_2, \tag{7.29}$$

$$\omega_{12}\wedge(\mathcal{M}_{11}\omega_2-\mathcal{M}_{12}\omega_1)+\mathrm{d}(\mathcal{M}_{21}\omega_2-\mathcal{M}_{22}\omega_1)=(\mu_2-G_{2H}^1+bG_K^2-cG_K^1)\omega_1\wedge\omega_2, \tag{7.30}$$

$$\omega_{13}\wedge(\mathcal{M}_{11}\omega_2-\mathcal{M}_{12}\omega_1)+\omega_{23}\wedge(\mathcal{M}_{21}\omega_2-\mathcal{M}_{22}\omega_1)=2H\mu\omega_1\wedge\omega_2. \tag{7.31}$$

将以上三式代入式 (7.26), 可以求出

$$\nabla\cdot\mathcal{M}=(\mu_1+G_{2H}^2+aG_K^2-bG_K^1)\boldsymbol{e}_1+(\mu_2-G_{2H}^1+bG_K^2-cG_K^1)\boldsymbol{e}_2+2H\mu\boldsymbol{e}_3. \tag{7.32}$$

另外, 根据应力张量的分量表达式, 可以求得

$$\begin{aligned}\mathcal{S}_1=&(G-G_KK)\boldsymbol{e}_1-G_{2H}(a\boldsymbol{e}_1+b\boldsymbol{e}_2)-(G_{2H}^1+cG_K^1-bG_K^2)\boldsymbol{e}_3\\&-\mu(b\boldsymbol{e}_1+c\boldsymbol{e}_2)+\mu_2\boldsymbol{e}_3,\end{aligned} \tag{7.33}$$

$$\begin{aligned}\mathcal{S}_2=&(G-G_KK)\boldsymbol{e}_2-G_{2H}(b\boldsymbol{e}_1+c\boldsymbol{e}_2)-(G_{2H}^2+aG_K^2-bG_K^1)\boldsymbol{e}_3\\&+\mu(a\boldsymbol{e}_1+b\boldsymbol{e}_2)-\mu_1\boldsymbol{e}_3.\end{aligned} \tag{7.34}$$

于是

$$\begin{aligned}&\mathcal{S}_1\times\boldsymbol{e}_1+\mathcal{S}_2\times\boldsymbol{e}_2\\=&(\mu_1+G_{2H}^2+aG_K^2-bG_K^1)\boldsymbol{e}_1+(\mu_2-G_{2H}^1-cG_K^1+bG_K^2)\boldsymbol{e}_2+2H\mu\boldsymbol{e}_3.\end{aligned} \tag{7.35}$$

比较上式与式 (7.32), 可知式 (7.6) 自动成立.

下面沿用相同思路, 从式 (7.5) 导出形状方程 (7.9). 首先, 根据应力张量的定义有

$$\mathcal{S}\cdot*\mathrm{d}\boldsymbol{r}=(\mathcal{S}_{11}\omega_2-\mathcal{S}_{12}\omega_1)\,\boldsymbol{e}_1+(\mathcal{S}_{21}\omega_2-\mathcal{S}_{22}\omega_1)\,\boldsymbol{e}_2+(\mathcal{S}_{31}\omega_2-\mathcal{S}_{32}\omega_1)\,\boldsymbol{e}_3, \tag{7.36}$$

进而有

$$\begin{aligned}&\mathrm{d}(\mathcal{S}\cdot*\mathrm{d}\boldsymbol{r})\\=&\boldsymbol{e}_1[\mathrm{d}(\mathcal{S}_{11}\omega_2-\mathcal{S}_{12}\omega_1)+\omega_{21}\wedge(\mathcal{S}_{21}\omega_2-\mathcal{S}_{22}\omega_1)+\omega_{31}\wedge(\mathcal{S}_{31}\omega_2-\mathcal{S}_{32}\omega_1)]\\&+\boldsymbol{e}_2[\omega_{12}\wedge(\mathcal{S}_{11}\omega_2-\mathcal{S}_{12}\omega_1)+\mathrm{d}(\mathcal{S}_{21}\omega_2-\mathcal{S}_{22}\omega_1)+\omega_{32}\wedge(\mathcal{S}_{31}\omega_2-\mathcal{S}_{32}\omega_1)]\\&+\boldsymbol{e}_3[\omega_{13}\wedge(\mathcal{S}_{11}\omega_2-\mathcal{S}_{12}\omega_1)+\omega_{23}\wedge(\mathcal{S}_{21}\omega_2-\mathcal{S}_{22}\omega_1)+\mathrm{d}(\mathcal{S}_{31}\omega_2-\mathcal{S}_{32}\omega_1)].\end{aligned} \tag{7.37}$$

根据应力张量的分量表达式有

$$\mathcal{S}_{11}\omega_2 - \mathcal{S}_{12}\omega_1 = (G - aG_{2H} - G_K K - b\mu)\omega_2 - (a\mu - bG_{2H})\omega_1, \tag{7.38}$$

$$\mathcal{S}_{21}\omega_2 - \mathcal{S}_{22}\omega_1 = -(bG_{2H} + c\mu)\omega_2 - (G - cG_{2H} - G_K K + b\mu)\omega_1, \tag{7.39}$$

$$\mathcal{S}_{31}\omega_2 - \mathcal{S}_{32}\omega_1 = - * \mathrm{d}G_{2H} - \tilde{*}\tilde{\mathrm{d}}G_K + \mathrm{d}\mu. \tag{7.40}$$

进一步计算发现

$$\begin{aligned}&\mathrm{d}\left(\mathcal{S}_{11}\omega_2 - \mathcal{S}_{12}\omega_1\right) + \omega_{21} \wedge \left(\mathcal{S}_{21}\omega_2 - \mathcal{S}_{22}\omega_1\right) + \omega_{31} \wedge \left(\mathcal{S}_{31}\omega_2 - \mathcal{S}_{32}\omega_1\right)\\ =& \left(ac - b^2 - K\right) G_K^1 \omega_1 \wedge \omega_2 = 0,\end{aligned} \tag{7.41}$$

$$\begin{aligned}&\omega_{12} \wedge \left(\mathcal{S}_{11}\omega_2 - \mathcal{S}_{12}\omega_1\right) + \mathrm{d}\left(\mathcal{S}_{21}\omega_2 - \mathcal{S}_{22}\omega_1\right) + \omega_{32} \wedge \left(\mathcal{S}_{31}\omega_2 - \mathcal{S}_{32}\omega_1\right)\\ =& \left(ac - b^2 - K\right) G_K^2 \omega_1 \wedge \omega_2 = 0,\end{aligned} \tag{7.42}$$

$$\begin{aligned}&\omega_{13} \wedge \left(\mathcal{S}_{11}\omega_2 - \mathcal{S}_{12}\omega_1\right) + \omega_{23} \wedge \left(\mathcal{S}_{21}\omega_2 - \mathcal{S}_{22}\omega_1\right) + \mathrm{d}\left(\mathcal{S}_{31}\omega_2 - \mathcal{S}_{32}\omega_1\right)\\ =& [2H(G - G_K K) - [(2H)^2 - 2K]G_{2H} - \nabla \cdot (\nabla G_{2H} + \tilde{\nabla} G_K)]\boldsymbol{n}\omega_1 \wedge \omega_2.\end{aligned} \tag{7.43}$$

上式表明,

$$\nabla \cdot \mathcal{S} = [2H(G - G_K K) - (4H^2 - 2K)G_{2H} - \nabla \cdot (\nabla G_{2H} + \tilde{\nabla} G_K)]\boldsymbol{n}. \tag{7.44}$$

结合此式与式 (7.5), 我们可以得到形状方程 (7.9).

7.3 带边脂质膜的边界条件

本节, 我们基于应力张量和力矩张量导出第 5 章介绍的带边脂质膜的边界条件. 由于出现了边界, 我们需要从力平衡和力矩平衡的角度对线元作一讨论 [6].

考虑图 7.2 所示的弦, 线张力为 γ, 单位长度上受到的力和力矩矢量分别记为 $\boldsymbol{f}$ 和 $\boldsymbol{m}$, 以弧长对弦作参数化. 切出弧长为 Δs 的微元, 端点由矢量 $\boldsymbol{r}(s)$ 和 $\boldsymbol{r}(s+\Delta s)$ 标记. 微元受力 $-\gamma\boldsymbol{t}(s)$, $\gamma\boldsymbol{t}(s+\Delta s)$, $\boldsymbol{f}\Delta s$ 以及力矩 $\boldsymbol{m}\Delta s$ 的作用. 这里 $\boldsymbol{t}(s)$ 和 $\boldsymbol{t}(s+\Delta s)$ 代表弦的端点 $\boldsymbol{r}(s)$ 和 $\boldsymbol{r}(s+\Delta s)$ 处的单位切矢量.

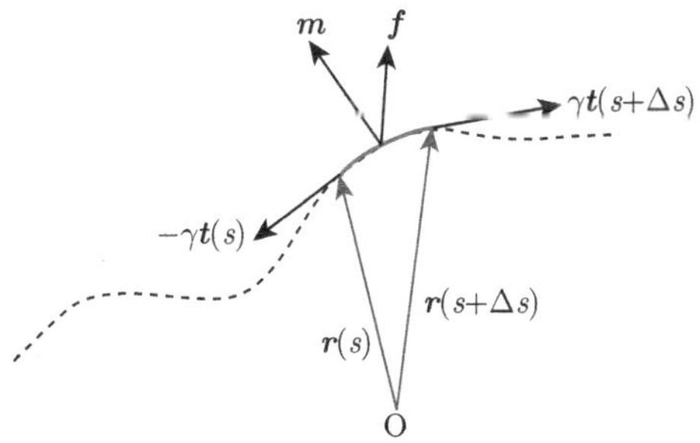

图 7.2 弦的微元受力分析

由式 (3.4) 和力平衡 $\gamma\boldsymbol{t}(s+\Delta s)-\gamma\boldsymbol{t}(s)+\boldsymbol{f}(s)\Delta s=0$ 可以导出, 当 $\Delta s\to 0$ 时, 有

$$\gamma\kappa(s)\boldsymbol{N}+\boldsymbol{f}(s)=0. \tag{7.45}$$

这里 $\kappa(s)$ 代表弦的曲率.

同理, 由力矩平衡方程 $\boldsymbol{r}(s)\times\boldsymbol{f}(s)\Delta s+\boldsymbol{r}(s+\Delta s)\times\gamma\boldsymbol{t}(s+\Delta s)-\boldsymbol{r}(s)\times\gamma\boldsymbol{t}(s)+\boldsymbol{m}(s)\Delta s=0$ 可以导出, 当 $\Delta s\to 0$ 时, 有

$$\boldsymbol{m}(s)=0. \tag{7.46}$$

现在考虑图 5.1 所示的带边脂质膜, 沿着边界线切一个很小的条带微元. 将小条带微元视为图 7.1 中的膜片, 则矢量 $\mathbf{l}$ 方向相当于图 7.1 中矢量 $\boldsymbol{b}$ 的方向, 而图 5.1 中的 $\boldsymbol{t}$ 则相当于图 7.1 中 $-\boldsymbol{t}$. 于是, 根据式 (7.23) 和式 (7.24), 可以将条带单位长度上受到的力矢量和力矩矢量写为

$$\begin{aligned}\boldsymbol{f}(s)=&-(G_{2H}\tau_g-\mu\kappa_n)\boldsymbol{t}+[G-G_KK-(2H-\kappa_n)G_{2H}+\mu\tau_g]\boldsymbol{b}\\&-[\nabla\mu\cdot\boldsymbol{t}+(\nabla G_{2H}+\tilde{\nabla}G_K)\cdot\boldsymbol{b}]\boldsymbol{n},\end{aligned} \tag{7.47}$$

和

$$\boldsymbol{m}(s)=(G_{2H}+\kappa_nG_K)\boldsymbol{t}+(\mu+\tau_gG_K)\boldsymbol{b}. \tag{7.48}$$

将式 (7.48) 代入力矩平衡方程 (7.46), 可以解出

$$G_{2H}+\kappa_nG_K=0, \tag{7.49}$$

和

$$\mu=-\tau_gG_K. \tag{7.50}$$

将上两式代入式 (7.47), 并注意到 $K=\kappa_n(2H-\kappa_n)-\tau_g^2$, 可以得到

$$\boldsymbol{f}(s)=G\boldsymbol{b}-[-\nabla(\tau_gG_K)\cdot\boldsymbol{t}+(\nabla G_{2H}+\tilde{\nabla}G_K)\cdot\boldsymbol{b}]\boldsymbol{n}. \tag{7.51}$$

将此式代入平衡方程 (7.45), 并且利用法曲率 $\kappa_n(s)\equiv\kappa(s)\boldsymbol{N}\cdot\boldsymbol{n}$ 和测地曲率 $\kappa_g(s)\equiv\kappa(s)\boldsymbol{N}\cdot\boldsymbol{l}$, 可以得到

$$G+\gamma\kappa_g=0, \tag{7.52}$$

以及

$$\gamma\kappa_n+\frac{\mathrm{d}(\tau_gG_K)}{\mathrm{d}s}-[(\nabla G_{2H}+\tilde{\nabla}G_K)\cdot\boldsymbol{l}]=0. \tag{7.53}$$

不难看出, (7.49)、(7.52) 和 (7.53) 三式分别对应于第 5 章所谈到的带边脂质膜的边界条件 (5.17)、(5.18) 和 (5.19).

7.4 两相膜的连接条件

本节, 我们将沿用 7.3 节的思路, 通过应力张量和力矩张量导出第 6 章介绍的两相膜的连接条件.

考虑图 7.3 所示的两相膜, 在边界线的 Q 点 (未画出) 处, 从两相膜分界线附近沿分界线切出一个很薄的条带, 放大图见图 7.3(b). 曲面在 Q 点的法矢量记为 $\boldsymbol{n}$, 分界线 C 在 Q 点的切矢量记为 $\boldsymbol{t}$. 无限细的条带可以视为从膜上切出来的膜片, 其边界线上的切矢量如图 7.3 所示. 在分界线左侧的边界线上的切矢量为 $\boldsymbol{t}^{\mathrm{I}}=-\boldsymbol{t}$, 而分界线右侧的边界线上的切矢量为 $\boldsymbol{t}^{\mathrm{II}}=\boldsymbol{t}$. 这一定向与图 7.3 一致. 由于条带足够细, 因此边界线法矢量与 Q 点的法矢量一致, 即 $\boldsymbol{n}^{\mathrm{I}}=\boldsymbol{n}^{\mathrm{II}}=\boldsymbol{n}$. 定义 $\boldsymbol{b}^{\mathrm{I}}\equiv\boldsymbol{t}^{\mathrm{I}}\times\boldsymbol{n}$ 以及 $\boldsymbol{b}^{\mathrm{II}}\equiv\boldsymbol{t}^{\mathrm{II}}\times\boldsymbol{n}$, 对于足够细的条带, 显然有 $\boldsymbol{b}^{\mathrm{I}}=-\boldsymbol{b}^{\mathrm{II}}$.

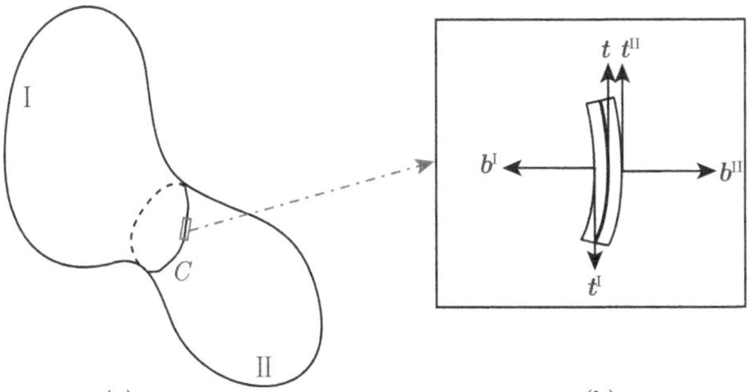

图 7.3 从两相膜分界线附近切出的微元

利用式 (7.24), 可以将条带单位长度上的力矩表示为

$$\begin{aligned}\boldsymbol{m}=&\boldsymbol{m}^{\mathrm{I}}+\boldsymbol{m}^{\mathrm{II}}\\=&-\left(G_{2H}^{\mathrm{I}}+\kappa_n G_K^{\mathrm{I}}\right)\boldsymbol{t}^{\mathrm{I}}+\left(\mu^{\mathrm{I}}+\tau_g G_K^{\mathrm{I}}\right)\boldsymbol{b}^{\mathrm{I}}\\&-\left(G_{2H}^{\mathrm{II}}+\kappa_n G_K^{\mathrm{II}}\right)\boldsymbol{t}^{\mathrm{II}}+\left(\mu^{\mathrm{II}}+\tau_g G_K^{\mathrm{II}}\right)\boldsymbol{b}^{\mathrm{II}}.\end{aligned}\tag{7.54}$$

由于 $\boldsymbol{t}^{\mathrm{I}}=-\boldsymbol{t}^{\mathrm{II}}=-\boldsymbol{t}$, $\boldsymbol{b}^{\mathrm{I}}=-\boldsymbol{b}^{\mathrm{II}}$, 因此力矩平衡方程 (7.46) 要求

$$G_{2H}^{\mathrm{I}}+\kappa_n G_K^{\mathrm{I}}=G_{2H}^{\mathrm{II}}+\kappa_n G_K^{\mathrm{II}},\tag{7.55}$$

以及

$$\mu^{\mathrm{II}}-\mu^{\mathrm{I}}=\tau_g\left(G_K^{\mathrm{I}}-G_K^{\mathrm{II}}\right).\tag{7.56}$$

显然, 式 (7.55) 恰好是两相膜的连接条件 (6.13). 从式 (7.54) 不难看出, 这一连接条件的力学含义是力矩沿着曲线 C 的切向方向的分量为零.

同理, 利用力平衡方程 (7.23), 条带单位长度受力为

$$\begin{aligned}\boldsymbol{f}=&\boldsymbol{f}^{\mathrm{I}}+\boldsymbol{f}^{\mathrm{II}}\\=&(G_{2H}^{\mathrm{I}}\tau_g-\mu^{\mathrm{I}}\kappa_n)\boldsymbol{t}^{\mathrm{I}}+(G_{2H}^{\mathrm{II}}\tau_g-\mu^{\mathrm{II}}\kappa_n)\boldsymbol{t}^{\mathrm{II}}\\&+\left[G^{\mathrm{I}}-G_K^{\mathrm{I}}K^{\mathrm{I}}-(2H^{\mathrm{I}}-\kappa_n)G_{2H}^{\mathrm{I}}+\mu^{\mathrm{I}}\tau_g\right]\boldsymbol{b}^{\mathrm{I}}\\&+\left[G^{\mathrm{II}}-G_K^{\mathrm{II}}K^{\mathrm{II}}-(2H^{\mathrm{II}}-\kappa_n)G_{2H}^{\mathrm{II}}+\mu^{\mathrm{II}}\tau_g\right]\boldsymbol{b}^{\mathrm{II}}\\&+\left[\nabla\mu^{\mathrm{I}}\cdot\boldsymbol{t}^{\mathrm{I}}-(\nabla G_{2H}^{\mathrm{I}}+\tilde{\nabla}G_K^{\mathrm{I}})\cdot\boldsymbol{b}^{\mathrm{I}}+\nabla\mu^{\mathrm{II}}\cdot\boldsymbol{t}^{\mathrm{II}}-(\nabla G_{2H}^{\mathrm{II}}+\tilde{\nabla}G_K^{\mathrm{II}})\cdot\boldsymbol{b}^{\mathrm{II}}\right]\boldsymbol{n}.\end{aligned}\tag{7.57}$$

考虑到 $\boldsymbol{t}^{\mathrm{I}}=-\boldsymbol{t}^{\mathrm{II}}=-\boldsymbol{t}$, $\boldsymbol{b}^{\mathrm{I}}=-\boldsymbol{b}^{\mathrm{II}}$, 式 (3.28)、式 (7.55) 和式 (7.56), 可将式 (7.57) 简化为

$$\begin{aligned}\boldsymbol{f}=&\left[G^{\mathrm{I}}-2H^{\mathrm{I}}(G_{2H}^{\mathrm{I}}+\kappa_nG_K^{\mathrm{I}})-G^{\mathrm{II}}+2H^{\mathrm{II}}(G_{2H}^{\mathrm{II}}+\kappa_nG_K^{\mathrm{II}})\right]\boldsymbol{b}^{\mathrm{I}}\\&+\left[\frac{\mathrm{d}(\tau_gG_K^{\mathrm{I}}-\tau_gG_K^{\mathrm{II}})}{\mathrm{d}s}-(\nabla G_{2H}^{\mathrm{I}}+\tilde{\nabla}G_K^{\mathrm{I}})\cdot\boldsymbol{b}^{\mathrm{I}}-(\nabla G_{2H}^{\mathrm{II}}+\tilde{\nabla}G_K^{\mathrm{II}})\cdot\boldsymbol{b}^{\mathrm{II}}\right]\boldsymbol{n}.\end{aligned}\tag{7.58}$$

将上式代入式 (7.45), 并利用定义 $\kappa_n\equiv\kappa\boldsymbol{N}\cdot\boldsymbol{n}$ 和 $\kappa_g\equiv\kappa\boldsymbol{N}\cdot\boldsymbol{b}^{\mathrm{I}}$, 可以导出

$$(\nabla G_{2H}^{\mathrm{I}}+\tilde{\nabla}G_K^{\mathrm{I}})\cdot\boldsymbol{b}^{\mathrm{I}}+(\nabla G_{2H}^{\mathrm{II}}+\tilde{\nabla}G_K^{\mathrm{II}})\cdot\boldsymbol{b}^{\mathrm{II}}=\gamma\kappa_n+\frac{\mathrm{d}[(G_K^{\mathrm{I}}-G_K^{\mathrm{II}})\tau_g]}{\mathrm{d}s},\tag{7.59}$$

和

$$2H^{\mathrm{I}}(G_{2H}^{\mathrm{I}}+\kappa_nG_K^{\mathrm{I}})-2H^{\mathrm{II}}(G_{2H}^{\mathrm{II}}+\kappa_nG_K^{\mathrm{II}})=\gamma\kappa_g+G^{\mathrm{I}}-G^{\mathrm{II}}.\tag{7.60}$$

式 (7.59) 与两相膜的连接条件 (6.14) 一致, 由 (7.45) 和 (7.58) 两式可以看出, 该连接条件代表曲线 C 上的点沿着曲面法线方向的力平衡. 同理, 式 (7.60) 与连接条件 (6.15) 一致, 它代表曲线 C 上的点沿着 $\boldsymbol{b}^{\mathrm{I}}$ 方向的力平衡.

7.5　关于未定的拉格朗日乘子的讨论

在应力张量表达式 (7.21) 和力矩张量的表达式 (7.22) 中, 存在着一个未定的拉格朗日乘子 μ. 在带边脂质膜的问题中, 我们是通过力矩平衡条件来导出 μ 的表达式 (7.50) 的. 在两相膜连接条件中, 我们也是通过力矩平衡条件导出两相膜的 μ^{I} 和 μ^{II} 之间需要满足的关系式 (7.56), 但是没有导出 μ^{I} 和 μ^{II} 各自具体的表达式, 恰好在导出连接条件的过程中, 不需要 μ^{I} 和 μ^{II} 各自具体的表达式, 只需要用到 μ^{I} 和 μ^{II} 之间满足的关系式 (7.56) 即可. 是否可能通过一些办法, 将 μ 的表达式表示成一些不变量的组合, 尚需作进一步探讨.

参 考 文 献

[1] Capovilla R, Guven J. Stresses in Lipid Membranes. J. Phys. A, 2002, **35**: 6233.

[2] Müller M M, Deserno M, Guven J. Interface-Mediated Interactions Between Particles: a Geometrical Approach. Phys. Rev. E, 2005, **72**: 061407.

[3] Müller M M, Deserno M, Guven J. Balancing Torques in Membrane-Mediated Interactions: Exact Results and Numerical Illustrations. Phys. Rev. E, 2007, **76**: 011921.

[4] Deserno M. Fluid Lipid Membranes: from Differential Geometry to Curvature Stresses. Chem. Phys. Lipids., 2015, **185**: 11.

[5] Tu Z C, Ou-Yang Z C. Elastic Theory of Low-Dimensional Continua and its Applications in Bio- and Nano-Structures. J. Comput. Theor. Nanosci., 2008, **5**: 422.

[6] Yang P, Du Q, Tu Z C. General Neck Condition for the Limit Shape of Budding Vesicles. Phys. Rev. E, 2017, **95**: 042403. [supplymental materials]

第 8 章　手性膜的弹性理论

前几章的研究中, 我们忽略了构成囊泡的分子的手性, 理论上处理比较简单. 不过, 不少实验研究表明, 手性分子能够形成有手性的膜结构 [1-4]. Fang 的研究组观察到 $DC_{8,9}PC$ 分子形成的管 [5], 分子在管上的投影与轴线成 45°. 他们还观察到螺旋波纹管 [6], 螺旋角的分布峰值为 5° 和 28°. 研究人员也在胆结石病人体内观察到胆固醇分子形成的螺旋条带, 发现其螺旋角集中在 11° 和 54° 两个角度 [7, 8]. Oda 等 [9, 10] 报道了非手性的阳性双亲分子与手性酒石酸盐补偿离子相互作用, 可以形成扭转条带. 特别有趣的是, 条带的手性以及螺旋角可以通过左手和右手型酒石酸盐补偿离子的比例来调节 [9]. 诸如此类实验要求我们发展手性膜的弹性理论来解释这些实验现象. 本章我们介绍几个理论模型, 特别是一个简化的模型, 试图对这些现象进行简单而且统一的描述.

8.1　Helfrich-Prost 模型

Helfrich 和 Prost [11] 假定手性分子形成的膜处于近晶 (Smectic) C^* 相, 分子的指向偏离膜的法线方向一个特定的角度. 选择一个局部右手正交标架 $\{\boldsymbol{n},\boldsymbol{m},\boldsymbol{p}\}$, 其中 $\boldsymbol{n}$ 是膜的法矢量, bmm 标记分子指向在面内的投影方向的单位矢量, 而 $\boldsymbol{p}$ 对应于铁电极化轴的方向. 出于对称性考量, Helfrich 和 Prost 将单位面积的弯曲自由能表示为 $\nabla\boldsymbol{n}$ 的一阶和二阶不变量之和的形式, 即

$$\begin{aligned}\mathcal{E}_{\text{ch}}=&(1/2)k_{mm}(\boldsymbol{m}\cdot\nabla\boldsymbol{n}\cdot\boldsymbol{m})^2+(1/2)k_{pp}(\boldsymbol{p}\cdot\nabla\boldsymbol{n}\cdot\boldsymbol{p})^2\\&+k_{mp}(\boldsymbol{m}\cdot\nabla\boldsymbol{n}\cdot\boldsymbol{p})^2+(1/2)\bar{k}[(\text{Tr}\nabla\boldsymbol{n})^2-\text{Tr}(\nabla\boldsymbol{n})^2]\\&-k_m(\boldsymbol{m}\cdot\nabla\boldsymbol{n}\cdot\boldsymbol{m})-k_p(\boldsymbol{p}\cdot\nabla\boldsymbol{n}\cdot\boldsymbol{p})-h(\boldsymbol{m}\cdot\nabla\boldsymbol{n}\cdot\boldsymbol{p}),\end{aligned}\tag{8.1}$$

其中算子 “Tr” 代表对张量取迹. 上式前三项表示各向异性的弯曲能量; 第四项代表高斯曲率的贡献; 第三行的前两项导致两个自发曲率 $c_{0m}=k_m/k_{mm}$ 和 $c_{0p}=k_p/k_{pp}$; 最后一项代表分子手性效应的贡献. 对于无手性的分子, $\boldsymbol{p}$ 和 $-\boldsymbol{p}$ 是等价的, 因此没有这一项 (即 $h=0$). 出于完整性考虑, 上式原则上还可以加上 $(\boldsymbol{p}\cdot\nabla\boldsymbol{m}\cdot\boldsymbol{p})^2$、$(\boldsymbol{m}\cdot\nabla\boldsymbol{m}\cdot\boldsymbol{p})^2$、$(\boldsymbol{p}\cdot\nabla\boldsymbol{m}\cdot\boldsymbol{p})$ 和 $(\boldsymbol{m}\cdot\nabla\boldsymbol{m}\cdot\boldsymbol{p})$ 这样一些项.

出于简单性考虑, Helfrich 和 Prost 讨论了各向同性弯曲情形, 即取 $k_{mm}=k_{mp}=k_{pp}=k_c$, 式 (8.1) 可以简化为如下形式:

$$\mathcal{E}_{\text{ch}}=(k_c/2)(\text{Tr}\nabla\boldsymbol{n})^2-h(\boldsymbol{m}\cdot\nabla\boldsymbol{n}\cdot\boldsymbol{p}). \tag{8.2}$$

对于半径为 R 的柱面膜上的均匀倾斜态, 式 (8.2) 进一步化为

$$\mathcal{E}_{\text{ch}}=(k_c/2R^2)-(h/2R)\sin 2\varphi, \tag{8.3}$$

其中 φ 代表分子倾斜方向与柱面周向的夹角. 对于均匀倾斜态, φ 不随位置变化. 显然, 当 $h>0$ 时, 自由能极小值发生在 $\varphi=\pi/4$ 处, 而 $h<0$ 时, 自由能极小值发生在 $\varphi=-\pi/4$ 处. 这一结果与实验观测相符 [5]. 对于非各向同性弯曲, 自由能极小不在 $\varphi=\pi/4$ 位置, 这有可能解释文献 [7, 8] 的观察结果.

基于 Helfrich-Prost 模型, Ou-Yang 和 Liu [12, 13] 解释了手性分子形成的结构从囊泡变为扭转条带, 最终变为螺旋条带的实验现象 [1]. 特别是, 他们导出 Helfrich-Prost 模型中手性贡献的能量可以表示为 $f_{\text{ch}}=-h\tau_{\boldsymbol{m}}$ 这样一个简单的形式, 其中 $\tau_{\boldsymbol{m}}$ 是沿着 $\boldsymbol{m}$ 方向线元的测地挠率.

8.2 Selinger-Schnur 模型

Selinger 和 Schnur [14] 讨论手性脂质分子形成的管时, 则考虑了三种来源的自由能. 第一种是弯曲能量, 对于半径为 R 的管, 可以表示为

$$F_{\text{curv}}=\int \mathrm{d}A[(k_c/2)(1/R)^2], \tag{8.4}$$

其中 k_c 是弯曲模量.

第二种能量是分子处于倾斜状态的能量代价, 具有如下朗道自由能形式:

$$F_{\text{tilt}}=\int \mathrm{d}A[(-a/2)\theta^2+(b/4)\theta^4], \tag{8.5}$$

其中 θ 代表分子指向与膜的法线夹角, $a=\alpha(T_c-T)$ 且 $b>0$、$\alpha>0$. T 和 T_c 分别代表环境温度和相变临界温度. 当温度从 T_c 以上降到 T_c 以下时, 分子由无倾斜相转变到倾斜相.

第三种能量是方向序的扭曲导致的能量代价, 可以用 Frank 自由能来描述 [15]:

$$F_{\text{Frank}}=\int \mathrm{d}A[(k_1/2)(\nabla_3\cdot\mathbf{l})^2+(k_2/2)(\mathbf{l}\cdot\nabla_3\times\mathbf{l}-q_0)^2+(k_3/2)(\mathbf{l}\times\nabla_3\times\mathbf{l})^2], \tag{8.6}$$

其中, k_1、k_2 和 k_3 是三个弹性常数; ∇_3 代表三维欧式空间中的梯度算子; $\mathbf{l}$ 代表分子的指向矢量 (单位向量); 参数 q_0 代表分子手性的贡献.

总的自由能是上面三项之和：$F_{\text{total}} = F_{\text{curv}} + F_{\text{tilt}} + F_{\text{Frank}}$. 基于这一自由能, Selinger 和 Schnur [14] 预言了螺旋调制的倾斜态. 如图 8.1(a) 所示, 几个螺旋条带形成管, 在每个条带内的分子倾斜角会发生改变, 但是沿着螺旋方向保持平移不变. 接着, Selinger 等 [16] 将其模型进行推广, 用来描述手性分子膜, 这些膜不一定恰好是圆柱面管. 他们预言了图 8.1(b) 所示的螺旋波纹态.

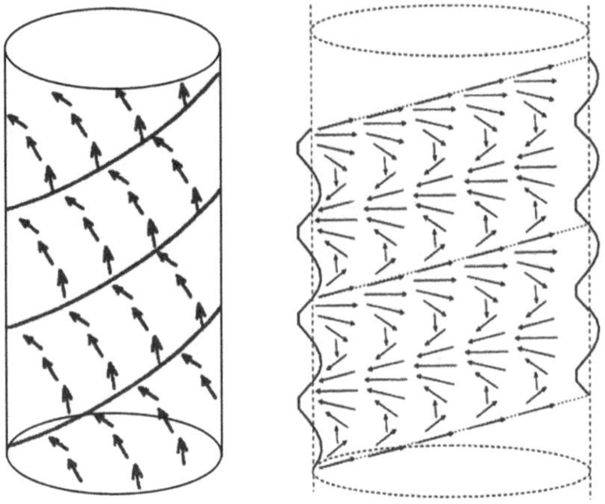

(a)　　(b)

图 8.1　手性分子形成的管: (a) 螺旋调制态 [14]; (b) 螺旋波纹态

8.3　Komura-Ou-Yang 模型

Chung 等 [7] 用模型胆汁 (牛磺胆酸盐:卵磷脂:胆固醇 =97.5:0.8:1.7) 制备出囊泡, 在 2~4 小时内, 囊泡变化为丝状结构; 几天以后, 丝状结构弯曲变为高螺旋角 (54°) 的螺旋条带, 渐渐地高螺旋角 (54°) 的螺旋条带生长为管状结构; 数周之后, 高螺旋角的螺旋条带和管消失, 低螺旋角的螺旋条带和管逐渐形成. 这个实验中最有趣的事情是存在两种螺旋角的螺旋条带. Komura 和 Ou-Yang 从 Frank 自由能出发, 考虑螺旋条带上的手性分子的两种不同排列 [17]: 一种称为 P-螺旋, 手性分子在螺旋面内投影方向与螺旋轴向夹角保持恒定; 另一种称为 A-螺旋, 即手性分子在螺旋面内投影方向沿螺旋方向具有平移不变性, 但沿着轴向有变化, 从条带一边到另一边投影方向正好转过 180°. 他们认为 A-螺旋可以解释实验上 [7] 观测到的低螺旋角 (11°) 的螺旋条带; 而 P-螺旋可以解释实验上 [7] 观测到的高螺旋角 (54°) 的螺旋条带.

单位面积的自由能写为

$$g_{LC} = \frac{k_{11}}{2}(\nabla \cdot \boldsymbol{d})^2 + \frac{k_{22}}{2}\left(\boldsymbol{d} \cdot \nabla \times \boldsymbol{d} - \frac{k_2}{k_{22}}\right)^2 + \frac{k_{33}}{2}(\boldsymbol{d} \times \nabla \times \boldsymbol{d})^2, \tag{8.7}$$

其中, k_{11}、k_{22}、k_{33} 是三个弹性常数; k_2/k_{22} 代表分子手性对能量的贡献. 手性膜的自由能可以写为上述自由能密度对膜表面的积分, 即 $F=\int g_{LC}\mathrm{d}A$. 式 (8.7) 中 $\boldsymbol{d}$ 代表分子的指向矢量 (单位矢量), 因此, 自由能本身与 Frank 自由能 (8.6) 等价.

如图 8.2(a) 所示, 在数学上, 半径为 ρ_0 的螺旋条带可以用矢量表示为 $\boldsymbol{Y}(\ell,\xi)=(\rho_0\cos\omega_0\ell,\rho_0\sin\omega_0\ell,h_0\omega_0\ell+\xi)$, 其中 $\omega_0=1/\sqrt{\rho_0^2+h_0^2}$. 螺旋角和螺距分别可以表示为 $\phi_0=\arctan(h_0/\rho_0)$ 和 $2\pi|h_0|$. 自变量 ℓ 和 ξ 的变化范围为 $0\leqslant\ell\leqslant L$ 及 $-\xi_0/2\leqslant\xi\leqslant\xi_0/2$, 其中 ξ_0 表示条带沿着 z 轴方向的宽度, L 表示螺旋带沿着螺旋方向的长度. 令 $\boldsymbol{d}=\cos\theta_0\boldsymbol{n}+\sin\theta_0\boldsymbol{m}$, 其中 $\boldsymbol{n}$ 代表膜表面法线矢量, $\boldsymbol{m}$ 代表 $\boldsymbol{d}$ 在面内投影方向的单位矢量, θ_0 代表 $\boldsymbol{n}$ 与 $\boldsymbol{d}$ 的夹角, 参考图 8.2(b). $\theta_0=0$ 对应于 L_α 相, 而 $\theta_0>0$ 对应于倾斜的 L_{β^*} 相. $\boldsymbol{m}$ 可以线性表示为 $\boldsymbol{m}=\cos\psi(\ell,\xi)\boldsymbol{z}+\sin\psi(\ell,\xi)\boldsymbol{e}$, 其中 $\boldsymbol{z}$ 表示沿着 z 轴方向的单位矢量, $\boldsymbol{e}$ 代表柱面的周向的单位矢量, $\psi(\ell,\xi)$ 代表 $\boldsymbol{m}$ 与 z 轴夹角, 它可以是变化的.

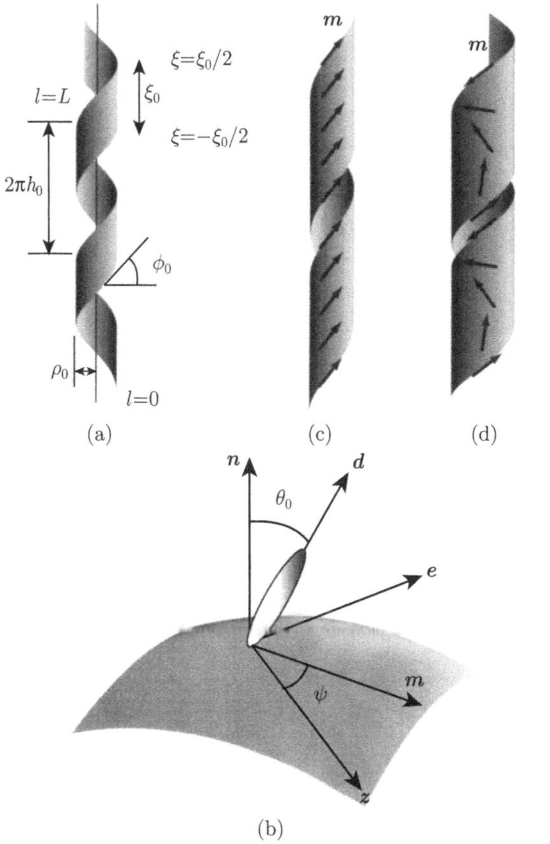

图 8.2 螺旋条带示意图 [17]: (a) 螺旋条带的参数化; (b) 倾斜的 L_{β^*} 相局部坐标; (c) P-螺旋; (d) A-螺旋

为了简化问题, 假定 ψ 只是 ξ 的函数, 并且三个弹性常数相同, 即 $k_{11}=k_{22}=k_{33}\equiv k$. 这样, 自由能密度 (8.7) 化为

$$\begin{aligned}g_{LC}=&(k/2\rho_0^2)[\cos^2\theta_0+\sin^2\theta_0(4\sin^2\psi+\omega_0^{-2}\psi_\xi^2)-\sin 2\theta_0(h_0\cos\psi+\rho_0\sin\psi)\psi_\xi]\\&-(k_2/2\rho_0)[\sin 2\theta_0(h_0\sin\psi-\rho_0\cos\psi)\psi_\xi+2\sin^2\theta_0\sin 2\psi]+k\mu^2/2,\end{aligned}\tag{8.8}$$

其中, $\psi_\xi=\mathrm{d}\psi/\mathrm{d}\xi$ 且 $\mu=k_2/k$. 这个自由能密度对应的欧拉–拉格朗日方程为

$$\psi_{\xi\xi}=2\omega_0^2\sin(2\psi-\alpha_0)/\cos\alpha_0,\tag{8.9}$$

其中, $\psi_{\xi\xi}=\mathrm{d}^2\psi/\mathrm{d}\xi^2$, $\alpha_0=\arctan(\mu\rho_0)$. 上述微分方程存在首次积分,

$$\psi_\xi=(2\omega_0/\sqrt{\cos\alpha_0})\sqrt{\cosh^2 C-\cos^2(\psi-\alpha_0/2)},\tag{8.10}$$

其中 C 为积分常数.

显然, 上述微分方程存在一个常数解, 即 $\psi=\psi_0=\alpha_0/2$. 在边界上分子倾斜方向与边界线平行, 即 $\phi_0=\pi/2-\psi_0=\pi/2-\alpha_0/2$, 这种排列称为 P-螺旋. 根据螺旋的矢量表达式, 可以计算出螺旋的曲率和挠率, 分别为 $\kappa_0=\rho_0\omega_0^2$ 和 $\tau_0=h_0\omega_0^2$. 这样, P-螺旋的自由能可以表示为

$$g_P=\frac{k}{2}[4\sin^2\theta_0(\kappa_0^2+\tau_0^2)+\cos^2\theta_0(\kappa_0+\tau_0^2/\kappa_0)^2]-2k_2\tau_0\sin^2\theta_0+\frac{k\mu^2}{2}.\tag{8.11}$$

对其做极小化, 由 $\partial g_P/\partial\kappa_0=\partial g_P/\partial\tau_0=0$, 可以得到 P-螺旋条带满足

$$\tan\phi_0=(1+4\tan^2\theta_0)^{1/4},\tag{8.12}$$

$$\mu\rho_0=-\tan 2\phi_0=\frac{2(1+4\tan^2\theta_0)^{1/4}}{(1+4\tan^2\theta_0)^{1/2}-1},\tag{8.13}$$

相应的自由能极小值为 $g_P=k\mu^2/2$. 显然, 式 (8.12) 表明 $\phi_0>45°$, 也就是说 P-螺旋的螺旋角大于 45°. 根据实验 [7], 初始时是直的条带, 这对应于 $\phi_0=\pi/2$ 以及 $\theta_0=\pi/2$, 即手性分子指向完全在条带面内的情况. 随着时间推移, θ_0 从 $\pi/2$ 变为某个特定的值, ϕ_0 也随之减小, 但仍旧大于 45°.

下面考虑另外一种可能性, 即条带上分子倾角变化的情形. 假定在螺旋边界上, 手性分子的倾斜仍旧与边界走向平行. 将边界对边上手性分子倾斜方向相反的螺旋称为 A- 螺旋, 即边界上 $\psi(-\xi_0/2)=\pi/2-\phi_0$ 和 $\psi(\xi_0/2)=\psi(-\xi_0/2)+\pi=3\pi/2-\phi_0$. 由这个边界条件可以确定解 (8.10) 中的待定常数 C, 它满足 $\cosh C=1/q$, 其中 q 由 $\xi_0=\sqrt{\cos\alpha_0}qK(q)/\omega_0$ 决定. 这里 $K(q)=\int_0^{\pi/2}\mathrm{d}\varphi/(1-q^2\sin^2\varphi)^{1/2}$ 是第一类完全椭圆积分. 代入式 (8.8), 计算出 A- 螺旋单位面积的自由能为

$$\begin{aligned}g_A=&(k\mu^2/2)[1+(1+\sin^2\theta_0)x^2+2\sin^2\theta_0 x\sqrt{1+x^2}(1-2/q^2)\\&+8\sin^2\theta_0 x\sqrt{1+x^2}E(q)/q^2K(q)-2\sin 2\theta_0\sqrt{x}(1+x^2)^{1/4}/qK(q)],\end{aligned}\tag{8.14}$$

其中, $x=\cot\alpha_0$, $E(q)=\int_0^{\pi/2}(1-q^2\sin^2\varphi)^{1/2}\mathrm{d}\varphi$ 为第二类完全椭圆积分. 将 g_A 对 ξ_0、ϕ_0 和 α_0 极小化 (等价于求 $\partial g_A/\partial q=0$), 经过繁复的计算, 最终可以求得单位面积的自由能极小值为

$$g_A=(k\mu^2/2)[1+(1+\sin^2\theta_0)(\sqrt{1+4y^4}-1)/2+2y^2\sin^2\theta_0-\cos^2\theta_0/E^2(q)], \quad (8.15)$$

其中 $y=\sqrt{\cos\alpha_0}/\sin\alpha_0=q\cot\theta_0/2E(q)$. 于是, 可以得到 A-螺旋和 P-螺旋单位面积的约化自由能差为

$$\Delta g=\frac{2(g_A-g_P)}{k\mu^2}=(1+\sin^2\theta_0)(\sqrt{1+4y^4}-1)/2+2y^2\sin^2\theta_0-\cos^2\theta_0/E^2(q). \quad (8.16)$$

图 8.3 给出了不同 θ_0 对应的约化自由能差关于 q 的函数曲线. 由 $q=1$ 时 $\Delta g=0$ 可以求得 $\theta_0^*=\arctan\left[\frac{2}{3}\cos\left(\frac{1}{3}\arccos\frac{5}{32}\right)-\frac{1}{6}\right]^{1/2}$. 当 $0<\theta_0<\theta_0^*$ 时, 存在临界的 q 值 (记为 q^*) 使得 $g_P=g_A$. 当 $\theta_0^*<\theta_0<\pi/2$ 时, g_A 总小于 g_P, 因此可以解释从 P-螺旋向 A-螺旋的转变.

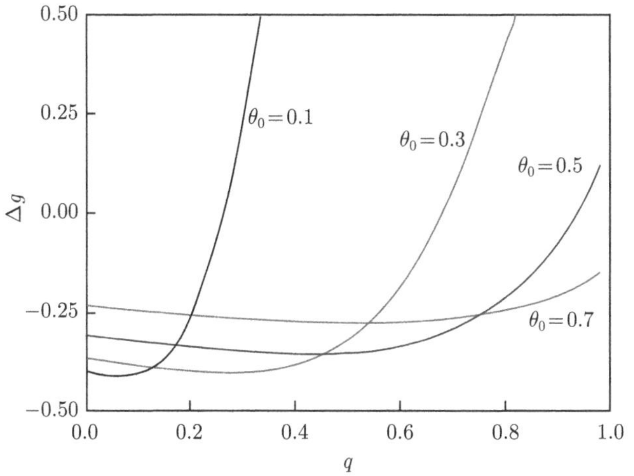

图 8.3 A-螺旋和 P-螺旋单位面积的约化自由能差

现在考虑高螺旋角的螺旋的优化螺旋角. 当高螺旋角的螺旋向低螺旋角转换时, θ_0 必须从 $\pi/2$ 减小到 $\theta_0^*=\arctan\left[\frac{2}{3}\cos\left(\frac{1}{3}\arccos\frac{5}{32}\right)-\frac{1}{6}\right]^{1/2}$. 将此角度代入式 (8.12), 可以求得 [17]

$$\phi_0=\arctan\left[\frac{1}{3}+\frac{8}{3}\cos\left(\frac{1}{3}\arccos\frac{5}{32}\right)\right]^{1/4}\approx 52.1^\circ, \quad (8.17)$$

该结果与实验值 $\phi_0=53.7\pm0.8^\circ$ [7] 十分接近.

8.4 手性膜的简化理论

在上面的几个理论中, 自由能比较复杂, 难以导出平衡形状的控制方程. 这里介绍 Tu 和 Seifert 提出的一个简化理论 [18], 该简化理论仍然能够解释多数实验现象.

8.4.1 自由能的构造

手性膜的自由能密度 (单位面积的自由能) 包括三部分.

第一部分是膜的弯曲自由能, 仍旧取成 Helfrich 自发曲率能 [19] 的形式:

$$f_H = (k_c/2)(2H + c_0)^2 - \bar{k}K + \lambda, \tag{8.18}$$

其中, k_c 和 $\bar{k}$ 代表弯曲刚度; λ 是表面张力; c_0 是膜的自发曲率; H 和 K 分别代表膜的平均曲率和高斯曲率.

第二部分是分子手性对能量的贡献 [13]:

$$f_{\text{ch}} = -h\tau_{\boldsymbol{m}}, \tag{8.19}$$

其中, h 反映了分子手性的强度, 不失一般性, 下面假定 $h > 0$; 下标 $\boldsymbol{m}$ 代表手性分子方向在膜面上的投影的单位矢量, 而 $\tau_{\boldsymbol{m}}$ 代表沿着 $\boldsymbol{m}$ 方向线元的测地挠率. 如图 8.4 所示, 取右手正交归一的标架 $\{\boldsymbol{e}_1, \boldsymbol{e}_2, \boldsymbol{e}_3\}$, 使得 $\boldsymbol{e}_3$ 沿着膜的法线方向. 单位矢量 $\boldsymbol{m}$ 可以表示为 $\boldsymbol{m} = \cos\phi\boldsymbol{e}_1 + \sin\phi\boldsymbol{e}_2$, 这里 ϕ 代表 $\boldsymbol{m}$ 与 $\boldsymbol{e}_1$ 的夹角. $\tau_{\boldsymbol{m}}$ 可以由式 (3.25) 表示. 特别是在主标架中, 测地挠率可以表示为

$$\tau_{\boldsymbol{m}} = (1/R_1 - 1/R_2)\cos\phi\sin\phi. \tag{8.20}$$

考虑到周期性质 $\tau_{\boldsymbol{m}}(\phi + \pi) = \tau_{\boldsymbol{m}}(\phi)$, 可将 ϕ 限制在区间 $(-\pi/2, \pi/2]$ 之中. 容易看到, $\boldsymbol{m}$ 关于 $\boldsymbol{e}_1$ 的反射像方向的测地挠率与原测地挠率反号, 因 $\phi \mapsto -\phi$. 这表明式 (8.19) 破缺了空间反演不变性, 因此可以区分手性. 此外, 从能量 (8.20) 可以得到极小值为

$$f_{\text{ch}}^{\min} = -(h/2)|1/R_1 - 1/R_2|, \tag{8.21}$$

对应于极小值的角度为 $+\pi/4$ 或 $-\pi/4$. $\pi/4$ 前面取正号还是负号取决于 $(1/R_1 - 1/R_2)$ 的符号. R_1 与 R_2 相差越大, 手性的能量贡献的绝对值越大. 也就是说, 手性项更倾向于让曲面取马鞍面的形状, 这种形状局部的两个主曲率半径 R_1 和 R_2 有相反的符号.

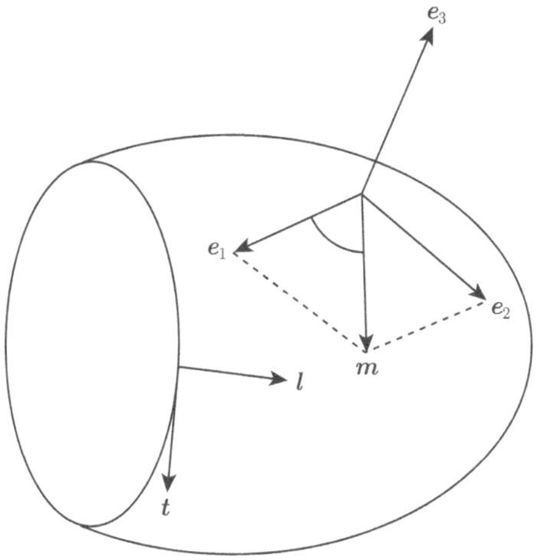

图 8.4 手性膜的示意图

第三项为分子面内投影方向的改变贡献的能量 [20]:

$$f_{\text{ov}} = (k_f/2)[(\nabla \times \boldsymbol{m})^2 + (\nabla \cdot \boldsymbol{m})^2], \tag{8.22}$$

这里 k_f 是抵抗方向改变的弹性常数, 具有能量量纲. 可以定义自旋联络 $\boldsymbol{S}$, 使得 $\nabla \times \boldsymbol{S} = K$ [21], 由此可以导出 $(\nabla \times \boldsymbol{m})^2 + (\nabla \cdot \boldsymbol{m})^2 = (\nabla\phi - \boldsymbol{S})^2$.

因此, 总的自由能密度 $G = f_H + f_{\text{ch}} + f_{\text{ov}}$ 具有如下简洁的形式:

$$G = \frac{k_c}{2}(2H + c_0)^2 + \bar{k}K + \lambda - h\tau_{\boldsymbol{m}} + \frac{k_f}{2}\boldsymbol{v}^2, \tag{8.23}$$

其中矢量 $\boldsymbol{v} \equiv \nabla\phi - \boldsymbol{S}$. 上述自由能密度是由单位切矢量场 $\boldsymbol{m}$ 和法矢量场 $\boldsymbol{e}_3$ 所能构造的包含弯曲、手性和倾斜方向序的最简单形式.

8.4.2 无边手性膜的控制方程

对于无边界手性膜, 例如手性分子形成的囊泡, 其自由能可以表述为

$$F = \int G\mathrm{d}A + p\int \mathrm{d}V, \tag{8.24}$$

其中, $\mathrm{d}A$ 表示膜的面积元; $\mathrm{d}V$ 表示囊泡的体积元; p 表示囊泡的渗透压 (外压减去内压). 下面采用第 4 章发展的变分方法推导式 (8.24) 对应的欧拉–拉格朗日方程, 即无边手性膜的控制方程.

首先, 令 $\delta\phi \equiv \Xi$, 不难算出

$$\delta\tau_{\boldsymbol{m}} = 2(H - \kappa_{\boldsymbol{m}})\Xi, \tag{8.25}$$

以及

$$\delta(\boldsymbol{v}^2\mathrm{d}A) = 2\mathrm{d}\Xi \wedge *(\mathrm{d}\phi + \omega_{12}). \tag{8.26}$$

结合上面两式以及斯托克斯定理, 可以导出

$$\delta F = \int [2h(\kappa_{\boldsymbol{m}} - H) - k_f \nabla^2 \phi]\Xi \mathrm{d}A + k_f \oint \Xi * \boldsymbol{v} \cdot \mathrm{d}\boldsymbol{r}, \tag{8.27}$$

对于无边界膜, 上式第二项为零. 考虑到 Ξ 的任意性, 从 $\delta F = 0$ 导出:

$$2h(\kappa_{\boldsymbol{m}} - H) - k_f \nabla^2 \phi = 0. \tag{8.28}$$

需要指出的是, 上式中我们已经用了规范 $\nabla \cdot \boldsymbol{S} = 0$. 一般情况下, 应该将 $\nabla^2\phi$ 替换为 $\nabla^2\phi - \nabla \cdot \boldsymbol{S}$.

下一步, 令 F_0 代表泛函 (8.24) 中不包含 h 和 k_f 的部分, 而将余下部分定义为

$$F_{ad} = \int \left(\frac{k_f}{2}\boldsymbol{v}^2 - h\tau_{\boldsymbol{m}}\right) \mathrm{d}A. \tag{8.29}$$

根据第 4 章的经验, 对于无边界囊泡, 只需考虑沿着法线方向的变分 $\delta \boldsymbol{r} = \Omega_3 \boldsymbol{e}_3$, 相应标架的变分记为 $\delta \boldsymbol{e}_i = \Omega_{ij}\boldsymbol{e}_j \ (i = 1, 2, 3)$.

在第 4 章中, 已经计算了 F_0 的变分, 表达式为

$$\delta F_0 = \int [2k_c \nabla^2 H - 2\lambda H + k_c(2H + c_0)(2H^2 - c_0 H - 2K) + p]\Omega_3 \mathrm{d}A. \tag{8.30}$$

经过较为繁琐的计算, 可以得到

$$\delta(\tau_{\boldsymbol{m}}\mathrm{d}A) = 2\Omega_{12}(H - \kappa_{\boldsymbol{m}})\mathrm{d}A + \nabla \cdot \boldsymbol{m} \mathrm{d}\Omega_3 \wedge \boldsymbol{m} \cdot \mathrm{d}\boldsymbol{r} + \boldsymbol{m} \cdot \mathrm{d}\boldsymbol{r} \wedge \mathrm{d}(\mathrm{d}\Omega_3 \wedge * \boldsymbol{m} \cdot \mathrm{d}\boldsymbol{r}/\mathrm{d}A), \tag{8.31}$$

和

$$\delta(\boldsymbol{v}^2\mathrm{d}A) = 2\mathrm{d}\Omega_{12} \wedge *(\mathrm{d}\phi + \omega_{12}) + 2\mathrm{d}\Omega_3 \wedge \boldsymbol{v} \cdot d\boldsymbol{e}_3 + 2(\kappa_{\boldsymbol{v}} - H)\boldsymbol{v}^2 \Omega_3 \mathrm{d}A. \tag{8.32}$$

式中, $\kappa_{\boldsymbol{m}}$ 和 $\kappa_{\boldsymbol{v}}$ 是沿 $\boldsymbol{m}$ 和 $\boldsymbol{v}$ 方向的线元的法曲率.

结合上两式以及斯托克斯定理, 可以导出

$$\delta F_{ad} = \int \{h[\nabla \cdot (\boldsymbol{m} \nabla \times \boldsymbol{m}) + \nabla \times (\boldsymbol{m} \nabla \cdot \boldsymbol{m})] + k_f[(\kappa_{\boldsymbol{v}} - H)\boldsymbol{v}^2 - \nabla \boldsymbol{v} \colon \nabla \boldsymbol{e}_3]\}\Omega_3 \mathrm{d}A, \tag{8.33}$$

考虑到 Ω_3 的任意性, 由 $\delta F = \delta F_0 + \delta F_{ad} = 0$ 得到第二个欧拉–拉格朗日方程为

$$\begin{aligned} &2\nabla^2 H + (2H + c_0)(2H^2 - c_0 H - 2K) - 2\tilde{\lambda} H + \tilde{p} \\ &+ \tilde{h}[\nabla \cdot (\boldsymbol{m} \nabla \times \boldsymbol{m}) + \nabla \times (\boldsymbol{m} \nabla \cdot \boldsymbol{m})] + \tilde{k}_f[(\kappa_{\boldsymbol{v}} - H)\boldsymbol{v}^2 - \nabla \boldsymbol{v} \colon \nabla \boldsymbol{e}_3] = 0. \end{aligned} \tag{8.34}$$

其中约化参数 $\tilde{h} = h/k_c$, $\tilde{k}_f = k_f/k_c$, $\tilde{p} = p/k_c$, $\tilde{\lambda} = \lambda/k_c$.

8.4.3 带边手性膜的控制方程

下面考虑如图 8.4 所示的带边手性膜. 其中边界线的单位切矢量记为 $\boldsymbol{t}$, 单位矢量 $\boldsymbol{l}=\boldsymbol{e}_3\times\boldsymbol{t}$. 带边手性膜的自由能可以写为

$$F=\int G\mathrm{d}A+\gamma\oint\mathrm{d}s, \tag{8.35}$$

其中, $\mathrm{d}s$ 是边界线的弧长单元; γ 代表边界线的线张力.

令 $\delta\phi=\Xi$, 我们对上式变分仍旧有式 (8.27), 可以进一步写为

$$\delta F=\int[2h(\kappa_{\boldsymbol{m}}-H)-k_f\nabla^2\phi]\Xi\mathrm{d}A-k_f\oint v_l\Xi\mathrm{d}s, \tag{8.36}$$

其中 $v_l=\boldsymbol{v}\cdot\boldsymbol{l}$. 因此, 由 $\delta F=0$ 可以导出第一个欧拉–拉格朗日方程 (8.28) 以及第一个边界条件

$$v_l=0. \tag{8.37}$$

由于可以选择任意标架 $\{\boldsymbol{r};\boldsymbol{e}_1,\boldsymbol{e}_2,\boldsymbol{e}_3\}$, 这里选择适当标架使得在边界上 $\boldsymbol{e}_1$ 和 $\boldsymbol{e}_2$ 分别与 $\boldsymbol{t}$ 和 $\boldsymbol{l}$ 重合. 在每一点, 带边界的手性膜的无限小形变, 总能够表示为法线方向的无限小位移 Ω_3 与 $\boldsymbol{e}_2$ 方向的切向位移 Ω_2 的线性叠加.

首先考虑面内位移模式 $\delta\boldsymbol{r}=\Omega_2\boldsymbol{e}_2$. 根据第 4 章的变分办法, 可以得到 $\delta\oint\mathrm{d}s=-\oint\kappa_g\Omega_2\mathrm{d}s$, 其中 κ_g 代表边界曲线的测地曲率. 此外, 我们还可以推出

$$\delta\int G\mathrm{d}A=-\oint G\Omega_2\mathrm{d}s. \tag{8.38}$$

尽管我们没有展示导出上式的复杂过程, 但从物理上可以直观预期到该结果. 对于沿着 $\boldsymbol{e}_2$ 方向的 Ω_2 位移, G 类似于表面张力, 曲面面积近似增量为 $\Omega_2 ds$, 因此 $\int G\mathrm{d}A$ 增量为式 (8.38). 由 $\delta F=0$ 可以得到第二个边界条件

$$(1/2)(2H+c_0)^2+\tilde{k}K-\tilde{h}\tau_{\boldsymbol{m}}+(\tilde{k}_f/2)\boldsymbol{v}^2+\tilde{\lambda}+\tilde{\gamma}\kappa_g=0, \tag{8.39}$$

其中 $\tilde{k}=\bar{k}/k_c$, $\tilde{\gamma}=\gamma/k_c$.

接下来, 考虑面外形变模式 $\delta\boldsymbol{r}=\Omega_3\boldsymbol{e}_3$. 用 F_0 表示泛函 (8.35) 中不包括 h 和 k_f 的项, 包含 h 和 k_f 的项仍旧记为泛函 (8.29). 根据第 4 章的变分办法, 可以得到

$$\begin{aligned}\delta F_0=&\int[k_c(2H+c_0)(2H^2-c_0H-2K)-2\lambda H]\Omega_3\mathrm{d}A\\&+\int 2k_c(\nabla^2H)\Omega_3\mathrm{d}A-\oint[k_c(2H+c_0)+\bar{k}\kappa_n]\Omega_{23}\mathrm{d}s\\&-\oint[-2k_c\partial H/\partial\boldsymbol{l}+\gamma\kappa_n+\bar{k}\dot{\tau}_g]\Omega_3\mathrm{d}s,\end{aligned} \tag{8.40}$$

其中“点”代表几何量对弧长参数 s 的导数, $\partial/\partial \boldsymbol{l} \equiv \boldsymbol{l}\cdot\nabla$ 代表沿着 $\boldsymbol{l}$ 的方向导数. 同样, 对 F_{ad} 做变分有

$$\begin{aligned}\delta F_{ad}=&\int h[\nabla\cdot(\boldsymbol{m}\nabla\times\boldsymbol{m})+\nabla\times(\boldsymbol{m}\nabla\cdot\boldsymbol{m})]\Omega_3\mathrm{d}A\\&+\int k_f[(\kappa_{\boldsymbol{v}}-H)\boldsymbol{v}^2-\nabla\boldsymbol{v}:\nabla\boldsymbol{e}_3]\Omega_3\mathrm{d}A\\&+\oint[h(v_t+\dot{\bar{\phi}})\sin2\bar{\phi}-k_f\kappa_n v_t]\Omega_3\mathrm{d}s+\oint(h/2)\sin2\bar{\phi}\Omega_{23}\mathrm{d}s,\end{aligned}\tag{8.41}$$

其中, $v_t=\boldsymbol{v}\cdot\boldsymbol{t}$; κ_n、τ_g 和 κ_g 分别是边界曲线的法曲率、测地挠率和测地曲率; $\bar{\phi}$ 是边界上分子指向投影矢量 $\boldsymbol{m}$ 和边界线切向量 $\boldsymbol{t}$ 之间的夹角. 由于 Ω_3 代表沿着曲面法线 $\boldsymbol{e}_3$ 方向上的无限小位移, 而 Ω_{23} 代表边界上 $\boldsymbol{e}_3$ 绕着 $\boldsymbol{t}$ 的无限小转动, 二者是独立的. 因此, 由 $\delta F=0$ 可以导出第二个欧拉–拉格朗日方程

$$\begin{aligned}&2\nabla^2H+(2H+c_0)(2H^2-c_0H-2K)-2\tilde{\lambda}H\\&+\tilde{h}[\nabla\cdot(\boldsymbol{m}\nabla\times\boldsymbol{m})+\nabla\times(\boldsymbol{m}\nabla\cdot\boldsymbol{m})]+\tilde{k}_f[(\kappa_{\boldsymbol{v}}-H)\boldsymbol{v}^2-\nabla\boldsymbol{v}:\nabla\boldsymbol{e}_3]=0.\end{aligned}\tag{8.42}$$

以及另外两个边界条件

$$(2H+c_0)+\tilde{k}\kappa_n-(\tilde{h}/2)\sin2\bar{\phi}=0,\tag{8.43}$$

$$\tilde{\gamma}\kappa_n+\tilde{k}\dot{\tau}_g-2\partial H/\partial\boldsymbol{l}-\tilde{h}(v_t+\dot{\bar{\phi}})\sin2\bar{\phi}+\tilde{k}_f\kappa_n v_t=0.\tag{8.44}$$

需要指出的是, 边界条件 (8.37)、(8.39)、(8.43) 和 (8.44) 表示边界曲线上的点所满足的力或者力矩平衡方程.

8.4.4 手性膜控制方程的解析特解

本小节讨论手性膜控制方程的一些解析特解.

球面

对于半径为 R 的手性囊泡, $\tau_{\boldsymbol{m}}$ 总是为零的. 因此, 自由能 (8.24) 与分子手性无关, 所以容许左手性和右手性球形囊泡同比例存在. 这是在实验中无法观察到手性球形囊泡的溶液中的圆二色谱 [2] 的根本原因.

柱面

考虑足够长的柱面以至于可以忽略两端的边界条件. 设其半径为 ρ, 轴向坐标为 z, 圆周方向用弧长参数 s 标记. ϕ 表示分子指向在面内投影 $\boldsymbol{m}$ 与周向方向的夹角. 此时, 欧拉–拉格朗日方程 (8.28) 和 (8.34) 可以分别化为

$$\tilde{k}_f(\phi_{ss}+\phi_{zz})+(\tilde{h}/\rho)\cos2\phi=0,\tag{8.45}$$

和

$$\tilde{h}[2(\phi_z^2-\phi_s^2+\phi_{sz})\sin 2\phi+(\phi_{ss}-\phi_{zz}+4\phi_z\phi_s)\cos 2\phi]$$
$$+\tilde{\lambda}/\rho+(c_0^2-1/\rho^2)/2\rho+\tilde{k}_f[(\phi_z^2-\phi_s^2)/2\rho+\phi_{sz}/\rho]=0. \quad (8.46)$$

其中, 下标 s 和 z 分别代表对 s 和 z 的偏导数.

不难看出 $\phi=\pi/4$ 以及 $2\tilde{\lambda}\rho^2-1+c_0^2\rho^2=0$ 能够满足上述方程. 对应的解为图 8.5(a) 所示的均匀倾斜相的手性管. 这一结果与文献 [5] 的实验观测结果一致.

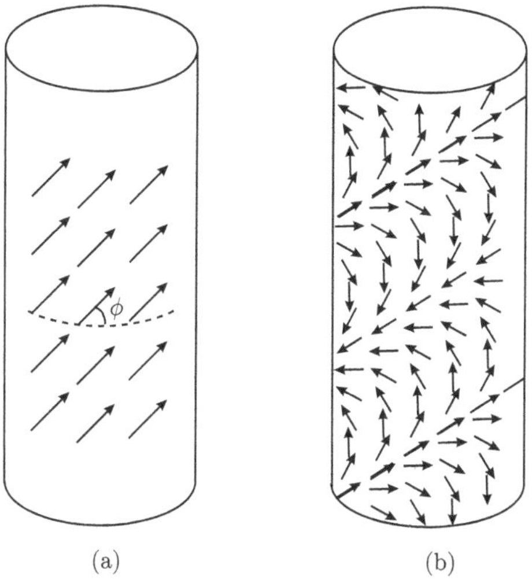

图 8.5 手性管 [18]: (a) 均匀倾斜相; (b) 螺旋调制相

另外一种可能是 Selinger 等提出的螺旋调制相的手性管 [16]. 如图 8.5(b) 所示, 在螺旋调制相中, 分子指向投影矢量与周向夹角 ϕ 沿着缠绕于管上的假想螺旋方向是不变的. 记 ψ 为螺旋的螺旋角, 采用坐标变换 $(s,z)\to(\zeta,\eta)$: $\zeta=s\cos\psi+z\sin\psi, \eta=-s\sin\psi+z\cos\psi$, 其中 ζ 代表沿着螺旋长边走向的坐标, η 代表与螺旋长边正交的方向. 在新坐标中, ϕ 只依赖于 η. 引入无量纲量 $\chi=\eta/\rho$; $\bar{h}=\tilde{h}\rho/\tilde{k}_f$. 令 $\Theta=\phi-\psi$, 可以将方程 (8.45) 和 (8.46) 变为

$$\Theta_{\chi\chi}=-\bar{h}\cos 2(\Theta+\psi), \quad (8.47)$$

和

$$(1-c_0^2\rho^2)-2\tilde{\lambda}\rho^2=\tilde{k}_f[\Theta_\chi^2\cos 2\psi-\Theta_{\chi\chi}\sin 2\psi+2\bar{h}(2\Theta_\chi^2\sin 2\Theta-\Theta_{\chi\chi}\cos 2\Theta)]. \quad (8.48)$$

方程 (8.47) 是可积的, 积分一次得到

$$\Theta_\chi^2=\mu^2-\bar{h}\sin 2(\Theta+\psi), \quad (8.49)$$

其中 μ 为积分常数. 将 (8.47) 和 (8.49) 两式代入 (8.48) 式, 我们得到

$$\begin{aligned}(1-c_0^2\rho^2)-2\tilde{\lambda}\rho^2=&\tilde{k}_f[\mu^2\cos 2\psi+\bar{h}(4\mu^2-1)\sin 2\Theta]\\&+2\tilde{k}_f\bar{h}^2[\cos(4\Theta+2\psi)-\sin 2\Theta\sin 2(\Theta+\psi)].\end{aligned}\tag{8.50}$$

上式成立的必要条件是右端项为常量, 对于变化的 Θ 这仅仅在 $\bar{h}=0$ 时才是可能的. 因此在手性膜的简化理论中, 管上的螺旋调制相不对应于自由能极小状态. 手性分子指向变化破坏了法线方向的力平衡, 从而产生螺旋波纹柱面.

螺旋波纹柱面

下面讨论如图 8.6 所示的小起伏波纹柱面, 柱面半径设为 ρ. 经历小的面外形变后, 波纹柱面表示为 $\{\rho(1+y)\cos(s/\rho),\rho(1+y)\sin(s/\rho),z\}$, 其中 $|y|\ll 1$ 是 s 和 z 的函数.

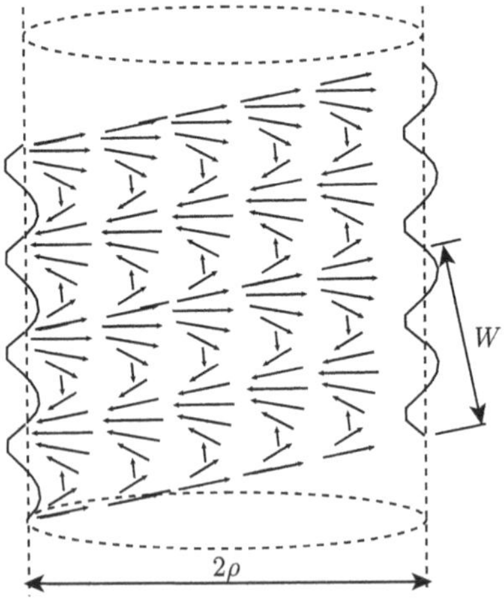

图 8.6　小起伏波纹柱面示意图 [18]

为了计算简单, 取 $c_0=0$, $\lambda=0$, $k_f\simeq k_c$. 这样, 手性膜的控制方程变为

$$\rho^2(\phi_{ss}+\phi_{zz}+\phi_z y_z-\phi_s y_s-2y\phi_{ss}-y_{zs})=-\bar{h}\cos 2\phi\tag{8.51}$$

和

$$\begin{aligned}&\rho^2[(1+\rho^2\partial_{ss}+\rho^2\partial_{zz})^2y-1/2]+\rho^2[(1+\rho^2\partial_{ss}+\rho^2\partial_{zz})y/2-2\rho^2y_{zz}]\\&+\bar{h}[2(\phi_z^2-\phi_s^2+\phi_{sz})\sin 2\phi+(\phi_{ss}-\phi_{zz}+4\phi_z\phi_s)\cos 2\phi]\\&+(\phi_s^2-\phi_z^2)(y+\rho^2y_{ss}-\rho^2y_{zz}-1)/2\\&+\phi_{sz}+y\phi_s^2-2y\phi_{sz}-y_{zz}+2\rho^2y_{sz}\phi_s\phi_z=0.\end{aligned}\tag{8.52}$$

下面考虑如图 8.6 所示螺旋波纹柱面, ϕ 和 y 沿着螺旋方向是不变的. 利用与螺旋调制相相同的坐标变换, 并且取 $\vartheta=\phi-(\Theta+\psi)$, 其中 ψ 是螺旋角, 而 Θ 满足方程 (8.47). 于是方程 (8.51) 和 (8.52) 可以约化为矩阵形式:

$$\mathcal{L}\Psi=\Phi, \tag{8.53}$$

其中, $\Psi\equiv\{\vartheta,y\}^{\mathrm{T}}$, $\Phi\equiv\{0,(\bar{h}/2)(1-4\mu^2)\sin 2\Theta\}^{\mathrm{T}}$, 这里上角标"T"代表矩阵转置操作, 微分算子矩阵 $\mathcal{L}$ 的四个分量分别为 $\mathcal{L}_{11}\equiv-\mathrm{d}^2/\mathrm{d}\chi^2$, $\mathcal{L}_{12}\equiv-\mu\cos 2\psi\mathrm{d}/\mathrm{d}\chi-\sin\psi\cos\psi\mathrm{d}^2/\mathrm{d}\chi^2$, $\mathcal{L}_{21}\equiv\mu\cos 2\psi\mathrm{d}/\mathrm{d}\chi-\sin\psi\cos\psi\mathrm{d}^2/\mathrm{d}\chi^2$, $\mathcal{L}_{22}\equiv\mu^2\cos^2\psi+[2\mu^2\cos 2\psi\sin^2\psi+(\mu^2-1)\cos^2\psi]\mathrm{d}^2/\mathrm{d}\chi^2+\mu^2\cos 2\psi\mathrm{d}^4/\mathrm{d}\chi^4$, 这里 μ 与螺旋角 ψ 满足

$$\mu^2\cos 2\psi\simeq 1\quad(\simeq 1/\tilde{k}_f). \tag{8.54}$$

不难解出方程 (8.53) 的特解为

$$\tilde{\Psi}=\frac{\bar{h}(1-4\mu^2)}{4\Gamma}\begin{pmatrix}\cos 2(\Theta+\psi)\\ 2\sin 2\Theta\end{pmatrix}, \tag{8.55}$$

其中 $\Gamma\equiv\mu^2(3\cos^2\psi+\cos 2\psi-8\mu^2\cos 2\psi\sin^2\psi-4\mu^2\cos^2\psi+16\mu^4\cos 2\psi)$ 总是正数.

注意到方程 (8.53) 中只包含 ϑ 和 y 的线性项, 它本身可以从自由能 F 展开到 ϑ 和 y 的二阶项得到. 波纹柱面与螺旋调制相的自由能差的无量纲形式为

$$\Delta F=\int_0^{W/\rho}\left(\frac{1}{2}\Psi^t\mathcal{L}\Psi-\Psi^t\Phi\right)\mathrm{d}\chi, \tag{8.56}$$

其中, W 是波纹沿着 η 方向的宽度, 如图 8.6 所示. 将特解 (8.55) 代入上述方程, 可以证明

$$\Delta F=-\frac{\bar{h}^2(1-4\mu^2)^2}{8\Gamma}\int_0^{W/\rho}\sin^2 2\Theta\mathrm{d}\chi<0, \tag{8.57}$$

这表明波纹柱面相比螺旋调制相, 能量上更占优势. 此外, 从式 (8.54) 容易看出 $\psi<45^\circ$. 实验上观察到的波纹柱面的螺旋角确实都小于 45° [6].

特解 (8.55) 表明波纹面起伏不大, 等价于手性较弱, 即 $h\ll 1$. 此时方程 (8.49) 给出 $\Theta_\chi\approx\mu$. 另外, 周期性条件要求

$$\mu W/\rho\approx 2\pi. \tag{8.58}$$

当螺旋角 $\psi=0$ 时, 对应于正螺纹面, 方程 (8.54) 和 (8.58) 要求 $2\pi\rho/W\approx 1$ ($\simeq\sqrt{1/\tilde{k}_f}$). 如果 $\psi\neq 0$, 波纹面需要满足 $W=2\pi\rho\sin\psi$, 于是可以导出

$$\cos 2\psi/\sin^2\psi\approx 1\ (\simeq 1/\tilde{k}_f). \tag{8.59}$$

因此, 理论给出两种螺旋角, 一种是 0°; 另一种满足式 (8.59), 当 $\tilde{k}_f \simeq 1$(即 $k_c \simeq k_f$) 时给出 $\psi \simeq 35°$. 理论预测与实验上观察到的波纹面螺旋角集中于 5° 和 28° 符合得较好 [6].

环面

环面可以看成半径为 ρ 的圆周绕面内的轴转一周得到的曲面, 如图 8.7(a) 所示, 旋转半径 r 要大于 ρ. 圆环的矢量表示为

$$\boldsymbol{r} = \{(r + \rho\cos\varphi)\cos\theta, (r + \rho\cos\varphi)\sin\theta, \rho\sin\varphi\}. \tag{8.60}$$

经过较为复杂的计算 [18], 由式 (8.28) 可以得到

$$\frac{1}{\nu + \cos\varphi}\frac{\partial^2\phi}{\partial\theta^2} + \frac{\partial}{\partial\varphi}\left[(\nu + \cos\varphi)\frac{\partial\phi}{\partial\varphi}\right] - \frac{\nu\tilde{h}\rho}{\tilde{k}_f}\cos 2\phi = 0, \tag{8.61}$$

其中, ϕ 是分子指向在圆环面内投影方向 $\boldsymbol{m}$ 与环的大圆周方向投影; $\nu \equiv r/\rho$ 是圆环的两个生成圆的半径比.

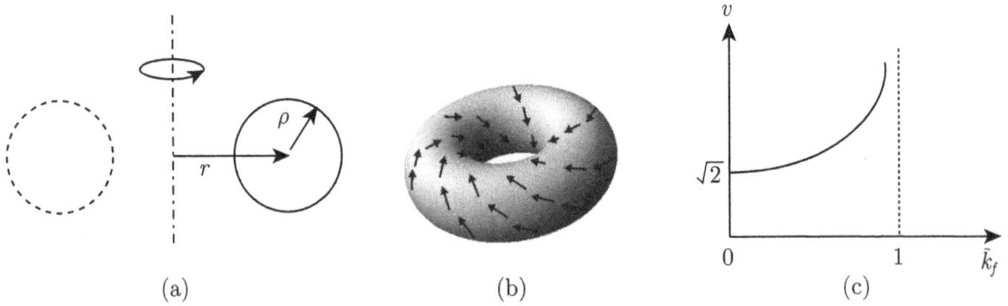

图 8.7　手性环面: (a) 环面的两个生成圆; (b) 均匀倾斜相 ($\phi = -\pi/4$); (c) 生成圆的半径比 (ν) 与约化弹性系数 ($\tilde{k}_f \equiv k_f/k_c$) 之间的关系

显然, 均匀倾斜相 ($\phi = -\pi/4$) 能够满足上述方程, 并且能够使得手性项对自由能的贡献达到极小值. 此时, 方程 (8.34) 变为

$$\begin{aligned}&(2 - \tilde{k}_f)/\nu^2 + (c_0^2\rho^2 - 1) + 2(\tilde{p}\rho + \tilde{\lambda})\rho^2\\&+[(4c_0^2\rho^2 - 4c_0\rho - 2\tilde{h}\rho + 8\tilde{\lambda}\rho^2 + 6\tilde{p}\rho^3)/\nu]\cos\varphi\\&+[(5c_0^2\rho^2 - 8c_0\rho - 4\tilde{h}\rho + 10\tilde{\lambda}\rho^2 + 3\tilde{k}_f + 6\tilde{p}\rho^3)/\nu^2]\cos^2\varphi\\&+[(2c_0^2\rho^2 - 4c_0\rho - 2\tilde{h}\rho + 4\tilde{\lambda}\rho^2 + 2\tilde{k}_f + 2\tilde{p}\rho^3)/\nu^3]\cos^3\varphi = 0.\end{aligned} \tag{8.62}$$

对于环面, ν 是有限的, 上式成立要求 $\{1, \cos\varphi, \cos^2\varphi, \cos^3\varphi\}$ 的系数均为零. 由此得到 $2\tilde{\lambda}\rho^2 = (4\rho c_0 - \rho^2 c_0^2) - 3\tilde{k}_f + 2\tilde{h}\rho$, $\tilde{p}\rho^3 = 2\tilde{k}_f - 2\rho c_0 - \tilde{h}\rho$ 以及

$$\nu = \sqrt{(2 - \tilde{k}_f)/(1 - \tilde{k}_f)}. \tag{8.63}$$

这样看来, 图 8.7(b) 所示均匀倾斜相的环面是手性膜控制方程的解. 两个生成圆的半径比满足方程 (8.63), 如图 8.7(c) 所示, 该比值随着 $\tilde{k}_f$ 增大而增加. 特别是, 当 $\tilde{k}_f = 0$ 时, $\nu = \sqrt{2}$, 对应于非倾斜相的脂质环面的结果 [22]. 这种环面囊泡已经被实验证实 [23]. 期望将来在实验上也能观察到 $\nu > \sqrt{2}$ 的手性囊泡.

扭转条带

下面讨论如图 8.8 所示的足够长的扭转条带. 扭转条带可以用 $\boldsymbol{r} = \{u\cos\varphi, u\sin\varphi, \alpha\varphi\}$ 来参数化, 其中 $|u| \leqslant W/2$, $|\varphi| < \infty$ 且 $|\alpha| = T/2\pi$. 经过较为复杂计算 [18], 由式 (8.28) 可得

$$\tilde{k}_f\left(\phi_{uu} + \frac{u\phi_u + \phi_{\varphi\varphi}}{u^2+\alpha^2}\right) + \frac{2\tilde{h}\alpha\sin 2\phi}{u^2+\alpha^2} = 0, \tag{8.64}$$

其中, ϕ 是分子指向在面内的投影 $\boldsymbol{m}$ 与水平方向的夹角; ϕ_u 代表 ϕ 对 u 的一阶偏导数; ϕ_{uu} 和 $\phi_{\varphi\varphi}$ 表示二阶偏导数.

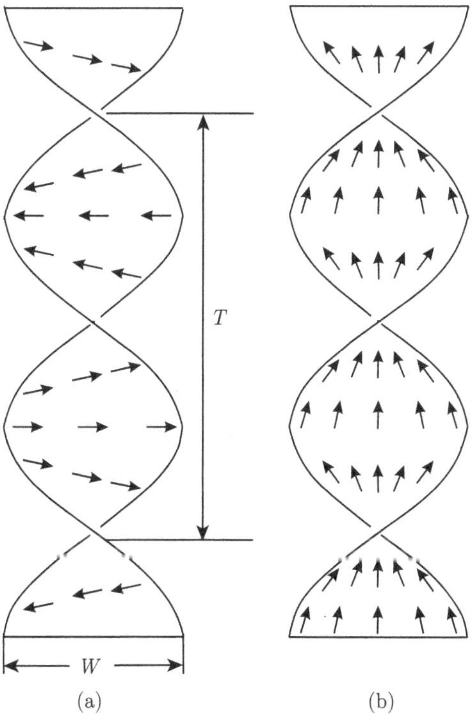

图 8.8 两类扭转条带示意图 [18]: (a) 分子指向在面内投影与边垂直; (b) 分子指向在面内投影与边平行

如果只考虑均匀倾斜相, 则方程 (8.64) 要求 $\phi=0$ 或者 $\pi/2$. 从 $\tau_{\boldsymbol{m}}=-\alpha\cos2\phi/(u^2+\alpha^2)$ 不难看出, 当 $\alpha<0$ 时, $\phi=0$ 使得手性自由能 $-h\int\tau_{\boldsymbol{m}}\mathrm{d}A$ 极小; 而 $\alpha>0$ 时, $\phi=\pi/2$ 使得手性自由能 $-h\int\tau_{\boldsymbol{m}}\mathrm{d}A$ 极小. 这两种情况分别对应于图 8.8 所示的两种螺旋: 前者对应于分子指向在面内投影方向 $\boldsymbol{m}$ 与边垂直; 后者对应于 $\boldsymbol{m}$ 与边平行的情况.

无论是 $\phi=0$ 还是 $\pi/2$, (8.42) 皆变为

$$k_c c_0\alpha^2/(u^2+\alpha^2)^2=0, \tag{8.65}$$

这要求 $c_0=0$(因为 α 非零).

接下来考虑边界条件. 对于图 8.8 所示的两种螺旋, 四个边界条件只有一个是非平凡的, 即式 (8.39) 给出

$$\lambda(1+x^2)\alpha^2-(h-\gamma x)|\alpha|+\frac{2\bar{k}+k_f x^2}{2(1+x^2)}=0, \tag{8.66}$$

其中 $x\equiv W/2|\alpha|$.

Oda 等[9]的实验表明, 分子手性可以通过分子的左右手异构体的相对比例来调节. 最为最简单的假定是二者呈线性关系, 即 $h=h_0R_d$, 这里 h_0 是比例常数, R_d 代表分子的左右手异构体的相对比例. 实验上发现 $R_d\to0$ 时, $|\alpha|\to\infty$. 因此式 (8.66) 要求 $\lambda=0$, 且

$$|\alpha|=(2\bar{k}+k_f x^2)/2(h_0R_d-\gamma x)(1+x^2). \tag{8.67}$$

为了确定 x 与 R_d 之间的关系, 对于给定的条带宽度 W, 将单位面积的自由能对 $|\alpha|$ 求极小值. 扭转条带单位面积自由能可以计算为

$$\bar{F}=\frac{(2\bar{k}-k_f)x+(k_f-2h_0R_{\mathrm{d}}|\alpha|)\sqrt{1+x^2}\mathrm{arcsinh}x+2\gamma|\alpha|(1+x^2)}{\alpha^2\sqrt{1+x^2}(\mathrm{arcsinh}x+x\sqrt{1+x^2})}, \tag{8.68}$$

其中已经忽略了不重要的常量. 将上式对 $|\alpha|$ 极小化, 并考虑式 (8.67), 最后可以解得

$$x=\beta R_d+O(R_d^3), \tag{8.69}$$

其中, 比例系数 $\beta\equiv3h_0/4\gamma$. 这一关系式表明扭转条带的宽度与螺距之比正比于分子的左右手异构体的相对比例. 也就是说, 可以通过调节左右手异构体的相对比例来调节扭转条带的手性. 图 8.9 给出了理论结果 (8.69) 对实验数据的拟合, 结果符合得很好, 拟合参数为 $\beta=0.37$.

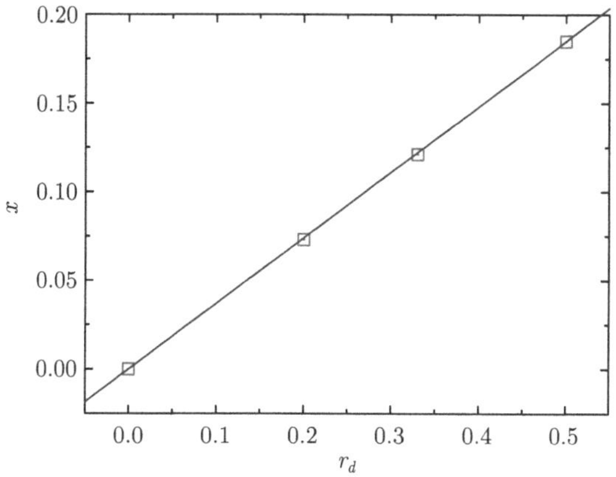

图 8.9 扭转条带的宽度与螺距之比同分子左右手异构体的相对比例之间的关系. 实线是拟合曲线 $x = 0.37R_d$, 空心方块是实验数据 [9]

参 考 文 献

[1] Nakashima N, Asakuma S, Kim J M, et al. Helical Superstructures are Formed from Chiral Ammonium Bilayers. Chem. Lett., 1984, **13**: 1709.

[2] Schnur J M, Ratna B R, Selinger J V, et al. Diacetylenic Lipid Tubules – Experimental-Evidence for a Chiral Molecular Architecture. Science, 1994, **264**: 945.

[3] Spector M S, Selinger J V, Singh A, et al. Controlling the Morphology of Chiral Lipid Tubules. Langmuir, 1998, **14**: 3493.

[4] Spector M S, Singh A, Messersmith P B, et al. Chiral Self-Assembly of Nanotubules and Ribbons from Phospholipid Mixtures. Nano. Lett., 2001, **1**: 375.

[5] Zhao Y, Mahajan N, Lu R, et al, Liquid-Crystal Imaging of Molecular-Tilt Ordering in Self-Assembled Lipid Tubules. Proc. Natl. Acad. Sci. USA, 2005, **102**: 7438.

[6] Mahajan N, Zhao Y, Du T, et al. Nanoscale Ripples in Self-Assembled Lipid Tubules. Langmuir, 2006, **22**: 1973.

[7] Chung D S, Benedek G B, Konikoff F M, et al. Elastic Free Energy of Anisotropic Helical Ribbons as Metastable Intermediates in the Crystallization of Cholesterol. Proc. Natl. Acad. Sci. USA, 1993, **90**: 11341.

[8] Zastavker Y V, Asherie N, Lomakin A, et al. Self-Assembly of Helical Ribbons. Proc. Natl. Acad. Sci. USA, 1999, **96**: 7883.

[9] Oda R, Huc I, Schmutz M, et al. Tuning Bilayer Twist Using Chiral Counterions. Nature, 1999, **399**: 566.

[10] Berthier D, Buffeteau T, Léger J, et al. From Chiral Counterions to Twisted Membranes. J. Am. Chem. So., 2002, **124**: 13486.

[11] Helfrich W, Prost J. Intrinsic Bending Force in Anisotropic Membranes Made of Chiral Molecules. Phys. Rev. A, 1988, **38**: 3065.

[12] Ou-Yang Z C, Liu J X. Helical Structures of Tilted Chiral Lipid Bilayers Viewed as Cholesteric Liquid Crystals. Phys. Rev. Lett., 1990, **65**: 1679.

[13] Ou-Yang Z C, Liu J X. Theory of Helical Structures of Tilted Chiral Lipid Bilayers. Phys. Rev. A, 1991, **43**: 6826.

[14] Selinger J V, Schnur J M. Theory of Chiral Lipid Tubules. Phys. Rev. Lett., 1993, **71**: 4091.

[15] Frank F C. On the Theory of Liquid Crystals. Discuss Faraday Soc., 1958, **25**: 19.

[16] Selinger J V, MacKintosh F C, Schnur J M. Theory of Cylindrical Tubules and Helical Ribbons of Chiral Lipid Membranes. Phys. Rev. E, 1996, **53**: 3804.

[17] Komura S, Ou-Yang Z C. High- and Low-Pitch Helical Structures of Tilted Chiral Lipid Bilayers. Phys. Rev. Lett., 1998, **81**: 473.

[18] Tu Z C, Seifert U. Concise Theory of Chiral Lipid Membranes. Phys. Rev. E, 2007, **76**: 031603.

[19] Helfrich W. Elastic Properties of Lipid Bilayers–Theory and Possible Experiments. Z. Naturforsch C, 1973, **28**: 693.

[20] MacKintosh F C, Lubensky T C. Orientational Order, Topology, and Vesicle Shapes. Phys. Rev. Lett., 1991, **67**: 1169.

[21] Nelson D R, Peliti L. Fluctuations in Membranes with Crystalline and Hexatic Order. J. Phys. France, 1987, **48**: 1085.

[22] Ou-Yang Z C. Anchor Ring-Vesicle Membranes. Phys. Rev, A, 1990, **41**: 4517.

[23] Mutz M, Bensimon D. Observation of Toroidal Vesicles. Phys. Rev. A, 1991, **43**: 4525.

第 9 章　总结与展望

在前面的章节中, 我们基于外微分和活动标架法系统地总结了生物膜的弹性理论及其最新进展. 在基础知识部分, 介绍了生物膜的化学组成与物理状态、生物膜的弹性、生物膜的形状. 在主体部分, 讨论了脂质泡的形状方程及其解析特解、带边脂质膜的控制方程及其特解、出芽脂质囊泡的颈端连接条件、脂质膜的应力张量和力矩张量、手性膜的弹性理论. 在即将结束本书之前, 我们探讨一下前面没有涉及的一些问题以及未来有待解决的几个问题.

9.1　细胞膜的弹性及力学稳定性

在第 1 章介绍了细胞膜的复合膜模型. 细胞膜可以视为磷脂双分子层和膜骨架构成的复合壳. 复合膜克服了磷脂双分子层和膜骨架各自的缺点, 而整合了各自的优点, 既可以承受弯曲形变, 也可以承受剪切应变. 根据第 2 章的讨论, 复合膜单位面积的自由能可以表示为

$$G_{cm}=\frac{1}{2}k_c(2H+c_0)^2+\bar{k}K+\frac{k_A}{2}(2J)^2-k_{\mathrm{S}}Q, \tag{9.1}$$

其中, k_c 和 $\bar{k}$ 表示膜的弯曲刚度; k_A 和 k_S 分别表示膜的面内压缩模量和剪切模量; H、K、c_0 分别代表膜的平均曲率、高斯曲率以及自发曲率; $2J$ 代表膜的相对面积压缩率; Q 代表面内应变张量的行列式. 对于闭合的细胞膜, 考虑到膜内外的渗透压强 p, 自由能可以表示为

$$\mathcal{F}=\int G_{cm}\mathrm{d}A+p\int\mathrm{d}V. \tag{9.2}$$

引入位移矢量 $\boldsymbol{u}\equiv u_1\boldsymbol{e}_1+u_2\boldsymbol{e}_2+u_3\boldsymbol{e}_3$, 其中 $\{\boldsymbol{e}_1,\boldsymbol{e}_2,\boldsymbol{e}_3\}$ 代表右手标架, $\boldsymbol{e}_3$ 为法线方向. 这样将 $2J$ 和 Q 表示为

$$2J=\nabla\cdot\boldsymbol{u}-2Hu_3, \tag{9.3}$$

$$2Q=(\nabla\cdot\boldsymbol{u}-2Hu_3)^2+(1/2)(\nabla\times\boldsymbol{u})^2-(\Diamond\boldsymbol{u})^2, \tag{9.4}$$

这里, $\Diamond\boldsymbol{u}$ 代表 $\nabla\boldsymbol{u}$ 的面内部分. 利用变分法可以导出自由能泛函 (9.2) 对应的欧拉–拉格朗日方程如下 [1]:

$$(k_S-2k_A)\nabla(2J)-k_S(\diamondsuit^2\boldsymbol{u}+K\bar{\boldsymbol{u}}+\tilde{\nabla}u_3)=0, \tag{9.5}$$

$$\begin{aligned}&p+2k_c[(2H+c_0)(2H^2-c_0H-2K)+2\nabla^2H]\\&-2H(k_A-k_S)(2J)-k_S\mathcal{C}:\nabla\boldsymbol{u}=0.\end{aligned} \tag{9.6}$$

式中, $\bar{\boldsymbol{u}}=u_1\boldsymbol{e}_1+u_2\boldsymbol{e}_2$; $\diamondsuit^2\boldsymbol{u}$ 代表 $\operatorname{div}(\diamondsuit\boldsymbol{u})$ 的面内部分; $\mathcal{C}$ 是膜的曲率张量; $\tilde{\nabla}$ 是第二类梯度算子.

特别是, 对于均匀应变, $\nabla(2J)=0$, 上两式可以进一步简化为

$$\diamondsuit^2\boldsymbol{u}+K\bar{\boldsymbol{u}}+\tilde{\nabla}u_3=0, \tag{9.7}$$

$$p+2k_c[(2H+c_0)(2H^2-c_0H-2K)+2\nabla^2H]-2\lambda H-k_S\mathcal{C}:\nabla\boldsymbol{u}=0, \tag{9.8}$$

其中, $\lambda=(k_A-k_S)(2J)$ 等效于膜的表面张力.

对于半径为 R 的球形细胞膜, 仅有均匀正应变 ε 时, 式 (9.7) 自动成立, 而式 (9.8) 变为

$$pR^2+2(2k_A-k_S)\varepsilon R+k_cc_0(c_0R-2)=0. \tag{9.9}$$

当渗透压超过某个阈值时, 闭合细胞膜会发生失稳现象. 这种现象可以通过计算二阶变分来分析 [1]. 基于外微分和活动标架法, 可以求得

$$\begin{aligned}\delta^2\mathcal{F}=&\int k_c[(\nabla^2\Omega_3)^2+(2H+c_0)\nabla(2H\Omega_3)\cdot\nabla\Omega_3]\mathrm{d}A\\&+\int[4k_c(2H^2-K)^2+k_cK(c_0^2-4H^2)-2H\Delta p]\Omega_3^2\mathrm{d}A\\&+\int[k_c(14H^2+2c_0H-4K-c_0^2/2)]\Omega_3\nabla^2\Omega_3\mathrm{d}A\\&-2k_c\int(2H+c_0)[\nabla\Omega_3\cdot\tilde{\nabla}\Omega_3+2\Omega_3\nabla\cdot\tilde{\nabla}\Omega_3]\mathrm{d}A\\&-k_A\int[(\boldsymbol{v}\cdot\nabla+2H\Omega_3)(\nabla\cdot\boldsymbol{v}-2H\Omega_3)]\mathrm{d}A\\&+(k_S/2)\int(\nabla\times\boldsymbol{v})^2\mathrm{d}A-k_S\int K\bar{\boldsymbol{v}}^2dA+k_S\int\Omega_3\tilde{\nabla}\cdot\boldsymbol{v}\mathrm{d}A\\&+k_S\int 2H\Omega_3(\nabla\cdot\boldsymbol{v}-2H\Omega_3)\mathrm{d}A-k_S\int\Omega_3\mathcal{C}:\nabla\boldsymbol{v}\mathrm{d}A,\end{aligned} \tag{9.10}$$

其中, $\boldsymbol{v}=\Omega_1\boldsymbol{e}_1+\Omega_2\boldsymbol{e}_2+\Omega_3\boldsymbol{e}_3$ 代表无限小位移 (即变分), 其面内部分记为 $\bar{\boldsymbol{v}}=\Omega_1\boldsymbol{e}_1+\Omega_2\boldsymbol{e}_2$.

根据霍奇分解定理[2], 矢量 $\boldsymbol{v}$ 可以用两个标量函数 Ω 及 χ 表示为

$$\boldsymbol{v}\cdot\mathrm{d}\boldsymbol{r}=\mathrm{d}\Omega+*\mathrm{d}\chi. \tag{9.11}$$

对于满足式 (9.9) 的球形细胞膜, 二阶变分 (9.10) 可以分解为两部分 [1]:

$$\delta^2\mathcal{F}_1=(k_S/2)\int[(\nabla^2\chi)^2+\left(2/R^2\right)\chi\nabla^2\chi]\mathrm{d}A;\tag{9.12}$$

以及

$$\begin{aligned}\delta^2\mathcal{F}_2=&\int\Omega_3^2[2c_0k_c/R^3+p/R+(4k_A-2k_S)/R^2]\mathrm{d}A\\&+\int\Omega_3\nabla^2\Omega_3[k_cc_0/R+2k_c/R^2+pR/2]\mathrm{d}A+\int k_c(\nabla^2\Omega_3)^2\mathrm{d}A\\&+\frac{4k_A-2k_S}{R}\int\Omega_3\nabla^2\Omega\mathrm{d}A+k_A\int(\nabla^2\Omega)^2\mathrm{d}A+\frac{k_\mathrm{S}}{R^2}\int\Omega\nabla^2\Omega\mathrm{d}A.\end{aligned}\tag{9.13}$$

不难证明 $\delta^2\mathcal{F}_1$ 总是正的, 于是稳定性由 $\delta^2\mathcal{F}_2$ 的符号决定. 根据类似于第 4 章的球谐函数展开, 可以证明, 对于 $l\geqslant 2$, 当

$$p<p_l\equiv\frac{2k_S(2k_A-k_S)}{[k_Al(l+1)-k_S]R}+\frac{2k_c}{R^3}[l(l+1)-c_0R],\tag{9.14}$$

时, $\delta^2\mathcal{F}_2$ 总是正的. 于是, 临界渗透压为

$$p_c\equiv\min\{p_l\ (l=2,3,4,\cdots)\}.\tag{9.15}$$

显然, 当 $k_S=0$ 时, 细胞膜退化为磷脂膜, 上式退化为球形脂质囊泡的临界渗透压 (4.139).

当 $k_Sk_A(2k_A-k_S)R^2/k_c(6k_A-\tilde{k})^2>1$ 时, 可以找到式 (9.15) 中特定的 $l\geqslant 2$ 使得式 (9.14) 达到最小值, 这个最小值给出临界渗透压

$$p_c=(4/R^2)\sqrt{(k_S/k_A)(2k_A-k_S)k_c}\,.\tag{9.16}$$

对于细胞膜, $k_A\gg k_S$, 上式简化为

$$p_c=4\sqrt{k_Sk_c}/R^2\,.\tag{9.17}$$

代入 $k_S=4.8\,\mu\mathrm{N/m}$ [3], $k_c=10^{-19}$ J 以及 $R\approx 10\,\mu\mathrm{m}$, 可以求得 $p_c=0.03$ Pa. 而没有膜骨架时, $p_c=0.001$ Pa. 因此膜骨架增强了细胞膜的力学稳定性.

作为副产品, 式 (9.16) 实际上也给出了各向同性材料构成的球壳保持稳定的临界外压. 对于各向同性材料构成的壳, $k_c=Yh^3/12(1-\nu^2)$, $k_A=Yh/(1-\nu^2)$, $\bar{k}/k_c=k_S/k_A=(1-\nu)$, 此处 ν 为泊松比, Y 为杨氏模量, h 为壳体厚度. 由于壳体满足 $h\ll R$, 所以式 (9.16) 适用, 并且给出

$$p_c=\sqrt{4/3(1-\nu^2)}\ Y(h/R)^2.\tag{9.18}$$

这一结果与 Pogorelov 的严格解析结果一致 [4].

对于非球形细胞膜, 解方程 (9.5) 和 (9.6) 十分困难, 讨论稳定性也变成了不可能完成的任务.

9.2　膜的非局域弹性理论

在前面的章节中，我们讨论的膜的弹性理论本质上是一种局域弹性理论，可以将局域弹性理论推广到非局域理论，有两种简单的推广情况：一种是所谓的面积差弹性理论，另一种是考虑膜上不同点间可能存在长程相互作用力.

9.2.1　面积差弹性理论

构成磷脂双分子层中的脂质分子很难从膜的内叶翻转到外叶，或者从外叶翻转到内叶 [5]. 如果膜初始处于平面构形，当发生弯曲时，通常会有一叶的脂质分子面积被压缩，另一叶脂质分子面积被拉伸. 每一个单叶的面积变化量为 $\int 2H\mathrm{d}A$，因此面内压缩或拉伸能量可以表示为 $(k_r/2)\left(\int 2H\mathrm{d}A\right)^2$ [6, 7]，它本质上可以表示成双重积分形式，因此这一项是非局域的. 考虑到这一项附加能量，弯曲膜的自由能可以表示为

$$F_{AD} = \int\left[\frac{k_c}{2}(2H+c_0)^2+\bar{k}K\right]\mathrm{d}A+\lambda A+pV+\frac{k_r}{2}\left(\int 2H\mathrm{d}A\right)^2. \tag{9.19}$$

当然，也可以附加一个自发的两叶面积差 a_0，这样将上式中的非局域项改写为 $(k_r/2)\left(\int 2H\mathrm{d}A+a_0\right)^2$ [8]，脂质膜相应的弯曲能变为

$$F_{ADE} = \int\left[\frac{k_c}{2}(2H+c_0)^2+\bar{k}K\right]\mathrm{d}A+\lambda A+pV+\frac{k_r}{2}\left(\int 2H\mathrm{d}A+a_0\right)^2. \tag{9.20}$$

基于上述自由能的模型被称为面积差弹性理论 (Area-difference elasticity). 基于该模型，Miao 等给出了轴对称囊泡的相图 [8]. 我们更感兴趣的是一般理论.

注意到，考虑变换 $C_0 = c_0+a_0k_r/k_c$ 以及 $\Lambda = \lambda+a_0^2k_r/2A_0-k_ra_cc_0-k_r^2a_0^2/2k_c$，上述自由能 (9.20) 可以变为式 (9.19) 的形式. 因此，下面我们仅仅基于自由能 (9.19) 来讨论面积差弹性理论. 利用我们在前面章节给出的变分方法，可以导出自由能 (9.19) 对应的欧拉–拉格朗日方程

$$\tilde{p}-2\tilde{\lambda}H+(2H+c_0)(2H^2-c_0H-2K)+\nabla^2(2H)-4\tilde{k}_rK\int H\mathrm{d}A=0, \tag{9.21}$$

其中参数 $\tilde{p}=p/k_c$，$\tilde{\lambda}=\lambda/k_c$，$\tilde{k}_r=k_r/k_c$. 这个方程本质上是一个四阶非线性积分–微分方程，求解十分困难.

考虑变换 $c_0=\bar{c}_0-2\tilde{k}_r\int H\mathrm{d}A$，$\bar{\lambda}=\tilde{\lambda}+(c_0^2-\bar{c}_0^2)/2$，可将方程 (9.21) 变为我们熟悉的形式：

$$\tilde{p}-2\bar{\lambda}H+(2H+\bar{c}_0)(2H^2-\bar{c}_0H-2K)+\nabla^2(2H)=0. \tag{9.22}$$

这个方程正好对应于第 4 章中闭合脂质囊泡的形状方程 (4.96). 因此, 可以预期第 4 章中闭合脂质囊泡形状方程 (4.96) 的解析特解在面积差弹性理论中也会出现.

9.2.2 存在非局域相互作用的膜

通常脂质的头部包含带电基团, 因此膜的不同部位之间可能存在长程相互作用, 直观上可以将膜的自由能表示为 [9]

$$F_{\text{nint}} = \int \left[\frac{k_c}{2}(2H+c_0)^2 + \bar{k}K\right] \mathrm{d}A + \lambda A + pV + \varepsilon \int \mathrm{d}A \int \mathrm{d}A' U(|\boldsymbol{r}-\boldsymbol{r}'|), \quad (9.23)$$

其中, 矢量 $\boldsymbol{r}$ 和 $\boldsymbol{r}'$ 代表膜上任意两个小局部膜片的位置矢量; 而 $\mathrm{d}A$ 和 $\mathrm{d}A'$ 分别代表两个小局部膜片的面积元; ε 和 $U(\cdot)$ 分别表示相互作用的能标以及相互作用的函数形式.

根据我们在前面章节给出的变分方法, 可以导出自由能 (9.23) 对应的欧拉–拉格朗日方程为

$$\tilde{p} - 2\tilde{\lambda}H + (2H+c_0)(2H^2 - c_0H - 2K) + \nabla^2(2H) + 2\tilde{\varepsilon}\int (U_{\boldsymbol{n}} - 2HU)\mathrm{d}A' = 0, \quad (9.24)$$

其中, $\tilde{\varepsilon} \equiv \varepsilon/k_c$, $U_{\boldsymbol{n}} = (\partial U/\partial R)\hat{R}\cdot\boldsymbol{n}$, $\boldsymbol{R} = \boldsymbol{r}' - \boldsymbol{r}$, $R = |\boldsymbol{R}|$, $\hat{R} = \boldsymbol{R}/R$, $U = U(R)$. $\boldsymbol{n}$ 代表膜的单位法矢量.

当给定 $U = U(R)$ 的形式时, 由于 $\int (U_{\boldsymbol{n}} - 2HU)\mathrm{d}A'$ 这一项依赖于位置矢量 $\boldsymbol{r}$, 因此这一项相当于在膜上作用一个等效的压强, 这个压强通常是非均匀的. 但是, 对于特别对称的形状, 如球形囊泡, 这一项对应于均匀压强, 可以预期方程 (9.24) 存在球形解. 求解方程 (9.24) 的非球形解则相当困难.

参考文献

[1] Tu Z C, Ou-Yang Z C. Elastic Theory of Low-Dimensional Continua and its Applications in Bio-and Nano-Structures. J. Comput. Theor. Nanosci, 2008, **5**: 422.

[2] Westenholz C V. Differential Forms in Mathematical Physics. Amsterdam: North-Holland, 1981.

[3] Lenormand G, Hénon S, Richert A, et al. Direct Measurement of the Area Expansion and Shear Moduli of the Human Red Blood Cell Membrane Skeleton. Biophys, J, 2001, **81**: 43.

[4] Pogorelov A V. Bendings of Surfaces and Stability of Shells. Providence: American Mathematical Society, 1980.

[5] Sheetz M, Singer S. Biological-Membranes as Bilayer Couples–Molecular Mechanism of Drug-Erythrocyte Interactions. Proc. Natl. Acad. Sci., 1974, **71**: 4457.

[6] Evans E. Minimum Energy Analysis of Membrane Deformation Applied to Pipet Aspiration and Surface-Adhesion of Red-Blood-Cells. Biophys, J, 1980, **30**: 265.

[7] Svetina S, Brumen M, Žekš B. Lipid Bilayer Elasticity and the Bilayer Couple Interpretation of Red-Cell Shape Transformations and Lysis. Studia Biophysica, 1985, **110**: 177.

[8] Miao L, Seifert U, Wortis M, et al. Budding Transitions of Fluid-Bilayer Vesicles–the Effect of Area-Difference Elasticity. Phys. Rev, E, 1994, **49**: 5389.

[9] Tu Z C. Challenges in Theoretical Investigations of Configurations of Lipid Membranes. Chin. Phys, B, 2013, **22**: 028701.

附　　录

A. 流形、外微分与斯托克斯定理

这里简要介绍流形和外微分的概念及其相关的重要定理 —— 斯托克斯定理. 流形, 不严格地讲就是一个高维曲面. 开集 M 称为一个 m 维流形, 如果它满足如下两个条件 [1]: (i) $\forall x, y \in M$, 存在开集 U_1 和 U_2 使得 $x \in U_1$, $y \in U_2$, 并且 $U_1 \cap U_2 = \varnothing$; (ii) $\forall x \in M$, 都存在 x 的邻域 $U \in M$ 同胚于 m 维欧氏空间 $\mathbb{E}^m$ 的一个开集 $\tilde{U}$. 这里所说的邻域是指属于 M 的一个开子集. U 同胚于 $\tilde{U}$ 当且仅当存在一个一一到上的映射 $\varphi: U \to \tilde{U}$ 使得 φ 和它的逆映射都是连续的. $\forall y \in U$, 可以用 m 个数 $(u^1, u^2, \cdots, u^m)$ 表示它的像 $\varphi(y) \in \tilde{U}$. 换句话说, 我们可以用这 m 个数表示 y, 因此也把 $(u^1, u^2, \cdots, u^m)$ 称为 U 的局部坐标系.

$\forall\ U, V \subset M$, 设 $(u^1, u^2, \cdots, u^m)$ 和 $(v^1, v^2, \cdots, v^m)$ 分别是 U 和 V 的局部坐标系. 如果 $U \cap V \neq \varnothing$, 那么 $\forall y \in U \cap V$, 既可以用 $u^i (i = 1, 2, \cdots, m)$ 也可以用 $v^i (i = 1, 2, \cdots, m)$ 来表示 y. 因此, 存在一一可逆映射使得 $u^i(y) = f^i\left(v^1(y), v^2(y), \cdots, v^m(y)\right)$. 如果 $f^i (i = 1, 2, \cdots, m)$ 有直到四阶（本书只要求到四阶）的连续导数, 我们称 M 是光滑流形, $f^i (i = 1, 2, \cdots, m)$ 是光滑函数. 以下提到的函数和流形都默认是光滑的.

设 $(u^1, u^2, \cdots, u^m)$ 是 U 的局域坐标系. 函数 $f(u^1, u^2, \cdots, u^m)$ 称为 0-形式, 将 $\mathrm{d}u^i$ 的线性组合 $a_i(u^1, u^2, \cdots, u^m)\mathrm{d}u^i$ 称为 1-形式, 这里 $\mathrm{d}u^i$ 表示局部坐标的微分, 重复指标遵循爱因斯坦求和约定, 以下无特殊说明, 均采用此约定.

定义外积 "$\wedge$" 满足如下规则: (i) $\mathrm{d}u^i \wedge \mathrm{d}u^j = -\mathrm{d}u^j \wedge \mathrm{d}u^i$; (ii) $a(u^1, u^2, \cdots, u^m)\mathrm{d}u^i \wedge \mathrm{d}u^j = \mathrm{d}u^i \wedge a(u^1, u^2, \cdots, u^m)\mathrm{d}u^j$. 因此可以定义 r-形式 $(r \leqslant m)$ 为 $a_{i_1 i_2 \cdots i_r}\mathrm{d}u^{i_1} \wedge \mathrm{d}u^{i_2} \wedge \cdots \wedge \mathrm{d}u^{i_r}$, 其中 $a_{i_1 i_2 \cdots i_r}$ 关于下标的对换反对称. 记 $\Lambda^r = \{$所有的r-形式$\}$, $(r = 0, 1, 2, \cdots, m)$.

外微分算子定义为满足如下条件的线性算子 $\mathrm{d}: \Lambda^r \to \Lambda^{r+1}$: (i) 对于函数 $f(u^1, u^2, \cdots, u^m)$, $\mathrm{d}f = \dfrac{\partial f}{\partial u^i}\mathrm{d}u^i$ 是函数的普通微分; (ii) $\mathrm{dd} = 0$（即对任何微分形式作用两次等于 0）; (iii) $\forall \omega_1 \in \Lambda^r$, $\omega_2 \in \Lambda^k$, $\mathrm{d}(\omega_1 \wedge \omega_2) = \mathrm{d}\omega_1 \wedge \omega_2 + (-1)^r \omega_1 \wedge \mathrm{d}\omega_2$.

如果在 M 上存在连续的、处处非零的 m-形式, 则称 M 是可定向流形. 例如, 球面和柱面是三维欧氏空间 $\mathbb{E}^3$ 中的可定向流形, 但是 Möbius 带是不可定向的.

对于可定向流形, 有如下斯托克斯定理 [1]: 如果 ω 是 M 上有紧致支集的 $(m-1)$-形式, $\mathcal{D}$ 是 M 中的带边区域, 边界记为 $\partial\mathcal{D}$, 那么

$$\int_{\mathcal{D}} \mathrm{d}\omega = \int_{\partial\mathcal{D}} \omega. \tag{A.1}$$

ω 的支集是使得 ω 非零的点组成的集合的闭包. 关于紧致集和集合闭包的概念可参看文献 [2].

斯托克斯定理是微分几何中最重要的定理, 它包含如下定理:

(i) 微积分基本定理, $\int_{a_0}^{b_0} f'(x)\mathrm{d}x = f(x)\Big|_{a_0}^{b_0}$;

(ii) 旋度定理, $\int_{\mathcal{D}} (\nabla\times\boldsymbol{B})\cdot\boldsymbol{n}\mathrm{d}A = \int_{\partial\mathcal{D}} \boldsymbol{B}\cdot\boldsymbol{t}\mathrm{d}s$;

(iii) 散度定理, $\int_V \nabla\cdot\boldsymbol{E}\mathrm{d}V = \int_{\partial V} \boldsymbol{E}\cdot\boldsymbol{n}\mathrm{d}A$; 特别是, 在 $\mathbb{E}^3$ 中,

$$\int_V 3\mathrm{d}V = \int_V \nabla\cdot\boldsymbol{r}\mathrm{d}V = \int_{\partial V} \boldsymbol{r}\cdot\boldsymbol{n}\mathrm{d}A. \tag{A.2}$$

B. ∇, $\bar{\nabla}$, $\tilde{\nabla}$, ∇^2, $\nabla\cdot\bar{\nabla}$ 和 $\nabla\cdot\tilde{\nabla}$ 的张量表达式

对于曲面上的每一点 $\boldsymbol{r}$, 可以取局部坐标 (u^1, u^2). 曲面的第一、二基本形式分别记为 $I = g_{ij}\mathrm{d}u^i\mathrm{d}u^j$ 和 $II = L_{ij}\mathrm{d}u^i\mathrm{d}u^j$. 记 $(g^{ij}) = (g_{ij})^{-1}$、$(L^{ij}) = (L_{ij})^{-1}$、$\boldsymbol{r}_i = \partial\boldsymbol{r}/\partial u^i$, 于是我们有

$$\begin{aligned}
\nabla &= g^{ij}\boldsymbol{r}_i\frac{\partial}{\partial u^j},\\
\bar{\nabla} &= \boldsymbol{r}_i(2Hg^{ij} - KL^{ij})\frac{\partial}{\partial u^j},\\
\tilde{\nabla} &= KL^{ij}\boldsymbol{r}_i\frac{\partial}{\partial u^j},\\
\nabla^2 &= \frac{1}{\sqrt{g}}\frac{\partial}{\partial u^i}\left(\sqrt{g}g^{ij}\frac{\partial}{\partial u^j}\right),\\
\nabla\cdot\bar{\nabla} &= \frac{1}{\sqrt{g}}\frac{\partial}{\partial u^i}\left[\sqrt{g}(2Hg^{ij} - KL^{ij})\frac{\partial}{\partial u^j}\right],\\
\nabla\cdot\tilde{\nabla} &= \frac{1}{\sqrt{g}}\frac{\partial}{\partial u^i}\left(\sqrt{g}KL^{ij}\frac{\partial}{\partial u^j}\right).
\end{aligned}$$

作为例子, 我们将证明最后一个式子.

取曲面上的正交坐标网, 使得 $I=g_{11}(\mathrm{d}u^1)^2+g_{22}(\mathrm{d}u^2)^2=\omega_1^2+\omega_2^2$, 于是 $\omega_1=\sqrt{g_{11}}\mathrm{d}u^1$, $\omega_2=\sqrt{g_{22}}\mathrm{d}u^2$. 对于函数 f, 一方面可以将其微分表述为 $\mathrm{d}f(u^1,u^2)=f_1\omega_1+f_2\omega_2=f_1\sqrt{g_{11}}\mathrm{d}u^1+f_2\sqrt{g_{22}}\mathrm{d}u^2$; 另一方面可以表述为 $\mathrm{d}f=\dfrac{\partial f}{\partial u^1}\mathrm{d}u^1+\dfrac{\partial f}{\partial u^2}\mathrm{d}u^2$. 所以, $f_1=\dfrac{1}{\sqrt{g_{11}}}\dfrac{\partial f}{\partial u^1}$, $\quad f_2=\dfrac{1}{\sqrt{g_{22}}}\dfrac{\partial f}{\partial u^2}$.

第二基本形式 $II=a\omega_1^2+2b\omega_1\omega_2+c\omega_1^2=L_{ij}\mathrm{d}u^i\mathrm{d}u^j$ 表明 $a=L_{11}/g_{11}$, $\quad b=L_{12}/\sqrt{g}$, $\quad c=L_{22}/g_{22}$. 所以 $K=ac-b^2=(L_{11}L_{22}-L_{12}^2)/g$, 并且

$$
\begin{aligned}
L^{11}&=\frac{L_{22}}{L_{11}L_{22}-L_{12}^2}\Rightarrow L_{22}=gKL^{11};\\
L^{12}&=-\frac{L_{12}}{L_{11}L_{22}-L_{12}^2}\Rightarrow L_{12}=-gKL^{12};\\
L^{22}&=\frac{L_{11}}{L_{11}L_{22}-L_{12}^2}\Rightarrow L_{11}=gKL^{22}.
\end{aligned}
$$

进而, 我们有

$$
\begin{aligned}
\tilde{*}\tilde{\mathrm{d}}f&=-f_2\omega_{13}+f_1\omega_{23}=-f_2(a\omega_1+b\omega_2)+f_2(b\omega_1+c\omega_2)\\
&=\frac{1}{\sqrt{g}}\left(L_{12}\frac{\partial f}{\partial u^1}-L_{11}\frac{\partial f}{\partial u^2}\right)\mathrm{d}u^1+\frac{1}{\sqrt{g}}\left(L_{22}\frac{\partial f}{\partial u^1}-L_{12}\frac{\partial f}{\partial u^2}\right)\mathrm{d}u^2;\\
d\tilde{*}\tilde{\mathrm{d}}f&=\left\{\frac{\partial}{\partial u^1}\left[\sqrt{g}K\left(L^{11}\frac{\partial f}{\partial u^1}+L^{12}\frac{\partial f}{\partial u^2}\right)\right]\right.\\
&\quad\left.+\frac{\partial}{\partial u^2}\left[\sqrt{g}K\left(L^{12}\frac{\partial f}{\partial u^1}+L^{22}\frac{\partial f}{\partial u^2}\right)\right]\right\}\mathrm{d}u^1\wedge\mathrm{d}u^2.
\end{aligned}
$$

所以, $\nabla\cdot\tilde{\nabla}f=\dfrac{\mathrm{d}\tilde{*}\tilde{\mathrm{d}}f}{\omega_1\wedge\omega_2}=\dfrac{1}{\sqrt{g}}\dfrac{\partial}{\partial u^i}\left(\sqrt{g}KL^{ij}\dfrac{\partial f}{\partial u^j}\right)$.

C. $\mathrm{d}*\mathrm{d}\Omega_3$ 和 $\mathrm{d}\tilde{*}\tilde{\mathrm{d}}\Omega_3$ 的变分

根据第 4 章将变分分为法向变分和切向变分的思想, 由式 (4.6)~式 (4.9) 我们可以写出

$$\delta_n\omega_1=\Omega_3\omega_{31}-\omega_2\Omega_{21}, \tag{C.1}$$

$$\delta_n\omega_2=\Omega_3\omega_{32}-\omega_1\Omega_{12}, \tag{C.2}$$

$$\mathrm{d}\Omega_3=\Omega_{13}\omega_1+\Omega_{23}\omega_2, \tag{C.3}$$

$$\delta_n\omega_{ij}=\mathrm{d}\Omega_{ij}+\Omega_{il}\omega_{lj}-\omega_{il}\Omega_{lj}. \tag{C.4}$$

由于变分对 Ω_3 不起作用, 即 $\delta_n\Omega_3 = 0$, 而变分算子和外微分算子可交换, 因此 $\delta_n \mathrm{d}\Omega_3 = 0$, 将式 (C.3) 代入其中并利用 (C.1) 和 (C.2) 两式, 可以导出

$$\delta_n\Omega_{13} = (a\Omega_{13} + b\Omega_{23})\Omega_3 + \Omega_{23}\Omega_{12}, \tag{C.5}$$

$$\delta_n\Omega_{23} = (b\Omega_{13} + c\Omega_{23})\Omega_3 + \Omega_{13}\Omega_{21}. \tag{C.6}$$

由式 (C.3) 可以写出 $*\mathrm{d}\Omega_3 = \Omega_{13}\omega_2 - \Omega_{23}\omega_1$, 再利用 (C.1)、(C.2)、(C.5) 和 (C.6) 四式可以得到

$$\begin{aligned}\delta_n * \mathrm{d}\Omega_3 &= \delta_n(\Omega_{13}\omega_2 - \Omega_{23}\omega_1)\\ &= \Omega_3[(a\Omega_{13} + b\Omega_{23})\omega_2 - (b\Omega_{13} + c\Omega_{23})\omega_1 + \Omega_{13}\omega_{32} - \Omega_{23}\omega_{31}]\\ &= \Omega_3(*\tilde{\mathrm{d}}\Omega_3 - \tilde{*}\tilde{\mathrm{d}}\Omega_3).\end{aligned} \tag{C.7}$$

于是我们有

$$\delta_n \mathrm{d} * \mathrm{d}\Omega_3 = \mathrm{d}\delta_n * \mathrm{d}\Omega_3 = \mathrm{d}[\Omega_3(*\tilde{\mathrm{d}}\Omega_3 - \tilde{*}\tilde{\mathrm{d}}\Omega_3)], \tag{C.8}$$

因而公式 (4.91) 得证!

另外, 由式 (C.3) 有 $\tilde{*}\tilde{\mathrm{d}}\Omega_3 = \Omega_{13}\omega_{23} - \Omega_{23}\omega_{13}$, 于是利用 (C.4)、(C.5) 和 (C.6) 三式可以得到

$$\begin{aligned}\delta_n\tilde{*}\tilde{\mathrm{d}}\Omega_3 &= \delta_n\Omega_{13}\omega_{23} - \delta_n\Omega_{23}\omega_{13} + \Omega_{13}\delta_n\omega_{23} - \Omega_{23}\delta_n\omega_{13}\\ &= [(a\Omega_{13} + b\Omega_{23})\omega_{23} - (b\Omega_{13} + c\Omega_{23})\omega_{13}]\Omega_3\\ &\quad + \Omega_{13}\mathrm{d}\Omega_{23} - \omega_{21}\Omega_{13}^2 - \Omega_{23}\mathrm{d}\Omega_{13} + \omega_{12}\Omega_{23}^2\\ &= K * \mathrm{d}\Omega_3 + \Omega_{13}\mathrm{d}\Omega_{23} - \Omega_{23}\mathrm{d}\Omega_{13} + \omega_{12}(\Omega_{13}^2 + \Omega_{23}^2).\end{aligned} \tag{C.9}$$

令 $\mathrm{d}\Omega_{13} = \Omega_{13,1}\omega_1 + \Omega_{13,2}\omega_2$, $\mathrm{d}\Omega_{23} = \Omega_{23,1}\omega_1 + \Omega_{23,2}\omega_2$ 以及 $\omega_{12} = q_1\omega_1 + q_2\omega_2$, 利用式 (3.9) 可以得到

$$\begin{aligned}\mathrm{d} * \mathrm{d}\Omega_3 &= \mathrm{d}(\Omega_{13}\omega_2 - \Omega_{23}\omega_1) = \mathrm{d}\Omega_{13}\wedge\omega_2 - \mathrm{d}\Omega_{23}\wedge\omega_1 + \Omega_{13}\mathrm{d}\omega_2 - \Omega_{23}\mathrm{d}\omega_1\\ &= (\Omega_{13,1} + \Omega_{23,2} + q_2\Omega_{13} - \Omega_{23}q_1)\omega_1\wedge\omega_2,\end{aligned} \tag{C.10}$$

因此我们有

$$\nabla^2\Omega_3 = \Omega_{13,1} + \Omega_{23,2} + q_2\Omega_{13} - \Omega_{23}q_1. \tag{C.11}$$

同样的思路, 利用 $\mathrm{d} * \mathrm{d}\Omega_3$ 可以得到

$$\Omega_{23,1} - \Omega_{13,2} + q_1\Omega_{13} + q_2\Omega_{23} = 0. \tag{C.12}$$

由式 (C.3) 可定义 $\nabla\Omega_3=\Omega_{13}\boldsymbol{e}_1+\Omega_{23}\boldsymbol{e}_2$. 利用第 3 章式 (3.8) 可导出

$$\begin{aligned}\mathrm{d}(\nabla\Omega_3)=&\mathrm{d}\Omega_{13}\boldsymbol{e}_1+\mathrm{d}\Omega_{23}\boldsymbol{e}_2+\Omega_{13}\mathrm{d}\boldsymbol{e}_1+\Omega_{23}\mathrm{d}\boldsymbol{e}_2\\=&[(\Omega_{13,1}-q_1\Omega_{23})\omega_1+(\Omega_{13,2}-q_2\Omega_{23})\omega_2]\boldsymbol{e}_1\\&+[(\Omega_{23,1}+q_1\Omega_{13})\omega_1+(\Omega_{23,2}+q_2\Omega_{13})\omega_2]\boldsymbol{e}_2\\&+[(a\Omega_{13}+b\Omega_{23})\omega_1+(b\Omega_{13}+c\Omega_{23})\omega_2]\boldsymbol{e}_3,\end{aligned}\tag{C.13}$$

利用定义式 (4.34) 有

$$\begin{aligned}\nabla(\nabla\Omega_3)=&(\Omega_{13,1}-q_1\Omega_{23})\boldsymbol{e}_1\boldsymbol{e}_1+(\Omega_{13,2}-q_2\Omega_{23})\boldsymbol{e}_1\boldsymbol{e}_2\\&+(\Omega_{23,1}+q_1\Omega_{13})\boldsymbol{e}_2\boldsymbol{e}_1+(\Omega_{23,2}+q_2\Omega_{13})\boldsymbol{e}_2\boldsymbol{e}_2\\&+[(a\Omega_{13}+b\Omega_{23})\boldsymbol{e}_3\boldsymbol{e}_1+(b\Omega_{13}+c\Omega_{23})\boldsymbol{e}_3\boldsymbol{e}_2].\end{aligned}\tag{C.14}$$

于是我们得到

$$\begin{aligned}\nabla(\nabla\Omega_3):\nabla(\nabla\Omega_3)=&\frac{\mathrm{d}(\nabla\Omega_3)\dot{\wedge}*\mathrm{d}(\nabla\Omega_3)}{\mathrm{d}A}\\=&(\Omega_{13,1}-q_1\Omega_{23})^2+(\Omega_{13,2}-q_2\Omega_{23})^2+(\Omega_{23,1}+q_1\Omega_{13})^2\\&+(\Omega_{23,2}+q_2\Omega_{13})^2+(a\Omega_{13}+b\Omega_{23})^2+(b\Omega_{13}+c\Omega_{23})^2.\end{aligned}\tag{C.15}$$

利用 (C.11) 和 (C.12) 两式, 可将其化为

$$\begin{aligned}\nabla(\nabla\Omega_3):\nabla(\nabla\Omega_3)=&(\nabla^2\Omega_3)^2-2(\Omega_{13,1}-q_1\Omega_{23})(\Omega_{23,2}+q_2\Omega_{13})\\&+(\nabla\Omega_3)^2+2(\Omega_{23,1}+q_1\Omega_{13})(\Omega_{13,2}-q_2\Omega_{23}).\end{aligned}\tag{C.16}$$

此外, 我们计算

$$\begin{aligned}&\mathrm{d}[\Omega_{13}\mathrm{d}\Omega_{23}-\Omega_{23}\mathrm{d}\Omega_{13}+(\Omega_{13}^2+\Omega_{23}^2)\omega_{12}]\\=&\mathrm{d}\Omega_{13}\wedge\mathrm{d}\Omega_{23}-\mathrm{d}\Omega_{23}\wedge\mathrm{d}\Omega_{13}+\mathrm{d}(\Omega_{13}^2+\Omega_{23}^2)\wedge\omega_{12}+(\Omega_{13}^2+\Omega_{23}^2)\mathrm{d}\omega_{12}\\=&2(\Omega_{13,1}\Omega_{23,2}-\Omega_{13,2}\Omega_{23,1})\mathrm{d}A-K(\Omega_{13}^2+\Omega_{23}^2)\mathrm{d}A\\&+2[\Omega_{13}(\Omega_{13,1}q_2-q_1\Omega_{13,2})+\Omega_{23}(\Omega_{23,1}q_2-q_1\Omega_{23,2})]\mathrm{d}A.\end{aligned}\tag{C.17}$$

利用上两式, 可得

$$\begin{aligned}&\frac{\mathrm{d}[\Omega_{13}\mathrm{d}\Omega_{23}-\Omega_{23}\mathrm{d}\Omega_{13}+(\Omega_{13}^2+\Omega_{23}^2)\omega_{12}]}{\mathrm{d}A}\\=&(\nabla^2\Omega_3)^2+(\bar{\nabla}\Omega_3)^2-K(\nabla\Omega_3)^2-\nabla(\nabla\Omega_3):\nabla(\nabla\Omega_3)\end{aligned}\tag{C.18}$$

考虑到上式和式 (C.10), 可以得到

$$\begin{aligned}\delta_n \mathrm{d}\tilde{*}\tilde{\mathrm{d}}\Omega_3 &= \mathrm{d}\delta_n\tilde{*}\tilde{\mathrm{d}}\Omega_3 = \mathrm{d}[K\Omega_3 * \mathrm{d}\Omega_3 + \Omega_{13}\mathrm{d}\Omega_{23} - \Omega_{23}\mathrm{d}\Omega_{13} + \omega_{12}(\Omega_{13}^2 + \Omega_{23}^2)] \\ &= \mathrm{d}(K\Omega_3 * \mathrm{d}\Omega_3) + \mathrm{d}[\Omega_{13}\mathrm{d}\Omega_{23} - \Omega_{23}\mathrm{d}\Omega_{13} + \omega_{12}(\Omega_{13}^2 + \Omega_{23}^2)] \\ &= [\nabla\cdot(K\Omega_3\nabla\Omega_3) + (\nabla^2\Omega_3)^2 + (\bar{\nabla}\Omega_3)^2 - K(\nabla\Omega_3)^2 - \nabla(\nabla\Omega_3) : \nabla(\nabla\Omega_3)]\mathrm{d}A.\end{aligned} \tag{C.19}$$

因此, 公式 (4.92) 得证!

D. 极限形状的分裂囊泡颈端局部形态分析

考虑曲面的局部参数化

$$\boldsymbol{Y}(s,u) = \boldsymbol{r}(s) - u\boldsymbol{N} + z\,(s,u)\,\boldsymbol{b}.$$

利用 Frenet 公式

$$\begin{bmatrix} \boldsymbol{t}_s \\ \boldsymbol{N}_s \\ \boldsymbol{b}_s \end{bmatrix} = \begin{bmatrix} 0 & \kappa(s) & 0 \\ -\kappa(s) & 0 & \tau(s) \\ 0 & -\tau(s) & 0 \end{bmatrix} \begin{bmatrix} \boldsymbol{t} \\ \boldsymbol{N} \\ \boldsymbol{b} \end{bmatrix}. \tag{D.1}$$

可以计算导数

$$\boldsymbol{Y}_s(s,u) = (1+\kappa u)\,\boldsymbol{t} - z\tau\boldsymbol{N} + (z_s - u\tau)\,\boldsymbol{b}, \tag{D.2}$$

$$\boldsymbol{Y}_u(s,u) = -\boldsymbol{N} + z_u\boldsymbol{b}, \tag{D.3}$$

$$\boldsymbol{Y}_{su}(s,u) = \kappa\boldsymbol{t} - z_u\tau\boldsymbol{N} + (z_{su} - \tau)\,\boldsymbol{b}, \tag{D.4}$$

$$\begin{aligned}\boldsymbol{Y}_{ss}(s,u) &= (u\kappa_s + z\tau\kappa)\,\boldsymbol{t} + \left(z_{ss} - z\tau^2\right)\boldsymbol{b}, \\ &\quad + \left(\kappa + u\kappa^2 + u\tau^2 - 2z_s\tau\right)\boldsymbol{N},\end{aligned} \tag{D.5}$$

$$\boldsymbol{Y}_{uu}(s,u) = z_{uu}\boldsymbol{b}. \tag{D.6}$$

由此可以计算出曲面的度规系数:

$$g_{11} = \boldsymbol{Y}_s\cdot\boldsymbol{Y}_s = (1+\kappa u)^2 + (z_s - u\tau)^2 + z^2\tau^2, \tag{D.7}$$

$$g_{12} = \boldsymbol{Y}_s\cdot\boldsymbol{Y}_u = z\tau + (z_s - u\tau)\,z_u, \tag{D.8}$$

$$g_{22} = \boldsymbol{Y}_u\cdot\boldsymbol{Y}_u = 1 + z_u^2. \tag{D.9}$$

曲面法矢量为

$$\begin{aligned}\boldsymbol{n}&=\frac{\boldsymbol{Y}_s\times\boldsymbol{Y}_u}{|\boldsymbol{Y}_s\times\boldsymbol{Y}_u|}\\&=\frac{(z_s-u\tau-z_uz\tau)\,\boldsymbol{t}-(1+\kappa u)\,z_u\boldsymbol{N}}{\sqrt{(z_s-u\tau-z_uz\tau)^2+(1+\kappa u)^2\,(z_u^2+1)}}\\&\quad-\frac{(1+\kappa u)\,\boldsymbol{b}}{\sqrt{(z_s-u\tau-z_uz\tau)^2+(1+\kappa u)^2\,(z_u^2+1)}}.\end{aligned}\tag{D.10}$$

于是进一步得到决定曲面第二基本形式的系数

$$\begin{aligned}L_{11}&=\boldsymbol{Y}_{ss}\cdot\boldsymbol{n}\\&=-\frac{z_u\left(u^2\kappa^2+u\kappa+u^2\tau^2+z^2\tau^2-2uz_s\tau\right)}{\sqrt{\left(z_s\dfrac{1}{\kappa}-u\dfrac{\tau}{\kappa}-z_uz\dfrac{\tau}{\kappa}\right)^2+\left(\dfrac{1}{\kappa}+u\right)^2(z_u^2+1)}}\\&\quad-\frac{z_u\left(zu\kappa_s\dfrac{\tau}{\kappa}+u\tau\dfrac{\tau}{\kappa}-2z_s\dfrac{\tau}{\kappa}+z\tau_s\dfrac{1}{\kappa}+uz\tau_s\right)}{\sqrt{\left(z_s\dfrac{1}{\kappa}-u\dfrac{\tau}{\kappa}-z_uz\dfrac{\tau}{\kappa}\right)^2+\left(\dfrac{1}{\kappa}+u\right)^2(z_u^2+1)}}\\&\quad+\frac{\left(\dfrac{1}{\kappa}u\kappa_s+z\tau\right)(z_s-u\tau)}{\sqrt{\left(z_s\dfrac{1}{\kappa}-u\dfrac{\tau}{\kappa}-z_uz\dfrac{\tau}{\kappa}\right)^2+\left(\dfrac{1}{\kappa}+u\right)^2(z_u^2+1)}}\\&\quad-\frac{\left(z_{ss}-z\tau^2-u\tau_s\right)\left(\dfrac{1}{\kappa}+u\right)}{\sqrt{\left(z_s\dfrac{1}{\kappa}-u\dfrac{\tau}{\kappa}-z_uz\dfrac{\tau}{\kappa}\right)^2+\left(\dfrac{1}{\kappa}+u\right)^2(z_u^2+1)}},\end{aligned}\tag{D.11}$$

$$\begin{aligned}L_{12}&=\boldsymbol{Y}_{su}\cdot\boldsymbol{n}\\&=\frac{z_u^2\tau\left(\dfrac{1}{\kappa}+u\right)-z_uz\tau+z_s}{\sqrt{\left(z_s\dfrac{1}{\kappa}-u\dfrac{\tau}{\kappa}-z_uz\dfrac{\tau}{\kappa}\right)^2+\left(\dfrac{1}{\kappa}+u\right)^2(z_u^2+1)}}\\&\quad-\frac{u\tau+(z_{su}-\tau)\left(\dfrac{1}{\kappa}+u\right)}{\sqrt{\left(z_s\dfrac{1}{\kappa}-u\dfrac{\tau}{\kappa}-z_uz\dfrac{\tau}{\kappa}\right)^2+\left(\dfrac{1}{\kappa}+u\right)^2(z_u^2+1)}},\end{aligned}\tag{D.12}$$

$$L_{22}=\boldsymbol{Y}_{uu}\cdot\boldsymbol{n}$$

$$= \frac{-\left(\frac{1}{\kappa}+u\right) z_{uu}}{\sqrt{\left(z_s\frac{1}{\kappa}-u\frac{\tau}{\kappa}-z_u z\frac{\tau}{\kappa}\right)^2+\left(\frac{1}{\kappa}+u\right)^2\left(z_u^2+1\right)}}. \tag{D.13}$$

依据我们的假设 $z_u \gg z_s$、$z_{uu} \gg z_{us}$、$\kappa(s) \gg 1/l_v$, $\kappa(s)$ 对于 s 的变化不是特别快. 另外, 假定脖子线的挠率是有限值, 即 $\tau \ll \kappa$. 在颈部附近的膜, z 和 u 坐标都远远小于囊泡的特征尺度. 这样, 式 (D.7)~式 (D.13) 的主项为

$$g_{11} = (1+\kappa u)^2, \tag{D.14}$$

$$g_{12} = (z_s - u\tau)\, z_u, \tag{D.15}$$

$$g_{22} = 1 + z_u^2, \tag{D.16}$$

$$L_{11} = \frac{-z_u u \kappa^2}{\sqrt{(z_u^2+1)}}, \tag{D.17}$$

$$L_{12} = \frac{z_u^2 \tau}{\sqrt{(z_u^2+1)}} - \frac{z_u z \tau}{\left(\frac{1}{\kappa}+u\right)\sqrt{(z_u^2+1)}}, \tag{D.18}$$

$$L_{22} = \frac{-z_{uu}}{\sqrt{(z_u^2+1)}}. \tag{D.19}$$

进一步计算可得

$$L_{12}g_{12} = \frac{\tau(z_s-u\tau)\, z_u^3}{\sqrt{(z_u^2+1)}} - \frac{z\tau(z_s-u\tau)\, z_u^2}{\left(\frac{1}{\kappa}+u\right)\sqrt{(z_u^2+1)}} \sim u\tau^2 z_u^2, \tag{D.20}$$

$$L_{11}g_{22} = \frac{-z_u u\kappa^2\left(1+z_u^2\right)}{\sqrt{(z_u^2+1)}} \sim u\kappa^2 z_u^2, \tag{D.21}$$

$$L_{22}g_{11} = \frac{-z_{uu}(1+\kappa u)^2}{\sqrt{(z_u^2+1)}} \sim \frac{z_{uu}(1+\kappa u)^2}{z_u}, \tag{D.22}$$

由此表明

$$L_{12}g_{12} \ll L_{11}g_{22}, \quad L_{12}g_{12} \ll L_{22}g_{11}. \tag{D.23}$$

上面第二项中已经用到了 $z_{uu} \sim \kappa z_u^3$. 此外, 从式 (D.14)~ 式 (D.16) 容易得到

$$g_{12}^2 \ll g_{11}g_{22}. \tag{D.24}$$

于是可将平均曲率化为

$$2H = \frac{L_{11}g_{22} - 2L_{12}g_{12} + L_{22}g_{11}}{g_{11}g_{22} - g_{12}^2} \approx \frac{L_{11}g_{22} + L_{22}g_{11}}{g_{11}g_{22}}$$

$$= \frac{L_{11}}{g_{11}} + \frac{L_{22}}{g_{22}} \approx \frac{-z_u}{\left(\frac{1}{\kappa} + u\right)\sqrt{(1+z_u^2)}} - \frac{z_{uu}}{(1+z_u^2)^{\frac{3}{2}}}. \tag{D.25}$$

另外, 考虑到

$$L_{11}L_{22} = \frac{z_u z_{uu} u\kappa^2}{(z_u^2+1)} \sim \frac{u\kappa^2 z_{uu}}{z_u+1}, \tag{D.26}$$

$$\begin{aligned} L_{12}^2 = & \left[\frac{z_u^2\tau}{\sqrt{(z_u^2+1)}} - \frac{z_u z\tau}{\left(\frac{1}{\kappa}+u\right)\sqrt{(z_u^2+1)}}\right]^2 \\ & \sim \tau^2 z_u^2, \end{aligned} \tag{D.27}$$

这意味着 $L_{11}L_{22} \gg L_{12}^2$, 于是高斯曲率简化为

$$K = \frac{L_{11}L_{22} - L_{12}^2}{g_{11}g_{22} - g_{12}^2} \approx \frac{L_{11}L_{22}}{g_{11}g_{22}} \approx \frac{z_u z_{uu}}{\left(\frac{1}{\kappa}+u\right)(1+z_u^2)^2}. \tag{D.28}$$

下面求拉普拉斯算子对平均曲率作用后的近似结果.

考虑度规式 (D.7)~式 (D.9), 可计算其对 u 的导数为

$$\begin{aligned} g_{11u} = & 2\kappa(1+\kappa u) + 2(z_s - u\tau)(z_{su} - \tau) \\ & + 2z\tau^2 z_u, \end{aligned} \tag{D.29}$$

$$g_{12u} = (z_s - u\tau) z_{uu} + (z_{su} - \tau) z_u, \tag{D.30}$$

$$g_{22u} = 2z_u z_{uu}, \tag{D.31}$$

对 s 的导数为

$$\begin{aligned} g_{11s} = & 2(1+\kappa u) u\kappa_s + 2(z_s - u\tau)(z_{ss} - u\tau_s) \\ & + 2zz_s\tau^2 + 2z^2\tau\tau_s, \end{aligned} \tag{D.32}$$

$$g_{12s} = z_s\tau + z\tau_s + (z_{ss} - u\tau_s) z_u + (z_s - u\tau) z_{su}, \tag{D.33}$$

$$g_{22s} = 2z_u z_{su}. \tag{D.34}$$

度规 g 本身对 u 和 s 的导数为

$$g_u = g_{11u}g_{22} + g_{11}g_{22u} - 2g_{12u}, \tag{D.35}$$

$$g_s = g_{11s}g_{22} + g_{11}g_{22s} - 2g_{12s}. \tag{D.36}$$

可见, $g_u \gg g_s$.

对于任意函数 $h=h(s,u)$, 拉普拉斯算子作用后得到

$$
\begin{aligned}
\nabla^2 h=&\frac{1}{\sqrt{g}}\frac{\partial}{\partial u}\left(\frac{g_{11}}{\sqrt{g}}\frac{\partial h}{\partial u}-\frac{g_{21}}{\sqrt{g}}\frac{\partial h}{\partial s}\right)+\frac{1}{\sqrt{g}}\frac{\partial}{\partial s}\left(\frac{g_{22}}{\sqrt{g}}\frac{\partial h}{\partial s}-\frac{g_{12}}{\sqrt{g}}\frac{\partial h}{\partial u}\right)\\
=&\frac{1}{\sqrt{g}}\left(\frac{g_{11u}\sqrt{g}-\dfrac{g_{11}}{2\sqrt{g}}g_u}{g}\frac{\partial h}{\partial u}-\frac{g_{12u}\sqrt{g}-\dfrac{g_{12}}{2\sqrt{g}}g_u}{g}\frac{\partial h}{\partial s}+\frac{g_{11}}{\sqrt{g}}\frac{\partial^2 h}{\partial u^2}-\frac{g_{21}}{\sqrt{g}}\frac{\partial^2 h}{\partial s\partial u}\right)\\
&+\frac{1}{\sqrt{g}}\left(-\frac{g_{12s}\sqrt{g}-\dfrac{g_{12}}{2\sqrt{g}}g_s}{g}\frac{\partial h}{\partial u}+\frac{g_{22s}\sqrt{g}-\dfrac{g_{22}}{2\sqrt{g}}g_s}{g}\frac{\partial h}{\partial s}+\frac{g_{22}}{\sqrt{g}}\frac{\partial^2 h}{\partial s^2}-\frac{g_{12}}{\sqrt{g}}\frac{\partial^2 h}{\partial s\partial u}\right)\\
\approx&\frac{1}{\sqrt{g}}\left(\frac{g_{11u}\sqrt{g}-\dfrac{g_{11}}{2\sqrt{g}}g_u}{g}\frac{\partial h}{\partial u}+\frac{g_{11}}{\sqrt{g}}\frac{\partial^2 h}{\partial u^2}+\frac{g_{22}}{\sqrt{g}}\frac{\partial^2 h}{\partial s^2}\right).
\end{aligned}\tag{D.37}
$$

这里已经考虑了 $\partial h/\partial u\gg\partial h/\partial s$、$\partial^2 h/\partial u^2\gg\partial^2 h/\partial s^2$ 和 $\partial^2 h/\partial u^2\gg\partial^2 h/\partial s\partial u$.

根据式 (6.41), 平均曲率表示为

$$
2H=-\frac{\sin\psi}{\rho}-\frac{\partial\sin\psi}{\partial u},\tag{D.38}
$$

这里 $\psi\equiv\arctan z_u$, $\rho\equiv u+1/\kappa(s)$. 可以导出

$$
\cos\psi=\frac{1}{\sqrt{1+z_u^2}},\quad \sin\psi=\frac{z_u}{\sqrt{1+z_u^2}},\tag{D.39}
$$

$$
\frac{\partial\rho}{\partial s}=\frac{-\kappa_s}{\kappa^2},\quad \frac{\partial\rho}{\partial u}=1,\tag{D.40}
$$

$$
\frac{\partial\psi}{\partial s}=\frac{\partial\left(\arctan z_u\right)}{\partial s}=\frac{z_{us}}{1+z_u^2},\quad \frac{\partial\psi}{\partial u}=\frac{z_{uu}}{1+z_u^2},\tag{D.41}
$$

$$
\frac{\partial^2\psi}{\partial s^2}=\frac{z_{uss}}{\left(1+z_u^2\right)}-\frac{2z_u z_{us}^2}{\left(1+z_u^2\right)^2},\tag{D.42}
$$

$$
\frac{\partial^2\psi}{\partial u^2}=\frac{z_{uuu}}{\left(1+z_u^2\right)}-\frac{2z_u z_{uu}^2}{\left(1+z_u^2\right)^2},\tag{D.43}
$$

$$
\frac{\partial^2\psi}{\partial s\partial u}=\frac{z_{uus}}{\left(1+z_u^2\right)}-\frac{2z_u z_{uu}z_{us}}{\left(1+z_u^2\right)^2}.\tag{D.44}
$$

于是

$$
\frac{\partial\left(2H\right)}{\partial u}=-\frac{\cos\psi}{\rho}\frac{\partial\psi}{\partial u}+\frac{\sin\psi}{\rho^2}+\sin\psi\left(\frac{\partial\psi}{\partial u}\right)^2-\cos\psi\frac{\partial^2\psi}{\partial u^2},\tag{D.45}
$$

$$
\frac{\partial^2\left(2H\right)}{\partial u^2}=\frac{\sin\psi}{\rho}\left(\frac{\partial\psi}{\partial u}\right)^2+\frac{2\cos\psi}{\rho^2}\frac{\partial\psi}{\partial u}-\frac{\cos\psi}{\rho}\frac{\partial^2\psi}{\partial u^2}
$$

$$-\frac{2\sin\psi}{\rho^3}+\cos\psi\left(\frac{\partial\psi}{\partial u}\right)^3+3\sin\psi\frac{\partial\psi}{\partial u}\frac{\partial^2\psi}{\partial u^2}-\cos\psi\frac{\partial^3\psi}{\partial u^3}, \tag{D.46}$$

$$\begin{aligned}\frac{\partial^2(2H)}{\partial s^2}=&\frac{\sin\psi}{\rho}\left(\frac{\partial\psi}{\partial s}\right)^2+\frac{2\cos\psi}{\rho^2}\frac{\partial\rho}{\partial s}\frac{\partial\psi}{\partial s}-\frac{2\sin\psi}{\rho^3}\left(\frac{\partial\rho}{\partial s}\right)^2\\&+\cos\psi\left(\frac{\partial\psi}{\partial s}\right)^2\frac{\partial\psi}{\partial u}+\sin\psi\frac{\partial^2\psi}{\partial s^2}\frac{\partial\psi}{\partial u}\\&+2\sin\psi\frac{\partial\psi}{\partial s}\frac{\partial^2\psi}{\partial u\partial s}-\cos\psi\frac{\partial\dfrac{\partial^2\psi}{\partial s\partial u}}{\partial s}.\end{aligned} \tag{D.47}$$

$\partial(2H)/\partial u$、$\partial^2(2H)/\partial s^2$ 和 $\partial^2(2H)/\partial u^2$ 的主项分别与 $\kappa^2/(1+u\kappa)$、$\kappa z_{su}^2/z_u^2$ 和 $\kappa^3 z_u^2/(1+u\kappa)$ 同阶. 比较式 (D.37) 中的三项, 得到

$$\begin{aligned}\nabla^2(2H)=&\frac{1}{\sqrt{g}}\left[\frac{g_{11u}\sqrt{g}-\dfrac{g_{11}}{2\sqrt{g}}g_u}{g}\frac{\partial(2H)}{\partial u}+\frac{g_{11}}{\sqrt{g}}\frac{\partial^2(2H)}{\partial u^2}\right]\\=&\frac{1}{\sqrt{g}}\frac{\partial}{\partial u}\left[\frac{g_{11}}{\sqrt{g}}\frac{\partial(2H)}{\partial u}\right].\end{aligned} \tag{D.48}$$

参 考 文 献

[1] 陈省身, 陈维桓. 微分几何讲义. 北京: 北京大学出版社, 2001.
[2] 何伯和, 廖公夫. 基础拓扑学. 北京: 高等教育出版社, 1993.

索　　引